"十二五" 全国高校动漫游戏专业课程权威教材

1 DVD

全彩印刷

# EDIUS 7

## 影视编辑 全 实例

子午视觉文化传播　主编

彭超　漆常吉　王永强　景洪荣　编著

海洋出版社

2014年·北京

# 内 容 简 介

本书是以全实例的写作方式综合介绍 EDIUS7 影视编辑方法与技巧的教材。

全书分为 17 章，主要介绍了影视编辑基础知识、常用软件与格式、EDIUS 基础应用、软件设置、素材管理、剪辑应用、特效与转场、动画设置、文字、抠像、第三方插件、输出等。最后通过"二维动画"影片定板、"快门照片"影片相册、"海洋公园"电视广告、"企业专题"宣传片、"电子相册"婚礼导视 5 个综合项目制作，介绍了使用 EDIUS7 进行大型影视项目制作的实战技巧。

**适用范围：**全国高校影视动画非线性剪辑专业课教材；用 EDIUS 进行影片非线性剪辑等从业人员实用的自学指导书。

## 图书在版编目(CIP)数据

EDIUS7 影视编辑全实例/彭超等编著. —北京：海洋出版社，2014.8
ISBN 978-7-5027-8903-9

Ⅰ.①中… Ⅱ.①彭… Ⅲ.①视频编辑软件 Ⅳ.①TN94

中国版本图书馆 CIP 数据核字（2014）第 132146 号

总 策 划：刘 斌
责任编辑：刘 斌
责任校对：肖新民
责任印制：赵麟苏
排　　版：海洋计算机图书输出中心　申彪

出版发行 海洋出版社

地　　址：北京市海淀区大慧寺路 8 号（716 房间）
　　　　　100081
经　　销：新华书店
技术支持：（010）62100055 hyjccb@sina.com

发 行 部：（010）62174379（传真）（010）62132549
　　　　　（010）68038093（邮购）（010）62100077
网　　址：www.oceanpress.com.cn
承　　印：北京画中画印刷有限公司
版　　次：2017 年 2 月第 1 版第 2 次印刷
开　　本：787mm×1092mm　1/16
印　　张：26（全彩印刷）
字　　数：618 千字
印　　数：4001～6000 册
定　　价：88.00 元（含 1DVD）

本书如有印、装质量问题可与发行部调换

EDIUS是日本Canopus公司的优秀非线性编辑软件，能够帮助广播电视电影用户、独立制作人优化工作流程，提高运行速度，由于它可以支持更多格式并提高系统运行效率，因此深受广大影视制作人员和电脑美术爱好者的喜爱。

全书共分为17章。包括影视编辑基础知识、常用软件与格式、EDIUS基础应用、软件设置与基础实例、素材管理、剪辑应用、特效与转场、动画设置、文字实例、抠像实例、第三方插件、影片输出、"二维动画"影片定板、"快门照片"影片相册、"海洋公园"电视广告、"企业专题"宣传片、"电子相册"婚礼导视。

书中附带的超大容量DVD多媒体教学，可以让您在专业老师的指导下轻松学习、掌握EDIUS软件的使用。使整个学习过程紧密连贯，范例环环相扣，一气呵成。

为了能让更多喜爱影视制作、视频剪辑、多媒体制作等领域的读者快速、有效、全面地掌握EDIUS在影视制作方面的使用方法和技巧，"哈尔滨子午视觉文化传播有限公司"、"哈尔滨子午影视动画培训基地"和"哈尔滨学院艺术与设计学院"的多位专家联袂出手，精心编写了本书。

本书主要由彭超、景洪荣、漆常吉、王永强、马小龙、张桂良、黄永哲、康承志、郭松岳、石岩等老师联合执笔编写，孙鸿翔、周旭、齐羽、唐传洋、张国华、解嘉祥、孙颜宁、张超、周方媛等老师也参与了本书的审校工作。另外，还要感谢出版社的编辑老师，其在本书编写过程中提供的技术支持和专业建议，使得本书顺利出版。

如果在学习本书的过程中有需要咨询的问题，可访问子午视觉网站www.ziwu3d.com、子午影视网站www.0451MV.com或发送电子邮件至ziwu3d@163.com了解相关信息并进行技术交流。同时，也欢迎广大读者就本书提出宝贵意见与建议，我们将竭诚为您提供服务，并努力改进今后的工作，为读者奉献品质更高的图书。

编　者

（1）制作平面素材

（2）视频素材排列

（3）风车动画设置

（6）最终项目整理

（5）雪花与文字设置

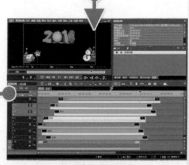

（4）素材动画设置

范例——"二维动画"影片定板（P226）

(1) 新建与素材

(2) 添加声音与背景

(3) 照片动画设置

(5) 装饰元素与输出

(4) 其他素材设置

范例——"快门照片"影片相册（P303）

（1）音频素材编辑

（2）视频素材编辑

（3）动画与特效设置

（6）输出文件操作

（5）添加装饰元素

（4）添加定板与配音

范例——"海洋公园"电视广告（P321）

(1) 编辑素材整理　　(2) 制作片头素材　　(3) 视频素材编辑

(5) 输出文件操作　　(4) 添加定板素材

范例——"企业专题"宣传片（P348）

（1）基础影片编辑　　　　（2）建立字幕效果　　　　（3）影片音效设置

（6）建立结束字幕　　　　（5）添加闪白元素　　　　（4）三维照片设置

范例——"电子相册"婚礼导视（P378）

Contents
目录

# 第1章　影视编辑基础知识

# 第2章　常用软件与格式

# 第3章 EDIUS基础应用

# 第4章 软件设置与基础实例

# 第5章　素材管理

# 第6章　剪辑应用

# 第 7 章　特效与转场

# 第8章　动画设置

# 第9章　文字实例

# 第10章　抠像实例

# 第11章　第三方插件

# 第12章　影片输出

# 第13章 "二维动画"影片定板

# 第14章　"快门照片"影片相册

# 第15章　"海洋公园"电视广告

# 第16章 "企业专题"宣传片

# 第17章 "电子相册"婚礼导视

# 第1章
# 影视编辑基础知识

本章主要介绍影视编辑基础知识，包括影视编辑的概念、硬件的支持、剪辑行业应用和视频剪辑常识等。

## 1.1 影视编辑

　　"影视编辑"是指剪接和编辑，影片图像与声音素材的分解与组合，即将影片制作中所拍摄的大量素材，经过选择、取舍、分解与组接，最终完成一个连贯流畅、含义明确、主题鲜明并有艺术感染力的作品。"影视编辑"又分为"线性编辑"与"非线性编辑"。

### 1.1.1 线性编辑

　　"线性编辑"是以磁带为编辑的方法，即连续的、带式的编辑，在传统的电视节目制作中，电视剪辑是在编辑机上进行的，如图1-1所示。

图1-1　线性编辑系统

　　编辑机通常由一台放像机和一台录像机组成，编辑人员通过放像机选择一段合适的素材，然后将它记录到录像机中的磁带上，再寻找下一个镜头继续进行记录工作，如此反复操作，直到将所有合适的素材按照节目要求全部顺序记录下来。由于磁带记录画面是顺序的，无法在已有的画面之间插入一个镜头，也无法删除一个镜头，除非把这之后的画面全部重新录制一遍，这种编辑方式就叫做"线性编辑"，它给编辑人员带来很多限制，剪辑效率非常低。

### 1.1.2 非线性编辑

　　"非线性编辑"是指利用计算机高效处理数字信号的功能，在计算机中对各种原始素材进行编辑操作，并将最终结果输出到计算机硬盘、磁带、录像带等记录设备上的一系列完整的工艺过程。由于原始素材被数字化存储在计算机硬盘中，信息存储的位置是并列平行的，与原始素材输入到计算机时的先后顺序无关。这样，我们便可以对存储在硬盘上的数字化音视频素材进行随意的排列组合，并可进行方便的修改，非线性编辑的优势即体现在此，其效率是非常高的，如图1-2所示。

图1-2　非线性编辑系统

　　"非线性编辑"发展的真正推动力来自视频码率压缩。码率压缩技术的飞速发展使低码率下的图像质量有了很大的提高，推动了"非线性编辑"在专业视频领域中的应用。

　　将影片采集至计算机，使用多媒体剪辑软件（如EDIUS、Premiere、VEGAS、Final cut、DPS Velocity等）编辑，也都称为"非线性编辑"，因为在编辑的过程中，不需要依照影片播放顺序编辑，可以随意修改任意部分，因此称为"非线性编辑"。

# 1.2 硬件设备支持

EDIUS非线性编辑系统由EDIUS软件与EDIUS硬件组成，两者都是由Canopus公司自主研发和生产的，从而保证了系统的兼容性和稳定性。

EDIUS硬件不仅能支持采集与输出功能，支持剪辑的影片在监视器上显示，还能提高和加深剪辑影片的运算能力。

## 1.2.1 SD实时编辑硬件

EDIUS标清系列编辑产品自从上市以来，就以优异的图像质量、超强的稳定性、强大的多格式实时混编能力，为用户提供了实时的视音频编辑平台。EDIUS标清系列编辑产品主要包括DVStorm XA、EDIUS NX、EDIUS SP/SP-SDI、EDIUS SD等，每款编辑产品都集成了EDIUS软件及特定的硬件，兼容DV、DVCAM、BetaCam、Digital BetaCam、IMX、DVCPRO50等多种传统前后期设备并可与XDCAM、P2、Infinity等前后期设备，快速组合成无带化编辑流程，可以满足不同标清节目制作的需要，如图1-3所示。

| 产品名称<br>接口 | DVStorm XA PLUS | EDIUS NX | EDIUS SP | EDIUS SP-SDI | EDIUS SD |
|---|---|---|---|---|---|
| DV | √ | √ | √ | √ | － |
| SD-SDI | － | － | － | √ | √ |
| 复合 | √ | √ | √ | √ | √ |
| S-Video | √ | √ | √ | √ | √ |
| 分量 | － | － | √ | √ | √ |
| AES/EBU | － | － | － | √ | √ |
| 非平衡音频 | √ | √ | √ | √ | √ |
| XLR平衡音频 | √ | √ | √ | √ | √ |
| RS-422控制 | － | － | － | √ | √ |
| 应用范围 | 新闻及专题制作/视音频硬件制作 | 新闻及专题制作/视音频硬件制作、视音频资料归档 | 视频专题制作/视音频硬件制作/视音频资料归档 | 电视电影制作/新闻及专题制作/视音频硬件制作/视音频资料归档 | 数字电影制作/电视广告及后期制作/视音频硬件制作/视音频资料归档 |

图1-3　SD实时编辑硬件

### 1. DVStorm XA Plus

DVStorm XA升级产品——DVStorm XA Plus，全面继承了DVStorm XA的产品优势，与其不同的是，在配备的标准接口箱上，除提供了DV输入输出接口、模拟视频信号（复合、S-VIDEO）输入输出接口、RCA非平衡音频双声道输入输出接口外，还特别增加了可以任意选择信号输入输出模式的按键装置。只需按下模式选择键即可轻松选择需要的视频信号模式，可以避免使用者在采集输出不同模式信号时，反复插拔更换接口线，反复开关计算机的情况，产品兼容EDIUS和Premiere软件，用户可以流畅地使用原有平台制作标清影片，如图1-4所示。

图1-4　DVStorm XA Plus硬件

### 2. EDIUS NX

EDIUS NX具有让人引以为豪的编辑加速硬件和高品质的视频输入输出设备接口。采用无缝的实时工作流程，混合编辑各种模拟、数字视频格式，为编辑人员提供了无限的视频、音频和特效层，可以体验标清视频制作的极致，如图1-5所示。

图1-5　EDIUS NX硬件

### 3. EDIUS SP

EDIUS SP是先进的非线性编辑解决方案，具有编辑加速硬件和高品质的视频输入输出电路，同时具备专业的视/音频接口。拥有广泛的视频设备兼容性和控制性，可以连接任何工作室环境下的所有视频设备，从而提供了空前的伸缩性和实时混合编辑性能。具有无限的可升级空间，其实时性能随CPU的提升而增强。同时，还可通过增加选件实现完善的HD输入/输出，并可将高清视频输出到高质量的监视器上预览，如图1-6所示。

图1-6　EDIUS SP硬件

### 4. EDIUS SD

EDIUS SD是面向广播级演播室的实时SD在线编辑解决方案。系统采用独有的编解码技术，提供了SD无压缩、SD无损失、DVCPRO50、Canopus DV、Canopus HQ等多种视频编码，其配备的广播级接口箱可完美地与Digital Betacam、DVCPRO50、IMX、DVCAM、Betacam等广播级前后期设备连接，轻松地组成完备的广播级视音频编辑解决方案。EDIUS SD采用独有的编解码技术，并配合CPU＋GPU＋硬件＋Codec无限升级技术，为视音频编辑提供了无与伦比的强大实时性，再加上丰富的二、三维特技、滤镜和字幕效果，能够带来空前强大的实时编辑感，如图1-7所示。

图1-7　EDIUS SD硬件

## 1.2.2　HD实时编辑硬件

EDIUS高清系列编辑产品在继承了标清产品超强的稳定性、实时性的基础上，采用新一代Canopus HQ编码，在保证广播级的高/标清图像质量的前提下，进一步提高了多分辨率（1920×1080、1440×1080、1280×720、960×720、720×576、720×480）、多帧速率（50i、60i、25P、30P、50P、60P）、多文件格式（MPEG、AVI、MOV、WMV、MXF、M2TS、MOD、MP3、AC3等）的实时混编能力，可以满足多层高清视频、图文、音频的实时编辑需要。

EDIUS高清系列编辑产品提供了对HDCAM、HD D5、DVCPRO HD、HDV、AVCHD等高清设备的全面支持，并全面兼容DV、DVCAM、BetaCam、Digital BetaCam、IMX、DVCPRO50等标清设备，为Infinity、XDCAM、P2等新一代高/标清设备提供了完善的无带化流程支持，如图1-8所示。

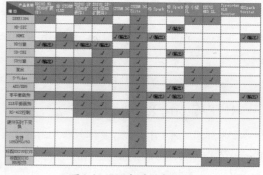

图1-8　HD实时编辑硬件

### 1. EDIUS NX-HD

EDIUS NX（带HD扩展件）是先进的非线性编辑解决方案，具有让人引以为豪的编辑加速硬件和高品质的视频输入输出电路，同时具备专业的编辑设备接口。其特有的广阔升级空间更能引领高清世界，通过增加HD扩展选件可实现完善的HD输入/输出，并可将高清视频输出到高质量的监视器上预览，如图1-9所示。

图1-9　EDIUS NX-HD硬件

### 2. HDSTORM PLUS

HDSTORM是一个PCI Express接口的板卡，和最新的完全版EDIUS非编软件配合使用，使用户可以通过HDMI接口轻松地输入和输出，其板载Canopus HQ硬件编解码器可以使CPU从繁重的任务中解脱出来，并优化采集和输出，还可以从EDIUS时间线直接同步输出全分辨率的特效和视频预览。在采集或生成用于编辑的高质量的Canopus HQ AVI文件时，拥有强大的板载Canopus HQ编解码器意味着不会受限于CPU速度或工作站配置。独立的压缩过程使编辑和特效制作环境更加稳定，性能更高。HDSTORM硬件和EDIUS软件完美配合，可以处理任何高清和标清的节目，视频、音频、字幕和图像层数没有限制，可以应用任何实时特效，如图1-10所示。

### 3. STORM 3G

STORM 3G适用于视频专业人士，满足基于SDI编辑和无带化工作流程，同时可以在低成本的HDMI监视器上预监。基于PCIe插口类型的STORM 3G解决方案包括EDIUS®非线性编辑软件、3G HD-SDI 输入和输出，以及一个HDMI输出用于全分辨率、实时预监。RS-422端口支持时间码输入和输出，可以参考输入同时支持模拟黑场和三电平同步信号。外部录像机采集可以通过RS-422端口进行控制，VTR模拟选件可以用于控制EDIUS软件，就像控制录像机一样控制EDIUS工作站进行直接回放等操作。STORM 3G板卡可以处理各种混合高标清视频素材，支持无限视频、音频、字幕和图形轨，以及各种实时特效的组合，还提供实时、全分辨率、全质量的高清和标清视频输出，如图1-11所示。

图1-10　EDIUS NX-HD硬件

图1-11　STORM 3G硬件

### 4. HD SPARK

HD SPARK采用PCI Express插口，带有HDMI输出端口，支持全分辨率的实时预监。板卡还带有内嵌的HDMI音频和独立的立体声RCA插口，用于高质量的音频监听。HD SPARK方案提供了持续的同步、EDIUS时间线特效和视频的全分辨率预览，还可以处理任何高清和标清视频内容，支持无限的视频、音频、字幕和图形层，以及任何实时特效合成，如图1-12所示。

图1-12 HD SPARK硬件

### 5. HD小旋风

HD小旋风是新一代可以编辑HD高清格式的实时视音频编辑系统，结合专业的非线性编辑软件，其强大的功能可以进行HD、DVCAM、DV、MPEG实时多格式混编，理所当然地成为视频爱好者数字影视创作的最佳解决方案。HD小旋风提供数十种不同的实时视频滤镜，每个滤镜都提供了操作简单、功能强大的调节参数以便进一步地控制视频效果。通过实时、多通道编辑的强大功能和智能关键帧控制，任何色键、亮键或者画中画效果可以立即回放和输出。HD小旋风具有先进二维和三维视频特技效果，它可以用于生成令人惊叹的专业效果，每个转场特技都有用户自定义选项以便控制，同时也拥有大量的预定义效果，如图1-13所示。

图1-13 HD小旋风硬件

### 6. EDIUS Neo XL

EDIUS Neo XL具有模拟和DV输入/输出及全新AVCHD编解码引擎，支持所有流行的视频摄像机和录像机，包括S-VHS、Digital8、DVCAM、HDV、AVCHD(支持NTSC和PAL视频标准)。EDIUS Neo XL拥有革命性的Canopus HQ编解码器，在保持画面高质量的同时，拥有更小的文件体积和超强实时编辑性能，还可以轻松地进行MPEG编辑和蓝光、DVD输出，如图1-14所示。

图1-14 EDIUS Neo XL硬件

### 7. FIRECODER Blu Booster

FIRECODER Blu Booster是一款支持HDV、AVCHD、DVCAM、DV等格式的集高/标清编辑及蓝光、DVD高速的视/音频编辑产品。其采用基于硬件的H264/MPEG2编码引擎，并结合EDIUS Neo 2 Booster高效编辑软件，可用于蓝光影碟编辑的视频文件高速转码和H264与MPEG2文件之间的高速转码和高、标清素材的上/下变换、24帧蓝光影碟的编辑，并提供了流畅的、全帧质量AVCHD原码编辑能力。它可以很好地适用于高/标清编辑制作，蓝光、DVD影碟编辑，大容量视频存储的应用，如图1-15所示。

图1-15 FIRECODER Blu Booster硬件

## 1.2.3 最低系统需求

EDIUS非编软件可以实时编辑SD和HD

素材，当然，实时编辑HD的系统需求要比实时编辑SD时高得多。

- CPU：Intel® Core™2 Duo和AMD Phenom® II及以上处理器，要求64位支持。
- 内存：至少需要1GB内存（推荐4GB或以上）。
- 硬盘：空闲4GB或以上的磁盘空间，需要ATA 100/7200rpm或更快硬盘并支持至少20MB/sec数据吞吐量，而多个HD流输出需要两块或以上硬盘组成RAID-0，从而提升速度。
- 显卡：需要显存至少512MB（推荐1GB以上），且支持Pixel Shader Model 3.0或更高（基于DX9），建议1280×900以上分辨率的显示设备。
- 机箱：安装HDSTORM Bay设备需要一个闲置的5.25英寸bay位，用于安置前置接口或刻录光驱使用。
- 系统：推荐使用Windows7 64位或Windows8 64位以及Windows8.1 64位系统。
- 播放器：需要QuickTime 7.7.4软件实现QuickTime功能。
- USB：用于安装加密狗需要一个闲置的USB端口（1.1或以上型号）。

# 1.3 剪辑行业应用

"非线性编辑"可以在很多种行业中进行应用，包括电视节目制作、企业专题制作、会议影像制作、微电影制作、婚礼MV制作等。

## 1.3.1 电视节目制作

电视节目制作主要分为三个过程，分别是策划、拍摄、后期制作。其中的后期制作部分则是将拍摄素材剪辑为较为整体的电视节目，最常使用到的就是将多机位拍摄内容剪辑为一段独立影像，为拍摄的电视节目添加片头、片花、片尾、角标、文字等信息，如图1-16所示。

图1-16 电视节目制作

## 1.3.2 企业专题制作

企业专题制作是商业市场较常见的项目，主要根据解说和配音将拍摄的素材进行组合，使视频素材可以根据音频的起伏与转折相互配合，在宣传企业的同时会传达出影片节奏和美感，如图1-17所示。

图1-17 企业专题制作

## 1.3.3 会议影像制作

会议影像制作所需要的"非线性编辑"功能相对较少，主要是将摄像机的录像带采集为数字文件，然后通过剪辑控制影片的段落和时间长度，再将拍摄角度或不需要的镜头进行调整，如图1-18所示。

图1-18　会议影像制作

## 1.3.4　微电影制作

微电影制作是随着ＤＶ摄像机和单反视频普及而产生的，也就是微型电影，又称微影。微电影是指专门运用在各种新媒体平台上播放的，适合在移动状态与短时休闲状态下观看的，具有整体策划和系统制作体系支持的具有完整故事情节的"微（超短）时"（30～300秒）放映、"微（超短）周期制作（1～7天或数周）"和"微（超小）规模投资（几千～数千/万元每部）"的视频短片，内容融合了幽默搞怪、时尚潮流、公益教育、商业定制等主题，可以单独成篇，也可系列成剧，如图1-19所示。

图1-19　微电影制作

## 1.3.5　婚礼MV制作

婚礼MV制作是在拍摄前期加入了MV的元素，主要有新人恋爱故事、结婚筹备期和婚礼现场等不同时段。如近两年参加婚礼的朋友可能发现了，在结婚典礼开场时会放映一段介绍新人恋爱故事或者婚礼筹备花絮的影音资料，这也是婚礼进行前制作的MV，使婚礼的视觉效果呈现得更加浪漫，这些都大量地使用了"非线性编辑"中的节奏剪辑和后期调色，如图1-20所示。

图1-20　婚礼MV制作

# 1.4　视频剪辑常识

视频剪辑不只是单纯地设计剪辑操作，还需要对模拟、数字信号、视频制式、帧、场、分辨率、像素比等常识有所了解。

## 1.4.1　模拟与数字信号

不同的数据必须转换为相应的信号才能进行传输。模拟数据一般采用模拟信号（Analog Signal）或电压信号来表示。数字数据则采用数字信号（Digital Signal），用一系列断续变化的电压脉冲或光脉冲来表示。当模拟信号采用连续变化的电磁波来表示时，电磁波本身既是信号载体，同时作为传输介质。而当模拟信号采用连续变化的信号电压来表示时，它一般通过传统的模拟信号传输线路来传输。当数字信号采用断续变化的电压或光脉冲来表示时，一般需要用双绞线、电缆或光纤介质将通信双方连接起来，才能将信号从一个节点传到另一个节点。

模拟信号在传输过程中要经过许多设备的处理和转送，这些设备难免要产生一些衰减和干扰，使信号的保真度大大降低。数字信号可以很容易地区分原始信号与混合的噪波并加以校正，满足了对信号传输的更高要求。

在广播电视领域中，传统的模拟信号电视将会逐渐被高清数字电视（HDTV）所取代，越来越多的家庭将可以收看到数字有线电视或数字卫星节目，如图1-21所示。

图1-21　高清数字电视

节目的编辑方式也由传统的磁带到磁带模拟编辑发展为数字"非线性编辑"，借助计算机来进行数字化的编辑与制作，不用像线性编辑那样反反复复地在磁带上寻找，突破了单一的时间顺序编辑限制。非线性编辑只要上传一次就可以多次编辑，信号质量始终不会变低，所以节省了设备、人力，提高了效率，如图1-22所示。

图1-22　非线性编辑系统

DV数字摄影机的普及，更使得制作人员可以使用家用电脑完成高要求的节目编辑，使数字信号逐渐融入人们的生活之中，尤其当下渐渐兴起的单反视频类型，如图1-23所示。

图1-23　DV数字摄像机

## 1.4.2　视频制式

常见的视频信号制式有PAL、NTSC和SECAM，其中PAL和NTSC是应用最广的，下面详细介绍这3个视频信号制式的概念。

### 1. NTSC制式

NTSC电视标准的帧频为每秒29.97帧(简化为30帧)，电视扫描线为525线，偶场在前、奇场在后，标准的数字化NTSC电视标准分辨率为720×486，24比特的色彩位深，画面的宽高比为4：3，NTSC电视标准主要用于美、日等国家和地区。

### 2. SECAM制式

SECAM又称塞康制，是法文Sequentiel Couleur A Memoire缩写，意为"按顺序传送彩色与存储"，1966年法国研制成功，它属于同时顺序制。在信号传输过程中亮度信号每行传送，而两个色差信号则逐行依次传送，即用行错开传输时间的办法来避免同时传输时所产生的串色以及由此造成的彩色失真。SECAM制式的特点是不怕干扰且彩色效果好，但兼容性差。其帧频为每秒25帧，扫描线为625行并隔行扫描，画面比例为4：3，分辨率为720×576，采用SECAM制式的国家主要为俄罗斯、法国、埃及等。

### 3. PAL制式

PAL电视标准的帧频为每秒25帧，电视扫描线为625线，奇场在前、偶场在后，标准的数字化PAL电视标准分辨率为720×576，24比特的色彩位深，画面的宽高比为4：3，PAL电视标准用于中国、欧洲等国家和地区。

## 1.4.3 帧与场

帧速率也称为FPS（Frames Per Second），是指每秒刷新图片的帧数，也可以理解为图形处理器每秒能够刷新几次。如果具体到视频上就是指每秒能够播放多少格画面，同时越高的帧速率可以得到更流畅、更逼真的动画。每秒帧数（FPS）越多，所显示的动作就会越流畅。像电影一样，视频是由一系列的单独图像（称之为帧）组成并放映到观众面前的屏幕上。每秒放映若干张图像，会产生动态的画面效果，因为人脑可以暂时保留单独的图像，典型的帧速率范围是24帧/秒至30帧/秒，这样才会产生平滑和连续的效果。

帧速率也是描述视频信号的一个重要概念，对每秒扫描多少帧有一定的要求。传统电影的帧速率为24帧/秒；PAL制式电视系统为625线垂直扫描，帧速率为25帧/秒；NTSC制式电视系统为525线垂直扫描，帧速率为30帧/秒。虽然这些帧速率足以提供平滑的运动，但它们还没有高到使视频显示避免闪烁的程度。根据实验，人的眼睛可觉察到以低于1/50秒速度刷新图像中的闪烁。然而，要求帧速率提高到这种程度，显著增加系统的频带宽度是相当困难的。为了避免这样的情况，电视系统全部都采用了隔行扫描方法。

大部分的广播视频采用两个交换显示的

垂直扫描场构成每一帧画面，这叫做交错扫描场。交错视频的帧由两个场构成，其中一个扫描帧的全部奇数场，称为奇场或上场；另一个扫描帧的全部偶数场，称为偶场或下场。场以水平分隔线的方式隔行保存帧的内容，在显示时首先显示第一个场的交错间隔内容，然后再显示第二个场来填充第一个场留下的缝隙。每一帧包含两个场，场速率是帧速率的二倍。这种扫描的方式称为隔行扫描，与之相对应的是逐行扫描，每一帧画面由一个非交错的垂直扫描场完成，如图1-24所示。

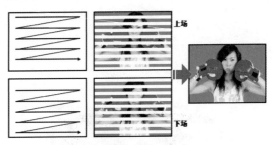

图1-24 交错扫描场

电影胶片类似于非交错视频，每次显示一帧，如图1-25所示。通过设备和软件，可以使用3-2或2-3下拉法在24帧/秒的电影和约为30帧/秒（29.97帧/秒）的NTSC制式视频之间进行转换。这种方法是将电影的第一帧复制到视频的场1和场2以及第二帧的场1，将电影的第二帧复制到视频第二帧的场2和第三帧的场1。这种方法可以将4个电影帧转换为5个视频帧，并重复这一过程，完成24帧/秒到30帧/秒的转换。使用这种方法还可以将24p的视频转换成30p或60i的格式。

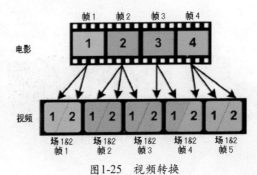

图1-25 视频转换

## 1.4.4 分辨率像素比

在中国最常用到的制式分辨率是PAL制式，电视的分辨率为720×576、DVD为720×576、VCD为352×288、SVCD为480×576、小高清为1280×720、大高清为1920×1080。

电影和视频的影像质量不仅取决于帧速率，每一帧的信息量也是一个重要因素，即图像的分辨率。较高的分辨率可以获得较好的影像质量。常见的电视格式标准为4：3，如图1-26所示。

图1-26 标准4：3

而一些影片具有更宽比例的图像分辨率，常见的电影格式宽屏为16：9，如图1-27所示。

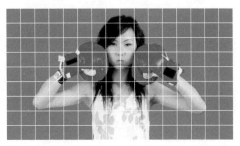

图1-27 宽屏16：9

传统模拟视频的分辨率表现为每幅图像中水平扫描线的数量，即电子光束穿越荧屏的次数，称为垂直分辨率。NTSC制式采用每帧525行扫描，每场包含262条扫描线；而PAL制式采用每帧625行扫描，每场包含312条扫描线。水平分辨率是每行扫描线中所包含的像素数，取决于录像设备、播放设备和显示设备。比如，老式VHS格式录像带的水平分辨率只有250线，而DVD的水平分辨率是500线。

一般所说的高清多是指高清电视。电视的清晰度以水平扫描线数作为计量，小高清的720P格式是标准数字电视显示模式，720条可见垂直扫描线，16：9的画面比，行频为45KHz；大高清为1080P格式，1080条可见垂直扫描线，画面比为16：9，分辨率更是达到了1920×1080逐行扫描的专业格式。

# 1.5 本章小结

本章主要对"非线性编辑"的基础知识进行讲解，包括"线性编辑"和"非线性编辑"；在硬件设备支持中对"SD实时编辑硬件"、"HD实时编辑硬件"与"最低系统需求"进行了介绍；讲解了电视节目制作、企业专题制作、会议影像制作、微电影制作、婚礼MV等行业应用；第四部分对视频剪辑常识的"模拟与数字信号"、"视频制式"、"帧与场"、"分辨率像素比"进行讲解，在应用EDIUS软件前对相关知识有所掌握。

# 第2章
# 常用软件与格式

本章主要介绍常用的非线性编辑软件、EDIUS特性与安装以及影视媒体格式等。

## 2.1 非线性编辑软件

随着计算机的高速发展，非线性编辑软件也迅速得到了普及，常见的软件有EDIUS、Premiere、AVID、Vegas、Final Cut、会声会影等。

### 2.1.1 EDIUS

EDIUS是日本Canopus公司的一款优秀非线性编辑软件，专为广播和后期制作环境而设计，特别针对新闻记者、无带化视频制播和存储。EDIUS拥有完善的基于文件工作流程的实时、多轨道、多格式混编、合成、色键、字幕和时间线输出功能。除了标准的EDIUS系列格式，还支持DVCPRO、P2、VariCam、Ikegami GigaFlash、MXF、XDCAM和XDCAM EX等视频素材，以及所有DV、HDV摄像机和录像机，如图2-1所示。

图2-1　EDIUS软件

与旧版本相比，最新版本的EDIUS 7具有更多的分辨率选择、无限轨道和实时编辑能力。无论是标准版的EDIUS 7，还是网络版EDIUS Elite 7，在广播新闻、新闻杂志内容、工作室节目，包括纪录片，甚至4K影视制作方面，都是最佳的选择工具。更多创造性工具和对于所有标清、高清格式的实时、无须渲染即可编辑的特性，使EDIUS 7成为当前最实用和实现快速编辑的非线性编辑工具之一，如图2-2所示。

图2-2　EDIUS 7新增功能

EDIUS 7利用现代的64位计算机技术，带来了更快、更具创造性的编辑体验。多种格式实时混编,甚至4K无限轨道数量，以及同一时间线的实时帧速率转换使剪辑师的编辑工作更快、更具创意，如图2-3所示。

图2-3　EDIUS 7工作环境

### 2.1.2 Premiere

Premiere是一款常用的视频编辑软件，由Adobe公司推出，其优点是编辑画面质量较好和良好的兼容性，且可以与Adobe公司推出的其他软件相互协作。目前这款软件广泛应用于广告制作和电视节目制作中，其最新版本为Adobe Premiere Pro CC，如图2-4所示。

作、商业广告、音乐节目以及CD，Avid与其他非线性编辑软件相比，它更适用于企业宣传节目和大部分的影片制作，这使得Avid成为全球领先的非线性编辑系统的制造企业，如图2-6所示。

图2-4　Premiere软件

Adobe Premiere Pro CC是目前最流行的非线性编辑软件，是数码视频编辑的专业工具，它作为功能强大的多媒体视频、音频编辑软件，应用范围不胜枚举，制作效果美不胜收，足以协助用户高效地工作。Premiere以其新的合理化界面和通用高端工具，兼顾了广大视频用户的不同需求，在一个并不昂贵的视频编辑工具箱中，提供了前所未有的生产能力、控制能力和灵活性，如图2-5所示。

图2-6　Avid工作界面

如今，基于其曾屡获如奥斯卡、格莱美、艾美奖等殊荣的技术基础，Avid又拓展了其在数码媒体的共享存储及传播领域的应用。目前Avid不仅推出了以苹果机为载体的工作站，为了适应目前主流的操作系统，还推出了以PC为载体的工作站，建立了在XP系统下的产品，如图2-7所示。

图2-5　Premiere工作界面

## 2.1.3　AVID

作为业界公认的专业化数字化标准，Avid可以为媒体制作方面的专业人士提供从视频、音频、电影动画、特技到流媒体制作等多方面世界领先的技术手段。Avid非线编辑类产品在中国拥有大量客户群体，国内普遍使用的是Avid Liquid和Avid Xpress Pro版本，而一些大型电视台则使用Avid MC系列以及更高的Avid产品用于电视制作、新闻制

图2-7　Avid工作环境

在管理现今日益丰富的动态媒体方面，Avid 提供了强大的服务器、网络、媒体工具，以便于国内外用户搜索文件、共享媒体、合作开发新产品。Avid的解决方案可使用户轻松实现媒体传播，无论是通过无线、电缆、卫星还是因特网，均可实现。Avid与众不同的端对端解决方案可集媒体创作、管理及发布于一身。

## 2.1.4 Vegas

Sony Vegas是一个专业影像编辑软件,现在被制作成为Vegas Movie Studio,是专业版的简化而高效的版本,成为PC上最佳的入门级视频编辑软件。Vegas是一个整合了影像编辑与声音编辑的软件,其中无限制的视轨与音轨,更是其他影音软件所没有的特性。在效果上更提供了视讯合成、进阶编码、转场特效、修剪及动画控制等。不论是专业人士还是个人用户,都可因其简易的操作界面而轻松上手,可说是数码影像、多媒体简报、广播等用户解决数码编辑之方案,如图2-8所示。

图2-8 Vegas软件

Sony Vegas具备强大的后期处理功能,可以随心所欲地对视频素材进行剪辑合成、添加特效、调整颜色、编辑字幕等操作,还包括强大的音频处理工具,可以为视频素材添加音效、录制声音、处理噪声,以及生成杜比5.1环绕立体声。此外,Vegas还可以将编辑好的视频迅速输出为各种格式的影片,直接发布于网络、刻录成光盘或回录到磁带中。Vegas提供了全面的HDV、SD/HD-SDI采集、剪辑、回录支持,通过Blackmagic DeckLink硬件板卡实现专业SDI采集支持,如图2-9所示。

图2-9 Vegas工作界面

## 2.1.5 Final Cut

Final Cut是Final Cut Studio中的一个产品,Final Cut Studio中还包括Motion Livetype Soundtrack等字幕、包装、声音方面的软件。所以这两个就是包含和被包含的关系,Final Cut凭借精确的编辑工具,几乎可以实时编辑所有影音格式,包括创新的ProRes格式,如图2-10所示。

图2-10 Final Cut软件

在Final Cut中有许多项目都可以通过具体的参数来设定,这样就可以达到非常精细的调整,它支持DV标准和所有的QuickTime格式,凡是QuickTime支持的媒体格式在Final Cut中都可以使用,这样就可以充分利用以前制作的各种格式的视频文件。借助Apple ProRes系列的新增功能,它能以更快的速度、更高的品质编辑各式各样的工作流程,可将作品输出到苹果设备、网络、蓝光盘和DVD上,使用重新设计的速度工具,可以轻松改变剪辑的速度。Final Cut还享用十多种新增的强化功能,包括原生支持AVC-Intra格式、改进了Alpha过渡效果创建过程、增强的标记、较大的时间码窗口等,如图2-11所示。

图2-11 Final Cut工作界面

## 2.1.6 会声会影

会声会影是一套操作简单、功能强悍的DV、HDV影片剪辑软件，不仅完全符合家庭或个人所需的影片剪辑功能，甚至可以挑战专业级的影片剪辑软件。无论是新老剪辑用户，会声会影都会发挥创意无限的空间，如图2-12所示。

图2-12  会声会影软件

会声会影X4拥有创新的影片制作向导模式，只要三个步骤就可快速制作出DV影片，即使是入门新手也可以在短时间内体验影片剪辑乐趣；操作简单、功能强大的会声会影编辑模式，从捕获、剪接、转场、特效、覆叠、字幕、配乐到刻录，可以使用户全方位剪辑出好莱坞级的家庭电影，如图2-13所示。

图2-13  会声会影工作界面

# 2.2 EDIUS特性与安装

由于是专为Windows 7和Windows 8开发的原生64位应用程序，EDIUS 7可以充分利用最多达512GB（Windows8企业和专业版）或者最多达192GB（Windows 7旗舰、企业和专业版）物理内存供素材操作的快速存取，特别是画中画、3D、多机位和多轨4K编辑。除了改进的4K工作流程，还支持Blackmagic Design的DeckLink 4K Extreme板卡和EDL导入/导出的DaVinci校色流程。

EDIUS 7提供了超过100项全新功能，编辑引擎经过了微调以提供更好的实时性能，再加上增强的代理编辑模式，带来了振奋人心的全新实时工作流程。EDIUS 7延续了Grass Valley的传统，展现了编辑复杂压缩格式时无与伦比的能力，进一步帮助用户将精力集中在编辑和创作上，不用担心技术问题。由于大多数EDIUS的功能都来源于用户对各种新特性的需求，使EDIUS解决方案成为后期制作更有价值的工具。

## 2.2.1 关键特性

EDIUS 7最关键的特性是有顺畅的4k工作流程，支持Blackmagic Design DeckLink 4KExtreme板卡，支持与DaVinci的EDL交换时间线校色流程；向第三方厂商开放硬件接口，如Blackmagic Design、Matrox和AJA；混编各种不同分辨率素材，可以从$24×24$到$4K×2K$，在同一时间线实时转换不同帧速率，为剪辑师带来了非凡效率；快速灵活的用户界面，包括无限视频、音频、字幕和图形轨道；支持最新的文件格式，如Sony XAVC/XVAC S、PanasonicAVC-Ultra和Canon 1D CM-JPEG（与其发布时同步支持）；源码支持各种视频格式，如Sony XDCAM、Panasonic P2、Ikegami GF、RED、Canon XF和EOS视频格式等；EDIUS 7还有市面上最快的AVCHD编辑速度（3层以上实时编辑）和高达16机位同时编辑，支持视频输出的特性。

## 2.2.2 软件安装

**01** 首先执行EDIUS 7的Setup（安装）文件，系统将弹出EDIUS的提示对话框，提示是否安装或更新QuickTime 7.74播放器，如图2-14所示。

图2-14 EDIUS提示

**02** 单击安装或更新QuickTime 7.74播放器后，系统将弹出QuickTime的安装对话框，如图2-15所示。

图2-15 QuickTime对话框

**03** 执行QuickTime 7.74播放器安装程序后，将弹出EDIUS的"欢迎"面板，单击Next（下一步）按钮，如图2-16所示。

图2-16 欢迎对话框

**04** 在弹出的License Agreement（许可协议）对话中可以预览EDIUS的许可信息，然后再单击I Agree（我同意）按钮继续安装，如图2-17所示。

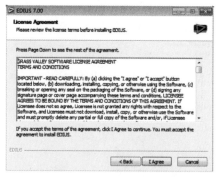

图2-17 许可协议对话框

**05** 在弹出的Customer Information（客户信息）对话框中填写用户和版权名称，然后再单击Next（下一步）按钮，如图2-18所示。

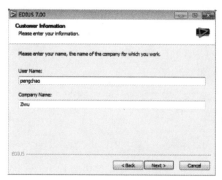

图2-18 客户信息对话框

**06** 在弹出的Choose Install Location（安装位置选择）对话框中单击Browse（浏览）按钮选择磁盘位置，然后继续单击Next（下一步）按钮，如图2-19所示。

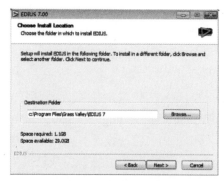

图2-19 安装位置选择

**07** 在弹出的Choose Components（组件选择）对话框中显示安装EDIUS所需的磁盘空间为1.1GB，然后继续单击Next（下一步）按钮，如图2-20所示。

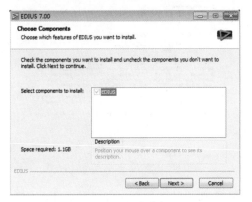

图2-20　组件选择

**08** 在弹出的Choose Options（选项选择）对话框中主要选择Install this application for（安装该应用）为本计算机的全部用户还是只有单独用户使用EDIUS软件，然后继续单击Next（下一步）按钮，如图2-21所示。

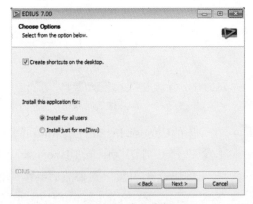

图2-21　选项选择

**09** 在弹出的Installing（安装）对话框中显示了EDIUS程序的安装进度，如图2-22所示。

**10** EDIUS安装进度完成后，在弹出的Registration settings of user information（用户信息注册设置）对话框中继续单击Next（下一步）按钮完成软件安装，如图2-23所示。

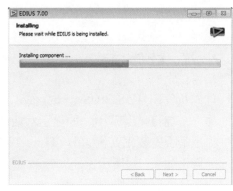

图2-22　安装进度

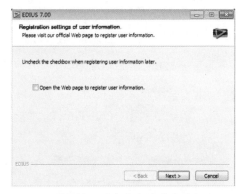

图2-23　用户信息注册设置

**11** 在弹出的Install Complete（完成安装）对话框中提示是否重新启动计算机，将安装的EDIUS软件程序进行更新，然后单击Finish（完成）按钮，如图2-24所示。

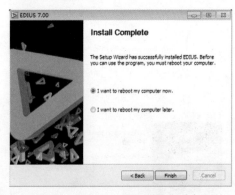

图2-24　完成安装

**12** 重新启动计算机后，在开始菜单中选择【开始】→【所有程序】→【Grass Valley】→【EDIUS 7】命令进入软件，然后在弹出的对话框中选择输入序列号或"启用试用版"，如图2-25所示。

图2-25 注册序列号

**⑬** 输入注册序列号或"启用试用版"后，EDIUS的软件启动界面如图2-26所示。

图2-26 启动界面

# 2.3 影视媒体格式

影视媒体格式可以分为适合本地播放的本地影像视频和适合在网络中播放的网络流媒体影像视频两大类。尽管后者在播放的稳定性和播放画面质量上可能没有前者优秀，但网络流媒体影像视频的广泛传播性使之正被广泛应用于视频点播、网络演示、远程教育、网络视频广告等互联网信息服务领域。

## 2.3.1 AVI格式

AVI格式的英文全称为Audio Video Interleaved，即音频视频交错格式。它于1992年被Microsoft公司推出，随Windows3.1一起被人们所认识和熟知。所谓"音频视频交错"，就是指可以将视频和音频交织在一起进行同步播放。这种视频格式的优点是图像质量好，可以跨多个平台使用，其缺点是体积过于庞大，而且压缩标准不统一，导致播放器高低版本之间可能会出现格式不兼容的情况。不过利用插件和转换软件可以很容易地解决这一问题，AVI是众多视频格式中使用率较高的视频格式，如图2-27所示。

一个AVI文件主要是由视频和音频部分构成

图2-27 AVI格式

的。视频部分会根据不同的应用要求，AVI的视窗大小或分辨率可以随意调整，窗口越大视频文件的数据量越大。帧率也可以调整，而且与数据量成正比，是影响画面连续效果的主要参数。音频部分采用WAV音频格式，在AVI文件中视频和音频是分别存储的。

由于AVI文件结构不仅解决了音频和视频的同步问题，而且具有通用和开放的特点，它可以在任何Windows环境下工作，还具有扩展环境的功能，用户可以开发自己的AVI视频文件，在Windows环境下随时调用。

AVI已成为PC机上最常用的视频数据格式，并且还成为了一个基本标准。在普及应用方面，数码录像机（DV）、视频捕捉卡等都已经支持直接生成AVI文件。原始的AVI文件格式无论是视频部分还是音频部分都是没经过压缩处理的，虽然图像和声音质量非常好，但其体积一般都很巨大。也正因此普及程度比不上MPEG-1等视频压缩格式，但在影像制作方面还是经常要被使用到。

### 1. DV-AVI压缩格式

DV的英文全称是Digital Video Format，是由索尼、松下、JVC等多家厂商联合提出的一种家用数字视频格式，目前非常流行的数码摄像机就是使用这种格式记录视频数据的。它可以通过电脑的IEEE 1394端口传输视频数据到电脑，也可以将电脑中编辑好的视频数据回录到数码摄像机中，其缺点是只支持标清媒体且1小时的容量为12G左右。这种视频格式的文件扩展名一般也是AVI，所以我们习惯地称它为DV-AVI格式。

### 2. 无压缩AVI格式

AVI只是一个格式容器，里面的视频部分和音频部分可以是多种多样的编码格式，也就是多种组合，而扩展名都是AVI。无压缩AVI能支持最好的编码去重新组织视频和音频，生成的文件体积非常大，但清晰度也是最高的，"非线性编辑"处理时运算的速度也非常快。

### 3. DivX AVI压缩格式

DivX AVI压缩格式是第三方插件程序，对硬件和软件的要求不高，清晰度可以根据要求设置，文件容量非常小。DivX是一项由DivX Networks公司开发类似于MP3的数字多媒体压缩技术。DivX基于MPEG-4标准，可以把MPEG-2格式的多媒体文件压缩至原来的10%，更可把VHS格式录像带的文件压缩至原来的1%，无论是声音还是画质都可以和DVD相媲美。

### 4. Canopus HQ AVI压缩格式

Canopus HQ编码的AVI文件占用磁盘空间比较大，是一种变化比特率的编码，也就是说画面变化比较大，文件量也会相应变大。同时，Canopus HQ编码的质量设置有低、普通、高和自定义几种格式，不同的质量设置也会影响文件的容量。Canopus HQ编码的文件容量要比无压缩格式的文件小约十倍，但图像质量下降只在2%～3%，因此EDIUS用户常用AVI压缩格式。

## 2.3.2 MPEG格式

MPEG的全名为Moving Pictures Experts Group/Motin Pictures Experts Group，中文译名是动态图像专家组，如图2-28所示。

图2-28 MPEG格式

MPEG标准主要有MPEG-1、MPEG-2、MPEG-4、MPEG-7及MPEG-21。该专家组建立于1988年，专门负责为CD建立视频和音频标准，而成员都是视频、音频及系统领域的技术专家。他们成功地将声音和影像的记录脱离了传统的模拟方式，建立了ISO/IEC1172压缩编码标准，并制定出MPEG-格式，使视听传播方面进入了数码化时代。

### 1. MPEG-1压缩格式

MPEG-1标准于1992年正式出版，标准的编号为ISO/IEC11172，其标题为"码率约为1.5Mb/s用于数字存储媒体活动图像及其伴音的编码"。MPEG-1压缩方式相对压缩技术而言要复杂得多，同时编码效率、声音质量也大幅提高，被广泛地应用在VCD和SVCD等低端领域。

### 2. MPEG-2压缩格式

MPEG-2标准于1994年公布，包括编号为13818-1的系统部分、编号为13818-2的视频部分、编号为13818-3的音频部分及编号为13818-4的符合性测试部分。MPEG-2编码标准囊括数字电视、图像通信各领域的编码标准，MPEG-2按压缩比大小的不同分成5个档次，每一个档次又按图像清晰度的不同分成4种图像格式，或称为级别。5个档次4种级别共有20种组合，但实际应用中有些组合不太可能出现，较常用的是11种组合。常见的DVD一般都采用此格式，用在具有演播室质量标准清晰度电视SDTV中，由于MPEG-2的出色性能表现已能适用于HDTV，使得原打算为HDTV设计的MPEG-3还没出世就被抛弃了。

### 3. MPEG-4压缩格式

MPEG-4在1995年7月开始研究，1998

年11月被ISO/IEC批准为正式标准，正式标准编号是 MPEG ISO/IEC14496，它不仅针对一定比特率下的视频、音频编码，更加注重多媒体系统的交互性和灵活性。这个标准主要应用于视像电话、视像电子邮件等，传输速率要求较低的4800～6400bits/s之间。MPEG-4利用很窄的带宽，通过帧重建技术、数据压缩，以求用最少的数据获得最佳的图像质量。利用MPEG-4的高压缩率和高的图像还原质量可以将DVD里面的MPEG-2视频文件转换为体积更小的视频文件。经过这样处理，图像的视频质量下降不大但体积却可缩小几倍，可以很方便地用CD-ROM来保存DVD上面的节目。另外，MPEG-4在家庭摄影录像、网络实时影像播放方面也大有用武之地。

#### 4. MPEG-7压缩格式

MPEG-7（它的由来是1+2+4=7，因为没有MPEG-3、MPEG-5、MPEG-6）于1996年10月开始研究。确切来讲，MPEG-7并不是一种压缩编码方法，其正规的名字叫做"多媒体内容描述接口"，其目的是生成一种用来描述多媒体内容的标准，这个标准将对信息含义的解释提供一定的自由度，可以被传送给设备和电脑程序。MPEG-7并不针对某个具体的应用，而是针对被MPEG-7标准化了的图像元素，这些元素将支持尽可能多的各种应用。可应用于数字图书馆，如图像编目、音乐词典、广播媒体、电子新闻服务等。

#### 5. MPEG-21压缩格式

MPEG在1999年10月的MPEG会议上提出了"多媒体框架"的概念，同年的12月的MPEG会议确定了MPEG-21的正式名称是"多媒体框架"或"数字视听框架"，它以将标准集成起来支持协调的技术来管理多媒体商务为目标，目的就是理解如何将不同的技术和标准结合在一起需要什么新的标准以及完成不同标准的结合工作。

### 2.3.3 MOV格式

MOV格式是美国Apple公司开发的一种视频格式，默认的播放器是苹果的QuickTime Player。具有较高的压缩比率和较完美的视频清晰度等特点，但是其最大的特点还是跨平台性，既不仅能支持MacOS，同样也能支持Windows系列，如图2-29所示。

图2-29 MOV格式

MOV格式的视频文件可以采用不压缩或压缩的方式，其压缩算法包括Cinepak、Intel Indeo Video R3.2和Video编码。经过几年的发展，现在QuickTime已经在"视频流"技术方面取得了不少的成果，最新发表的QuickTime是第一个基于工业标准RTP和RTSP协议的非专有技术，能在Internet上播放和存储相当清晰的视频/音频流。利用QuickTime播放器能够很轻松地通过Internet观赏到以较高视频/音频质量传输的电影、电视和实况转播节目，现在QuickTime格式的主要竞争对手是Real Networks公司的RM格式。

### 2.3.4 RM格式

RM（Real Media）格式是Real Networks公司制定的音频、视频压缩规范。它包含了音频流（Streaming Audio）文件格式的RealAudio和视频流（Streaming Video）文件格式的Real Video文件，是一种主要用于在低速率的网上实时传输音频视频信息的压缩格式。网络连接速率不同，客户端所获得的声音、图像质量也不尽相同，可以达到广播级的声音质量，如图2-30所示。

图2-30 RM格式

无论是QuickTime还是Real Media，考虑到它们的播放质量以及现在国内的网络速度，在网络上面实时播放视频节目是非常不实际的。如果把QuickTime和Real Media的技术应用在网络可视会议、网络可视电话等方面还是很不错的。

### 2.3.5 ASF格式

ASF格式是Micorosoft为了和现在的Real Media竞争而发展出来的一种可以直接在网上观看视频节目的视频文件压缩格式。它的视频部分采用了先进的MPEG-4压缩算法，音频部分采用了微软发表的一种比MP3更好的WMA压缩格式，所以ASF的压缩率和图像质量都很不错。因为ASF是以一个可以在网络上面即时观赏的"视频流"格式存在的，所以它的图像质量比VCD差一点并不稀奇，但比同是"视频流"格式的RAM格式要好，如图2-31所示。

图2-31 ASF格式

### 2.3.6 FLV格式

FLV格式是FLASH VIDEO的简称，FLV流媒体格式是随着Flash MX的推出发展而来的视频格式。由于它形成的文件极小、加载速度极快，使得网络观看视频文件成为可能，它的出现有效地解决了视频文件导入Flash后，使导出的SWF文件体积庞大，不能在网络上很好地使用等缺点，如图2-32所示。

图2-32 FLV格式

### 2.3.7 WMV格式

WMV格式是微软推出的一种流媒体格式，它是在ASF（Advanced Stream Format）格式上升级延伸来的，在同等视频质量下WMV格式的体积非常小，因此很适合在网上播放和传输。WMV文件将视频和音频封装在一个文件里，并且允许音频同步于视频播放，与DVD视频格式类似，支持多视频流和音频流，如图2-33所示。

图2-33 WMV格式

### 2.3.8 AVCHD格式

AVCHD格式是索尼（Sony）公司与松下电器（Panasonic）于2006年5月联合发表的高画质光碟压缩技术，AVCHD标准基于MPEG-4 AVC/H264视讯编码，支持480i、720P、1080i、1080P等格式，同时支持杜比数位5.1声道AC-3或线性PCM 7.1声道音频压缩，如图2-34所示。

图2-34 AVCHD格式

AVCHD格式整合了2003年出现的基于Mini DV磁带的HDV，以及在SD卡上存储视频内容的新方法。AVCHD格式在传统DVD格式和H264压缩技术之间搭起一座桥梁，后者的压缩效率比MPEG-2标准高出一倍，而且视频信号质量也具有实质性改善。AVCHD格式倡导者面临的一项挑战是缺少支持高清分辨率视频的低功耗、低成本H264编/解码器，但随着计算机处理能力的提升问题将迎刃而解。

### 2.3.9 XDCAM格式

XDCAM为索尼（Sony）公司在2003年推出的无影带式专业录影系统，2003年10月开始发售SD系统商品，2006年4月开始发售

HD系统。XDCAM格式使用数种不同的压缩方式和储存格式，很多标清XDCAM摄影机可简易切换IMX至DVCAM等格式，如图2-35所示。

图2-35 XDCAM格式

## 2.3.10 P2格式

P2格式其实是一种数码存储卡，是为专业音视频而设计的小型固态存储器。P2卡符合PC卡标准（2型），可以直接插入到笔记本的卡槽中。卡上的音视频数据即刻就可以装载，每一段剪辑都是MXF和原数据文件，这些数据不需要数字化处理，就可以立即用于非线性编辑，或在网络上进行传送，如图2-36所示。

图2-36 P2格式

## 2.3.11 MXF格式

MXF格式是英文Material eXchange Format（素材交换格式）的缩写，是SMPTE（美国电影与电视工程师学会）组织定义的一种专业音视频媒体文件格式。MXF格式主要应用于影视行业媒体制作、编辑、发行和存储等环节，如图2-37所示。

图2-37 MXF格式

## 2.3.12 TGA格式

TGA（TaggedGraphics）文件格式是由美国Truevision公司为其显示卡开发的一种图像文件格式，已被国际上的图形、图像工业所接受。TGA的结构比较简单，属于一种图形、图像数据的通用格式，在多媒体领域有

着很大影响，是计算机生成图像向电视转换的一种首选格式，如图2-38所示。

图2-38 TGA格式

## 2.3.13 PNG格式

PNG是指流式网络图形格式，名称来源于非官方的"PNG's Not GIF"，是一种位图文件存储格式，读成"ping"。其目的是试图替代GIF和TIFF文件格式，同时增加一些GIF文件格式所不具备的特性。PNG用来存储灰度图像时，灰度图像的深度可多达16位，存储彩色图像时彩色图像的深度可多达48位。PNG使用从LZ77派生的无损数据压缩算法。一般应用于JAVA程序中网页或S60程序中，因为它压缩比高，生成的文件容量较小，如图2-39所示。

图2-39 PNG格式

## 2.3.14 JPEG格式

JPEG格式是最常见的一种图像格式，其压缩技术十分先进，它用有损压缩方式去除冗余的图像和彩色数据，在得到极高的压缩率的同时能展现十分丰富生动的图像，换句话说，就是可以用最少的磁盘空间得到较好的图像质量，如图2-40所示。

图2-40 JPEG格式

## 2.3.15 BMP格式

BMP是英文Bitmap（位图）的简写，它是Windows操作系统中的标准图像文件格式，能够被多种Windows应用程序所支持。随着Windows操作系统的流行与Windows应用程序的开发，BMP位图格式理所当然地被广泛应用。这种格式的特点是包含的图像信息较丰富，几乎不进行压缩，但由此导致了它与生俱来的缺点——占用磁盘空间过大。所以，目前BMP在单机上比较流行，如图2-41所示。

图2-41　BMP格式

### 2.3.16　GIF格式

GIF是英文GraphicsInterchangeformat（图形交换格式）的缩写，顾名思义，这种格式是用来交换图片的。GIF格式的特点是压缩比高，磁盘空间占用较少，所以这种图像格式迅速得到了广泛的应用。最初的GIF只是简单地用来存储单幅静止图像（称为GIF87a），后来随着技术发展，可以同时存储若干幅静止图像进而形成连续的动画，使之成为当时支持2D动画为数不多的格式之一（称为GIF89a），而在GIF89a图像中可指定透明区域，使图像具有非同一般的显示效果，这更使GIF风光十足，目前Internet上大量采用的彩色动画文件多为这种格式的文件。但GIF有个小小的缺点，即不能存储超过256色的图像。尽管如此，这种格式仍在网络上大行其道，这和GIF图像文件短小、下载速度快、可用许多具有同样大小的图像文件组成动画等优势是分不开的，如图2-42所示。

图2-42　GIF格式

### 2.3.17　WAV格式

WAV是微软公司开发的一种声音文件格式，用于保存Windows平台的音频信息资源，被Windows平台及其应用程序所支持。WAV格式支持MSADPCM、CCITT A LAW等多种压缩算法，支持多种音频位数、采样频率和声道，标准格式的WAV文件和CD格式一样，也是44.1K的采样频率、速率88K每秒、16位量化位数，如图2-43所示。

图2-43　WAV格式

### 2.3.18　MP3格式

MP3格式诞生于80年代的德国，所谓的MP3也就是指MPEG标准中的音频部分，是MPEG音频层。MPEG音频文件的压缩是一种有损压缩，MPEG3音频编码具有10∶1至12∶1的高压缩率，同时基本保持了低音频部分不失真，但是牺牲了声音文件中12KHz到16KHz高音频这部分的质量来换取文件的尺寸，相同长度的音乐文件，用MP3格式来储存，一般只有WAV文件的1/10，而音质要次于CD格式或WAV格式的声音文件。MP3格式压缩音乐的采样频率有很多种，可以用64Kbps或更低的采样频率节省空间，也可以用320Kbps的标准达到极高的音质，如图2-44所示。

图2-44　MP3格式

### 2.3.19　WMA格式

WMA是由微软开发的Windows Media Audio编码后的文件格式，在只有64kbps的码率情况下，WMA可以达到接近CD的音质。和以往的编码不同，WMA支持防复制功能，支持通过Windows Media Rights Manager加入保护，可以限制播放时间和播放次数甚至于播放的机器等。微软在Windows中加入了对WMA的支持，在微软的大力推广下，这种格式被越来越多的人接受，如图2-45所示。

图2-45 WMA格式

## 2.4 本章小结

本章主要对常用的非线性编辑软件、关键特性、软件安装和影视媒体格式进行介绍，了解了一些EDIUS以外的非线性编辑软件，以及EDIUS支持的视频、图像和音频格式。

# 第3章
# EDIUS基础应用

本章主要介绍EDIUS的基础应用，包括软件介绍、软件启动、工作界面和工作流程等。

# 3.1 EDIUS软件简介

EDIUS是日本Canopus公司的优秀非线性编辑软件，专为广播和后期制作环境而设计，拥有完善的基于文件工作流程，提供了实时、多轨道、多格式混编、合成、色键、字幕和时间线输出功能，如图3-1所示。

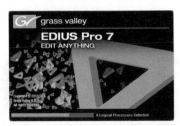

图3-1　EDIUS软件

EDIUS非线性剪辑软件特别针对新闻记者、无带化视频制播和存储设计，除了标准的EDIUS系列格式，还支持 Infinity™ JPEG 2000、DVCPRO、P2、VariCam、Ikegami GigaFlash、MXF、XDCAM和XDCAM EX视频素材，同时支持所有DV、HDV摄像机和

录像机。EDIUS Pro7让用户可以使用任何视频标准，甚至能达到1080p50/60或4K数字电影分辨率。同时，还支持所有业界使用的主流编码器与解码器的源码编辑，甚至当不同编码格式在时间线上混编时，都无须转码，用户无须渲染就可以实时预览各种特效。

EDIUS 7延续了Grass Valley的传统，展现了编辑复杂压缩格式时无与伦比的能力，帮助用户将精力集中在编辑和创作上，而不用担心技术问题。大多数EDIUS 7的功能都来源于用户对各种新特性的需求，使EDIUS解决方案成为后期制作更有价值的工具。

EDIUS因其迅捷、易用和可靠的稳定性为广大专业制作者和电视人所广泛使用，支持更多格式和更好流程，是混合格式编辑的绝佳选择，专为广播电视及后期制作，尤其是为那些使用新式、无带化视频记录和存储设备的制作环境而设计。

# 3.2 EDIUS软件启动

在正确安装EDIUS软件后，可以在开始菜单中选择【开始】→【所有程序】→【Grass Valley】→【EDIUS 7】命令进入软件，也可以双击桌面上的"EDIUS 7"快捷图标启动进入软件，如图3-2所示。

图3-2　软件启动

启动软件后，软件将弹出载入进度的提示启动界面，如图3-3所示。

图3-3　启动界面

在本机第一次使用EDIUS软件的用户，还需要对"文件夹设置"和"创建工程预设"进行正确设置，才能进入EDIUS 7进行正常工作。

# 3.3 EDIUS工作界面

EDIUS 7和所有的Windows标准程序一样，其工作界面主要由菜单栏、监视器、时间线面板、素材库面板、特效面板、素材标记面板、源文件浏览面板、信息面板8部分组成，如图3-4所示。

图3-4 默认工作界面

除了使用标准默认的工作界面外，也可以在菜单栏中选择"视图"菜单自定义设置其他面板的开启和关闭，还可以手工拖动每个面板的位置，重新组合EDIUS的工作界面。

## 3.3.1 菜单栏

EDIUS 7的菜单中包括两部分，一部分是单击 按钮设置移动、改变大小、最小化、关闭，或单击 按钮设置最小化和单击 按钮关闭软件程序；另一部分是传统的命令菜单，分别是文件菜单、编辑菜单、视图菜单、素材菜单、标记菜单、模式菜单、采集菜单、渲染菜单、工具菜单、设置菜单和帮助菜单，如图3-5所示。

图3-5 菜单栏

## 3.3.2 监视器

EDIUS 7的"监视器"可以在菜单栏中选择【视图】→【单窗口模式】或【双窗口模式】命令进行切换，主要提供了剪辑效果和多媒体播放等功能。如使用单窗口模式则在监视器中预览的是最终剪辑效果，如使用双窗口模式则在监视器的左侧显示素材预剪辑效果、右侧显示为最终的剪辑效果，可以根据显示器的大小尺寸和操作方式自定义设置，如图3-6所示。

图3-6 监视器

## 3.3.3 时间线面板

EDIUS 7的"时间线"面板中提供了视频、音频、图像、文字等素材的轨道操作区域，是剪辑软件的核心区域，主要由工程文件名称、时间线工具栏、时间线标尺、时间线播放指针、时间线轨道面板、时间线轨道、时间线信息栏组成，如图3-7所示。

图3-7 时间线

## 3.3.4 素材库面板

EDIUS 7的"素材库"面板的主要作用

是导入素材、存放素材和管理素材，其中显示了存放素材和缩略图的文件夹视图，可以根据个人需要通过隐藏文件夹视图和改变素材缩略图的类型来调整素材窗口的外观，如图3-8所示。

图3-8　素材库面板

### 3.3.5　特效面板

EDIUS 7的"特效"面板中提供了系统预设、视频滤镜、音频滤镜、转场、音频淡入淡出、字幕混合和键特效等设置，从而丰富剪辑作品的效果，如图3-9所示。

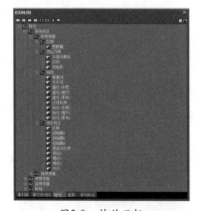

图3-9　特效面板

### 3.3.6　素材标记面板

EDIUS 7的"素材标记"面板可以显示用户在时间线上创建的标记信息，也就是在时间线上预先做个记号，即作为一个特殊的分段点，使用的快捷键为"V"键，还可以

在时间线播放指针的位置创建或删除一个标记点，如图3-10所示。

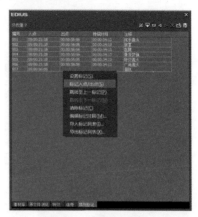

图3-10　素材标记面板

### 3.3.7　源文件浏览面板

EDIUS 7的"源文件浏览"面板可以快速查找DVD、GF、Infinity、K2、P2、可移动媒体、XDCAM EX、XF、XDCAM等设备中的信息，便于提高查找素材的效率，如图3-11所示。

图3-11　源文件浏览面板

### 3.3.8　信息面板

EDIUS 7的"信息"面板中主要有3部分内容。第一部分为选择剪辑素材的信息提示，其中有文件名称、素材名称、源入点、源出点、源持续时间、时间线入点、时间线出点、时间线持续时间、速度、冻结帧、时间重映射、编解码器、宽高比、场序等信息；第二部分为视

频布局，主要用于设置素材的裁剪、变换、2D、3D和动画等信息；第三部分为显示已添加的特效，双击该特效会自动弹出相应的信息设置，如图3-12所示。

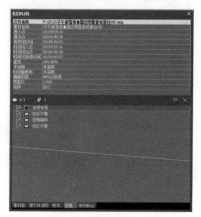

图3-12 信息面板

### 3.3.9 其他面板

除了EDIUS 7默认的工作界面以外，还有许多隐藏的未显示面板，可以在菜单栏中选择"视图"菜单自定义设置其他面板的开启和关闭，如图3-13所示。

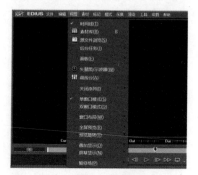

图3-13 视图菜单

## 3.4 EDIUS工作流程

在使用EDIUS 7进行影片的剪辑工作时，主要流程为新建工程、导入素材、素材剪辑、特效制作和项目输出。

### 3.4.1 新建工程

首先启动EDIUS 7软件，在弹出的"初始化工程"对话框中单击"新建工程"按钮，也可以在"最近工程"区域选择以往使用的剪辑文件。如果单击"新建工程"按钮将弹出"工程设置"对话框，然后选择首次进入EDIUS 7设置的预设，再设置"工程文件"栏的名称与存放文件夹位置，设置完成后单击"确定"按钮进入EDIUS 7软件，如图3-14所示。

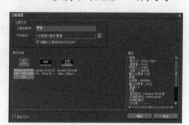

图3-14 新建工程

### 3.4.2 导入素材

新建工程并进入"素材库"面板，将素材导入常有3种方法。方法1在"素材库"面板的工具条中单击🔄添加素材按钮导入素材。方法2在"素材库"面板的空白区域双击鼠标"左"键导入素材。方法3在"素材库"面板的空白区域单击鼠标"右"键导入操作，然后在弹出的浮动菜单中选择"添加文件"命令，如图3-15所示。

图3-15 添加文件

执行"添加文件"命令后，在弹出的"打开"对话框中可以选择需要导入的素材，也可以设置传输到工程文件夹和序列素材，还可以通过缩略图和滑块预览选择素材的内容，如图3-16所示。

图3-16 打开对话框

将素材导入后，"素材库"面板中将罗列出导入的素材，在"属性"卷展栏中会显示更加详细的素材信息，如图3-17所示。

图3-17 导入的素材

### 3.4.3 素材剪辑

在影片素材的剪辑工作前，需要将素材添加到剪辑的轨道中。在"素材库"面板中先选择需要剪辑的素材，然后按住鼠标"左"键拖拽至时间线中，在轨道中的放置位置可以根据需要在 V（视频）、VA（视频与音频）、T（文字）和A（音频）中进行选择，如图3-18所示。

图3-18 拖拽至时间线

将背景音乐素材导入并拖拽至时间线的A（音频）轨道中，然后根据音乐的节奏剪辑视频画面的衔接及长度，如图3-19所示。

图3-19 影音剪辑

### 3.4.4 特效制作

在影音剪辑基本完成后，为控制镜头间的连续性，在"特效"面板中可以添加转场效果，使素材之间产生过渡效果，如图3-20所示。

图3-20 添加转场

通过"特效"面板中的视频滤镜和音频滤镜可以调节剪辑影片的效果，使不同时期拍摄的素材或不同类型的素材产生连续，确保在成片播放时效果更为连贯和美观，如图3-21所示。

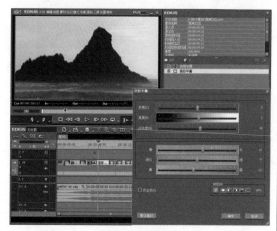

图3-21　添加特效

图3-22　设置入点与出点

在菜单栏中选择【文件】→【输出】命令，并可以选择输出到磁带、输出文件、批量输出、刻录光盘等，将剪辑的影片进行成品化处理，如图3-23所示。

图3-23　文件输出

## 3.4.5　项目输出

影片的全部效果都制作完成后，可以通过"设置入点"和"设置出点"指定需要渲染的影片区域，如果要将时间线中的所有区域和轨道都进行渲染，可以略过入点和出点的设置，如图3-22所示。

# **3.5** 本章小结

本章主要对EDIUS的软件简介、软件启动、工作界面、工作流程进行介绍，使用户在应用和学习前对EDIUS软件有所了解。

# 第4章
# 软件设置与基础实例

本章主要通过实例初始化项目预设、自定义界面设置、快捷键设置、更改项目预设、新建与保存项目、多序列合并、用户设置，介绍EDIUS软件设置与基础应用。

## 4.1　实例——初始化项目预设

| 素材文件 | 无 | 难易程度 | ★☆☆☆☆ |
|---|---|---|---|
| 效果文件 | 无 | 重要程度 | ★★★☆☆ |
| 实例重点 | 初始化编辑项目预设所需的大高清、小高清与标清项目 | | |

　　"初始化项目预设"实例的制作流程主要分为3部分，包括：（1）软件启动；（2）启动设置；（3）项目预设。如图4-1所示。

(1) 软件启动　　　　　(2) 启动设置　　　　　(3) 项目预设

图4-1　制作流程

### 4.1.1　软件启动

**01** 在正确安装EDIUS软件后，在开始菜单中选择【开始】→【所有程序】→【Grass Valley】→【EDIUS 7】命令进入软件，或双击桌面上的"EDIUS 7"快捷图标进入软件，如图4-2所示。

图4-2　软件启动

**02** 启动软件后，软件将弹出载入进度的提示启动界面，如图4-3所示。

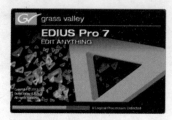

图4-3　启动界面

### 4.1.2　启动设置

**01** 在本机第一次使用EDIUS软件的用户，首先会看到"文件夹设置"对话框，主要用于指定创建工程和相应的临时文件，如图4-4所示。

图4-4　文件夹设置

**02** 单击"文件夹设置"对话框中的"浏览"按钮，在弹出的"浏览文件夹"对话框中指定创建工程和相应临时文件的文件夹，为了获得计算机更好的运算性能，建议所有素材与数据不要放置到安装系统和EDIUS的磁盘分区上。

　专家课堂

　　在使用EDIUS软件时，除非用户重新进行指定，否则它只在这个指定路径下创建工程和相应的临时文件。

**03** 如未正确注册或安装的是试用版本，在本机第一次使用EDIUS软件时将弹出"更新与提示"对话框，在其中可以查看EDIUS新版本在线的更新，以及提示是否显示该消息的天数，可以单击Close（关闭）按钮完成此部分设置，如图4-5所示。

图4-5 更新与提示对话框

## 4.1.3 项目预设

**01** 指定完成文件夹后，会弹出"初始化工程"的欢迎界面，主要用于设置用户配置文件。因为在本机是第一次使用EDIUS软件，所以单击"新建工程"按钮建立新的预设场景，如图4-6所示。

图4-6 新建工程

**02** 单击"新建工程"按钮会弹出"创建工程预设"对话框，主要用于设置选择视频尺寸和帧速率。一般常用的设置需勾选"尺寸"中的HD和DV项，在"帧速率"中有50i和25p选项，在"比特"中勾选8bit设置，如图4-7所示。

**专家课堂**

"尺寸"中包含HD、SD、DV选项，其中HD是分辨率在720p以上的一种视频格式，SD是分辨率在720p以下的一种视频格式，而720p是指视频的垂直分辨率为720线逐行扫描。

图4-7 选择视频尺寸和帧速率

**03** 选择视频尺寸和帧速率的设置后，系统将自动罗列出符合HD和标清的预设选项，以设置尺寸、50p帧速率、8bit比特为例，可选择HD-50i-1920×1080-8bit、HD-25p-1920×1080-8bit、HD-25p-1280×720-8bit、DV-50i-720×576-8bit-16：9和DV-50i-720×576-8bit-4：3几种预设较为常用，一般情况下可以将不常使用的1440×1080和960×720预设关闭，如图4-8所示。

**专家课堂**

i和p选项可以按需设置，以高清为例，1920×1080/50i与1920×1080/25P，码率(占用的制作资源)基本是完全相同的；采用Psf（逐行分段传输）后，1920×1080/25Psf与1920×1080/50i是完全兼容的，就像美国数字电视播出的很多1920×1080/60i的节目是用1920×1080/30P拍摄制作的一样，在中国拍摄制作1920×1080/50i就有1920×1080/50i和1920×1080/25P两种选择。

1080/50i的特点是活动画面比25P流畅，压缩效率低、转逐行图像质量下降，不利于交换发展和电视电影共享。1080/25P的特点是活动画面不如50i流畅，压缩效率高、转隔行简单图像质量无损，有利于交换发展和电视电影共享。

电视台或商业影视制作公司应该对逐行扫描拍摄制作节目给予充分重视，可以考虑部分高质量节目采用逐行扫描1920×1080/25P格式拍摄与制作。

图4-8 选择工程预设

**04** 经过以上的操作后，在弹出的"工程设置"面板的"预设列表"中会排列出HD1080、HD720和SD等项目，选择编辑大高清的"HD-25p-1920×1080-8bit"预设项目并在"工程文件"栏中设置工程名称和存储文件夹的位置，然后再单击"确定"按钮正式进入EDIUS的工作界面，如图4-9所示。

**05** EDIUS 7和所有的Windows标准程序一样，工作界面主要由菜单栏、监视器、时间线面板、素材库面板、特效面板、

素材标记面板、源文件浏览面板、信息面板组成，如图4-10所示。

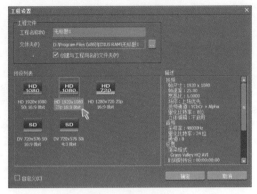

图4-9 工程设置

图4-10 启动软件界面

# 4.2 实例——自定义界面设置

| 素材文件 | 无 | 难易程度 | ★☆☆☆☆ |
|---|---|---|---|
| 效果文件 | 无 | 重要程度 | ★☆☆☆☆ |
| 实例重点 | 根据所需设置工作界面区域分布，并设置监视器内的提示信息 | | |

"自定义界面设置"实例的制作流程主要分为3部分，包括：（1）界面布局调整；（2）显示状态设置；（3）安全区域设置。如图4-11所示。

(1) 界面布局调整　　　　　　(2) 显示状态设置　　　　　　(3) 安全区域设置

图4-11 制作流程

## 4.2.1 界面布局调整

**01** 默认启动EDIUS软件后，界面布局与分布主要分为4个区域，分别是左上、右上、左下和右下，其中分布在左下侧位置的"时间线"面板显得过于紧凑，如图4-12所示。

图4-12 默认界面布局

**02** 选择激活"信息"面板，然后在面板的名称上按住鼠标"左"键并将其拖拽至右上侧"源文件浏览"面板的后侧空白位置，将"信息"面板的位置进行调换，如图4-13所示。

图4-13 调换面板位置

专家课堂 ||||||||||||||||||||||||||

"时间线"面板的工作区域一般情况为水平状态，所以将"信息"面板调整到其他区域，扩充"时间线"面板的水平操作区域。

**03** 将"信息"面板调换位置后，镂空出的原始位置需要扩充为"时间线"面板，可以将鼠标放置到"时间线"面板的右侧边缘位置，然后再按住鼠标"左"键并将其边缘沿水平方向拖拽至屏幕右侧的边缘位置，如图4-14所示。

图4-14 调节水平区域

**04** 调整"时间线"面板沿水平方向延伸，使"时间线"面板的水平区域更加宽阔，在实际影片的编辑过程中更加便捷，如图4-15所示。

图4-15 完成界面布局

专家课堂 ||||||||||||||||||||||||||

EDIUS的UI风格与字体样式默认为不可修改状态，所以计算机屏幕的分辨率越高，影视剪辑的操作区域也就越大，"监视器"中显示编辑的预览画面也就越直观，所以当前建议使用1920×1080的16∶9显示设备或更高尺寸的显示设备。

### 4.2.2 显示状态设置

**01** 默认EDIUS的"监视器"中会显示当前剪辑点的时间与音频提示信息，但由于界面布局为组合状态，所以"监视器"只占据了计算机屏幕的一小部分，时间与音频的提示信息遮挡住了部分剪辑画面，所以可将显示状态进行设置，如图4-16所示。

图4-16 时间与音频提示信息

**专家课堂**

如果用户利用显卡的双接口功能而使用双显示器进行编辑工作，可以将"监视器"放置到独立的显示器上，那么时间与音频提示信息的显示将解决预览剪辑画面不够直接的问题。

**02** 如果需要关闭时间与音频的提示信息，可以在菜单中选择【视图】→【屏幕显示】→【状态】命令，也可以直接使用键盘"Ctrl+G"快捷键进行显示与关闭的切换操作，如图4-17所示。

图4-17 显示与关闭操作

**03** 将"监视器"中的时间与音频提示信息关闭后，"监视器"中的剪辑画面显示得更加直观，如图4-18所示。

图4-18 监视器显示效果

**专家课堂**

将"监视器"中的时间与音频提示信息关闭后，如需再查看剪辑点的时间信息，可以直接在"监视器"左下侧位置查看Cut点的时间信息或查看时间线中的时间排列。

### 4.2.3 安全区域设置

**01** EDIUS的"监视器"中默认为没有"安全框"的显示状态，如果需要开启显示，可在菜单中选择【视图】→【叠加显示】→【安全区域】命令，也可以直接使用键盘"Ctrl+H"快捷键进行显示与关闭"安全框"的切换操作，如图4-19所示。

图4-19 显示安全框操作

**专家课堂**

　　由于电视屏幕的边框会渗出或被遮住部分画面，"安全框"主要目的是表明显示在电视上的工作安全区域，而边框会占图像10%的区域；为此，不希望重要的对象落到"安全区域"之外，可以利用"安全框"起到提示作用。

图4-20　显示安全区域效果

**02** 设置显示"安全框"操作完成后，在"监视器"的剪辑预览画面中将显示"安全区域"，如图4-20所示。

**03** 自定义EDIUS的工作界面后，合理利用有效的区域进行影视剪辑操作，可以提高剪辑工作的效率，完成的自定义界面设置如图4-21所示。

图4-21　自定义界面设置

# 4.3 实例——快捷键设置

| 素材文件 | 无 | 难易程度 | ★☆☆☆☆ |
|---|---|---|---|
| 效果文件 | 无 | 重要程度 | ★★☆☆☆ |
| 实例重点 | 根据所需按自身使用习惯设置自定义剪辑的快捷键 | | |

　　"快捷键设置"实例的制作流程主要分为3部分，包括：（1）开启用户设置；（2）标尺缩小设置；（3）标尺放大设置。如图4-22所示。

（1）开启用户设置　　（2）标尺缩小设置　　（3）标尺放大设置

图4-22　制作流程

## 4.3.1 开启用户设置

**01** 在菜单中选择【设置】→【用户设置】命令，准备进行自定义键盘快捷键操作，如图4-23所示。

**02** 在弹出的"用户设置"对话框中主要有应用设置、预览设置、用户界面设置、源文件设置、输入控制设备设置，而"快捷键"的设置需要进入"用户界面"选项，如图4-24所示。

图4-23　用户设置选择

图4-24　用户界面选择

**专家课堂**

　　"快捷键"又叫快速键或热键，指通过某些特定的按键、按键顺序或按键组合来完成一个操作，很多快捷键往往与"Ctrl"键、"Shift"键、"Alt"键、"Fn"键等配合使用，利用快捷键可以代替鼠标做一些工作。

**03** 展开"用户界面"选项后选择"键盘快捷键"选项，如图4-25所示。

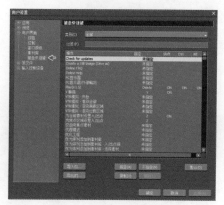

图4-25　键盘快捷键选择

**04** 选择"键盘快捷键"后切换至"类别"选项，然后在弹出的"类别"选项中选择"时间线"，可以设置影片编辑中最常使用的剪辑区域，如图4-26所示。

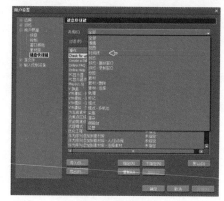

图4-26　时间线选项

## 4.3.2　标尺缩小设置

**01** 在"时间线"项目中选择"时间标尺-缩小"命令，然后单击"指定"按钮，准备进行自定义键盘快捷键操作，如图4-27所示。

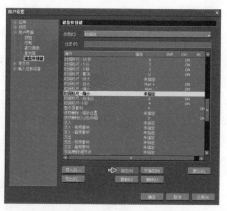

图4-27　时间标尺-缩小设置

**专家课堂**

　　在EDIUS默认状态，可以通过键盘"Ctrl+滚轮"快捷键进行时间线的标尺放大和缩小操作，可以按照Premiere软件直接使用键盘"+"和"-"快捷键进行操作，从而使操作部分更加简便。

**02** 单击"指定"按钮后会弹出"指定快捷
键"对话框，然后设置符合自己习惯的
"缩小"键盘快捷键，如图4-28所示。

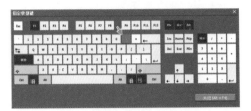

图4-28　指定缩小快捷键

 **专家课堂**

根据键盘的不同，键盘的键位设置也
会略有不同，而时间标尺的缩小设置为键
盘"－"快捷键较为便捷。

**03** 设置"时间标尺-缩小"命令的快捷键
之后，在快捷键的"指定"项目中会显
示所设置的快捷键，如图4-29所示。

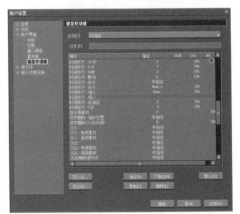

图4-29　显示快捷键

## 4.3.3　标尺放大设置

**01** 在"时间线"项目中选择"时间标尺-
放大"命令，然后单击"指定"按钮，
准备进行自定义键盘快捷键操作，如
图4-30所示。

**02** 单击"指定"按钮后会弹出"指定快捷
键"对话框，然后设置符合自己习惯的
"放大"键盘快捷键，如图4-31所示。

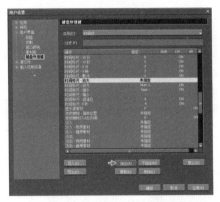

图4-30　时间标尺放大设置

图4-31　指定放大快捷键

 **专家课堂**

时间标尺的放大设置为键盘"＋"快捷
键较为便捷。

**03** 设置"时间标尺-放大"命令的快捷键
后，在对话框中单击"确定"按钮完成
键盘快捷键的设置，如图4-32所示。

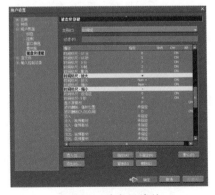

图4-32　确定快捷键

**04** 切换回"时间线"面板，在实际的影片
编辑操作中，直接使用键盘"＋"和
"－"快捷键进行时间线标尺的放大与
缩小操作，大大地提升了制作效率，如
图4-33所示。

图4-33　快捷键测试

## 4.4　实例——更改项目预设

| 素材文件 | 无 | 难易程度 | ★☆☆☆☆ |
|---|---|---|---|
| 效果文件 | 无 | 重要程度 | ★★☆☆☆ |
| 实例重点 | 根据所需按自定义或更改当前的编辑工程设置 | | |

　　"更改项目预设"实例的制作流程主要分为3部分，包括：（1）新建项目；（2）新建自定义项目；（3）更改当前设置。如图4-34所示。

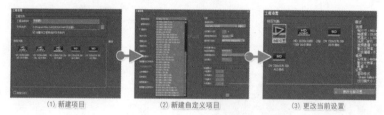

(1) 新建项目　　　　　(2) 新建自定义项目　　　　　(3) 更改当前设置

图4-34　制作流程

### 4.4.1　新建项目

**01** 启动EDIUS软件，然后在弹出的对话框中单击"新建工程"按钮建立新工程文件，如图4-35所示。

图4-35　新建工程

**02** 在弹出的"工程设置"对话框中会显示以往所设置的项目预设，如图4-36所示。

图4-36　工程设置

### 4.4.2　新建自定义项目

**01** 在"工程设置"对话框的左下角位置，可以开启"自定义"项目，如图4-37所示。

**02** 开启"自定义"项目后，系统将切换至"工程设置"对话框，在"视频预设"项目中可以选择所需的编辑项目，如图4-38所示。

图4-37 开启自定义

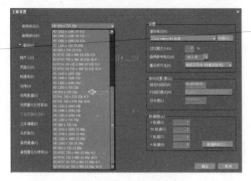

图4-38 视频预设选择

 专家课堂

因为在本机第一次使用EDIUS软件时设置过项目预设，所以列表中只显示出所设置的预设项目；如果需要进行除此之外或特殊尺寸编辑工程的建立，可以开启"自定义"项目后再新建项目。

**03** 在"工程设置"对话框中设置"视频预设"后，还可以进行编辑项目的高级设置，如图4-39所示。

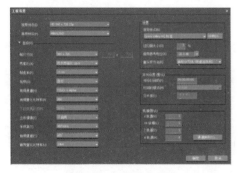

图4-39 工程项目设置

 专家课堂

虽然进行了"视频预设"的选择，还可以进行其他影音项目的自定义设置。"帧尺寸"项目可以对预设的分辨率进行设置，其中包括网络媒体至4K电影的尺寸预设，还可以通过"自定义"选项设置非电视和电影比例尺寸的编辑项目。

"宽高比"是指视频图像的宽度和高度之间的比率，而根据图像制式不同，屏幕的长宽比例有：传统影视的宽高比是4：3，宽屏幕电影的宽高比是1.85：1，高清晰度电视的宽高比是16：9，全景式格式电影的宽高比是2.35：1几种格式，如果使用投影屏幕的尺寸则按照实际所需分辨率设置1：1的像素宽高比。

"场序"项目主要对上场优先、下场优先和逐行设置，其中"逐行扫描"相对于"隔行扫描"是一种先进的扫描方式，它是指显示屏显示图像进行扫描时，从屏幕左上角的第一行开始逐行进行，整个图像扫描一次完成，因此图像显示画面闪烁小并显示效果好。

"采样率"也称为采样速度，定义了每秒从连续信号中提取并组成离散信号的采样个数，主要使用赫兹（Hz）来表示，是采样之间的时间间隔，也就是指计算机每秒采集多少个声音样本，是描述声音文件的音质、音调，衡量声卡、声音文件的质量标准。

**04** 完成"工程设置"后单击"确定"按钮，完成新建的自定义项目，如图4-40所示。

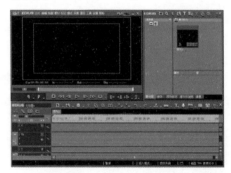

图4-40 工程项目设置

### 4.4.3  更改当前设置

**01** 如果新建的自定义编辑项目还需要更改，可以在菜单中选择【设置】→【工程设置】命令，将当前的编辑项目进行更改操作，如图4-41所示。

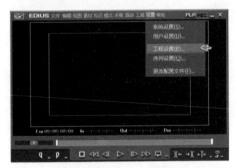

图4-41  选择工程设置

　　如果在"工程设置"对话框预设列表中选择的项目产生了设置错误，也可以通过此方式再进行更改设置。

**02** 更改设置选择操作后，会弹出"工程设置"对话框，在其中的"预设列表"中会显示当前编辑项目的预设名称，可以单击"更改当前设置"按钮进行设置，如图4-42所示。

图4-42  更改当前设置

　　在"预设列表"中会显示当前的编辑项目，而在本面板的右侧"描述"项目中会显示当前编辑项目的所有属性参数，可以起到很好的提示作用。

**03** 单击"更改当前设置"按钮操作后，会再次弹出"工程设置"对话框，在其中可以对当前的编辑项目进行更改操作，如图4-43所示。

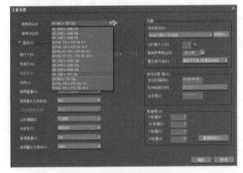

图4-43  工程项目设置

## 4.5  实例——新建与保存项目

| 素材文件 | 无 | 难易程度 | ★☆☆☆☆ |
|---|---|---|---|
| 效果文件 | 无 | 重要程度 | ★☆☆☆☆ |
| 实例重点 | 软件应用的新建、打开、保存与关闭工程操作流程 | | |

　　"新建与保存项目"实例的制作流程主要分为3部分，包括：（1）新建与打开；（2）保存工程；（3）关闭工程。如图4-44所示。

（1）新建与打开

（2）保存工程

（3）关闭工程

图4-44  制作流程

## 4.5.1 新建与打开

**01** 启动EDIUS软件，然后在弹出的对话框中单击"新建工程"按钮建立新工程文件，如图4-45所示。

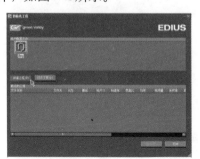

图4-45 新建工程

**02** 在弹出的"工程设置"对话框中会显示以往设置的项目预设，以编辑高清项目为例，可以选择"HD 1920×1080 25p 16：9 8bit"预设，如图4-46所示。

图4-46 新建预设项目

 **专家课堂**

以目前影视设备的发展与普及状态，在影片编辑状态多以"1920×1080"分辨率的大高清为主，比较适合广告、宣传片与微电影行业的应用，"1280×720"分辨率的小高清格式比较适合视频演示、会议庆典等资料素材的应用，而"720×576"分辨率的标清格式则使用较少。

**03** 如果需要载入以往编辑的工程文件，在启动EDIUS软件后，可以在弹出的对话框中单击"打开工程"按钮，如图4-47所示。

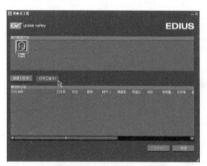

图4-47 打开工程

**04** 单击"打开工程"按钮后系统将弹出"打开"对话框，然后选择继续编辑的".ezp"格式工程文件，即可完成EDIUS的打开工程操作，如图4-48所示。

图4-48 选择打开工程

 **专家课堂**

如果EDIUS正在执行编辑工程，可以在菜单中选择【文件】→【打开工程】命令或直接执行"Ctrl+O"快捷键开启以往保存的工程文件。

## 4.5.2 保存工程

**01** 当EDIUS编辑的项目进行一段落或完成后，可以在菜单中选择【文件】→【保存工程】命令，将编辑的工程文件保存为".ezp"格式，如图4-49所示。

**专家课堂**

可以执行键盘的"Ctrl+S"快捷键保存当前的工程文件。

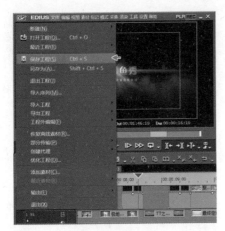

图4-49 保存工程

**02** 如果需要将编辑的项目进行副本存储操作，可以在菜单中选择【文件】→【另存为】命令，将编辑的工程文件另外保存为".ezp"格式的副本文件，如图4-50所示。

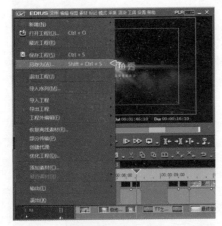

图4-50 另存为

 专家课堂

　　在保存工程副本文件时，可以执行键盘的"Shift+Ctrl+S"快捷键，存储多个工程文件。

## 4.5.3 关闭工程

**01** 当用户运行EDIUS完成编辑项目后，为了节约系统内存空间与提高系统运行速度，此时可以退出工程文件或EDIUS软

件。在菜单中选择【文件】→【退出】命令，如图4-51所示。

图4-51 退出软件程序

专家课堂

　　在"文件"菜单中拥有两处与"退出"相关的命令操作，一个是【文件】→【退出工程】命令，而另一个是【文件】→【退出】命令。

　　其中的"退出工程"是将当前在"时间线"编辑的"序列"关闭并重新进行"新建工程"或"打开工程"操作，而"文件"菜单最底部的"退出"命令为完全关闭EDIUS软件程序。

**02** EDIUS软件程序的"监视器"为本软件的主控制区域，如果需要关闭EDIUS软件程序，还可以直接单击"监视器"右上角位置的 X 按钮关闭软件程序，如图4-52所示。

图4-52 关闭软件程序

# 4.6 实例——多序列合并

| 素材文件 | 无 | 难易程度 | ★★☆☆☆ |
|---|---|---|---|
| 效果文件 | 无 | 重要程度 | ★★★☆☆ |
| 实例重点 | 将多个序列工程进行合并再编辑操作 | | |

"多序列合并"实例的制作流程主要分为3部分，包括：（1）选择导入序列；（2）导入序列设置；（3）项目序列合并。如图4-53所示。

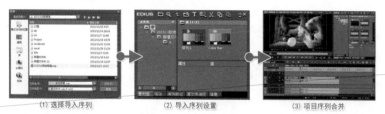

(1) 选择导入序列　　　　(2) 导入序列设置　　　　(3) 项目序列合并

图4-53　制作流程

## 4.6.1　选择导入序列

**01** 当EDIUS软件已在正常编辑工程项目的状态，需要将以往保存的工程项目载入到当前的工程项目时，可以通过导入序列操作进行，如图4-54所示。

图4-54　工程项目

**专家课堂**

　　EDIUS软件可以将多个工程项目进行合并操作，便于进行素材的管理与编辑。

**02** 如果将以往保存的工程项目载入到当前的工程项目，可以在菜单中选择【文件】→【导入序列】命令，如图4-55所示。

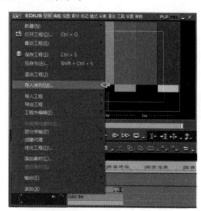

图4-55　导入序列

**专家课堂**

　　"导入序列"是指将其他工程项目的时间线"序列"导入至本工程项目。

**03** 执行"导入序列"命令后将弹出对话框，然后单击"导入工程"栏的"浏览"按钮，如图4-56所示。

**04** 在弹出的"打开"对话框中选择需要"导入序列"的项目文件，然后单击"打开"按钮，如图4-57所示。

图4-56　导入序列

图4-57　打开工程项目

## 4.6.2　导入序列设置

**01** 执行"导入序列"操作后，在弹出的对话框中将提示"导入序列"相应参数，如图4-58所示。

图4-58　导入序列参数

**专家课堂**

在"导入序列"对话框中可以提示项目名称、帧尺寸、帧速率、宽高比的信息，如果某项信息与当前编辑项目的"序列"参数信息不同时，此项将以红色文字作为警告提示。

**02** 如果需要导入的"序列"与当前"序列"信息存在不同，将弹出EDIUS的"警告"对话框，此时应单击"是"按钮继续完成"导入序列"操作，如图4-59所示。

图4-59　警告对话框

**03** 执行"导入序列"操作后，将弹出"复制文件"对话框提示导入的进度，如图4-60所示。

图4-60　复制文件对话框

**专家课堂**

在"导入序列"操作时，建议将需要导入的"序列"提前进行文件整理，将未使用的原始素材删除，从而减少导入素材的速度；再将文件夹的名称进行设定，避免与当前的"序列"文件夹名称重合。

**04** "导入序列"已经完成，在"素材库"面板中也会显示已经"导入序列"的编辑素材，如图4-61所示。

图4-61　素材库面板

**05** 在"时间线"面板中也会显示已经"导

入序列"的原始"序列",如图4-62所示。

"序列"文件,然后按住鼠标"左"键拖拽至当前"时间线"面板编辑的"序列"中进行合并,如图4-64所示。

图4-62　时间线面板

图4-64　拖拽至时间线

## 4.6.3　项目序列合并

① 在"素材库"面板中选择准备与当前时间线编辑"序列"合并的"序列"文件,如图4-63所示。

③ 在当前"时间线"面板的"序列"中,可以按EDIUS正常的编辑操作进行工作,如图4-65所示。

图4-63　选择序列文件

**专家课堂**

EDIUS的"序列"文件可以作为素材,与其他"序列"进行合并编辑操作。

② 在"素材库"面板中选择需要合并的

图4-65　时间线编辑操作

**专家课堂**

通过多个"序列"的合并编辑,可以对多格式和多尺寸的"序列"文件进行混合编辑,真正做到随心所欲地编辑。

# 4.7 实例——用户设置

| 素材文件 | 无 | 难易程度 | ★☆☆☆☆ |
|---|---|---|---|
| 效果文件 | 无 | 重要程度 | ★★★★☆ |
| 实例重点 | 按用户习惯设置应用、预览和用户的其他设置 | | |

"用户设置"实例的制作流程主要分为3部分,包括:(1)应用设置;(2)预览设

置；（3）用户其他设置。如图4-66所示。

（1）应用设置　　（2）预览设置　　（3）用户其他设置

图4-66　制作流程

## 4.7.1　应用设置

**01** EDIUS可以按需进行用户设置。在菜单中选择【设置】→【用户设置】命令，准备进行软件的"应用设置"操作，如图4-67所示。

图4-67　选择用户设置

**02** 在弹出的"用户设置"对话框中，切换至"应用"卷展栏，其中的"代理模式"选项包括"代理模式"和"高分辨率模式"两个选项设置，用户可根据实际需要进行选择，如图4-68所示。

图4-68　代理模式设置

**03** 在"其他"选项中可以设置最近使用过的文件，并且可以设置文件显示的数

量，还可以设置播放窗口的格式，包括源格式和时间线格式，如图4-69所示。

图4-69　其他设置

**04** 在"匹配帧"选项中可以设置帧的搜索方向、轨道选择、转场插入的素材帧位置等属性，如图4-70所示。

图4-70　匹配帧设置

专家课堂

　　使用"匹配帧"可以将时间线上的素材导入到"素材库"面板，方便查找影片的编辑与裁剪。

**05** 如果在"后台任务"选项中选择"在回放时暂停后台任务"项目,则在"监视器"中播放编辑影片时,程序将自动暂停后台正在运行的其他任务,如图4-71所示。

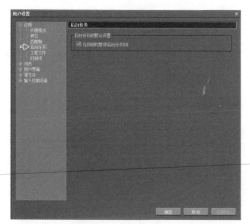

图4-71 后台任务设置

**06** 在"工程文件"选项中可以设置工程文件的存储设置、存储文件名称、最近显示的工程数量、备份和自动保存等属性,如图4-72所示。

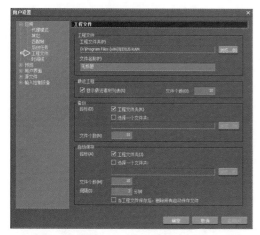

图4-72 工程文件设置

 **专家课堂**

可以通过设置EDIUS的"自动保存"功能每间隔几分钟自动存储几个备份工程文件,以防止由于意外断电、误操作或系统错误导致的工程文件损失。

**07** 在"时间线"选项中可以设置"时间线"面板中的应用及属性,包括素材转场、音频淡入淡出的插入,在"时间线"面板操作时的吸附选项、同步模式、波纹模式以及素材时间码的设置等内容,如图4-73所示。

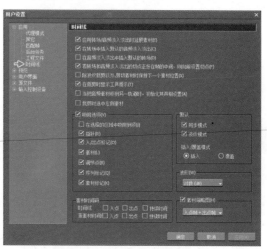

图4-73 时间线设置

## 4.7.2 预览设置

**01** 在"用户设置"对话框中展开"预览"卷展栏,其中的"全屏预览"选项可以设置影片全屏预览时的属性,包括显示的内容以及"监视器"的检查等,如图4-74所示。

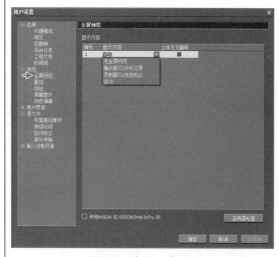

图4-74 全屏预览设置

当在进行影片的编辑工作中，需要预览编辑影片可执行"监视器"的预览操作时，如在"监视器"面板中双击鼠标"左"键，"监视器"面板将自动切换至全屏模式进行预览。

02 在"叠加"选项可以设置叠加的属性，包括更新频率和斑马纹预览，还有是否显示安全区域设置等，如图4-75所示。

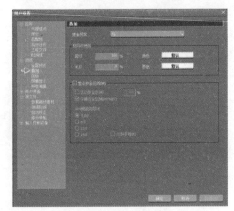

图4-75 叠加设置

03 在"回放"选项中可以设置影片在回放时的属性，包括设置"预卷"的时间长度，以及编辑时继续回放、从播放窗口添加到时间线继续播放、修剪素材时继续回放、拖拽时显示正确帧、组合滤镜层和轨道层等功能，还可以设置输出时间码、源时间码优先级、源音频直通和附带数据优先，如图4-76所示。

图4-76 回放设置

使用"预卷"功能可以检查在时间线中剪切点切换时的预览素材。

04 在"屏幕显示"选项中可以设置常规编辑、裁剪和输出时的显示信息，还可以设置屏幕视图的位置信息和控制是否显示电平信息，如图4-77所示。

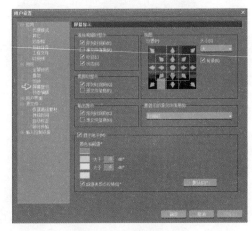

图4-77 屏幕显示设置

05 在"预卷编辑"选项中可以设置预卷的时间秒数和后卷的时间秒数，如图4-78所示。

图4-78 预卷编辑设置

### 4.7.3 用户其他设置

01 在"用户设置"对话框中展开"源文

件"卷展栏，其中的"恢复离线素材"选项可以对恢复离线的素材进行设置，如图4-79所示。

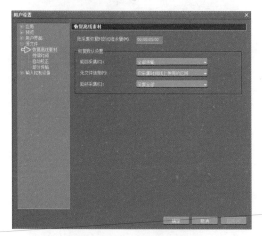

图4-79　恢复离线素材设置

 专家课堂

　　在使用EDIUS进行影片编辑的过程中，如果所使用素材文件的原始路径发生了改变，如原始文件被移动、删除或者重命名等，则该素材在EDIUS的"时间线"面板中就变成了"离线素材"，软件将无法正常进行编辑。

**02** 在"持续时间"选项中可以设置静帧的持续时间、字幕的持续时间、V静音的持续时间和调节线的帧数，如图4-80所示。

图4-80　持续时间设置

 专家课堂

　　当设置静帧的"持续时间"为5秒时，在"素材库"面板将选择的静帧图像素材拖拽至"时间线"的轨道中，入点与出点的时间长度即为5秒。

**03** 在"自动校正"选项中可以设置RGB素材色彩范围、YCbCr素材色彩范围、采样窗口大小和边缘余量等，如图4-81所示。

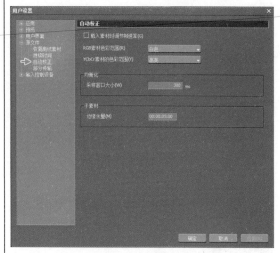

图4-81　自动校正

**04** 在"部分传输"选项中可以对移动设备的传输进行设置，如图4-82所示。

图4-82　部分传输设置

**05** 在"用户设置"对话框中展开"输入控制设备"卷展栏，其中包括Behringer BCF2000和MKB-88 for EDIUS项目，可以对EDIUS的输入控制设备进行设置，使操作习惯更加符合用户需求，如图4-83和图4-84所示。

图4-83　Behringer BCF2000设置

专家课堂

　　"Behringer BCF2000"是专业的调音台设备，通过对应各按钮设置，人们可以在EDIUS软件中通过该型号调音台对音频素材进行调节，在这个细节上，体现出EDIUS更为专业的一面。

　　"MKB-88 for EDIUS"外部编辑台的功能相当于一台线性编辑机，能够控制时间线并对素材进行剪辑控制与采集，习惯于线性编辑的朋友使用时是相当顺手的。

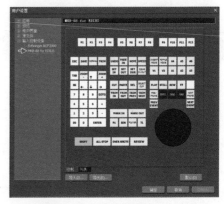

图4-84　MKB-88 for EDIUS设置

# 4.8　本章小结

　　本章主要对EDIUS的软件设置与基础应用进行介绍，通过"初始化设置"、"自定义界面设置"、"快捷键设置"、"更改项目预设"、"新建与保存项目"、"多序列合并进行"和"用户设置"实例对影片编辑的前期准备进行掌握。

# 第5章
# 素材管理

　　本章主要通过添加编辑素材、添加多格式素材、素材名称管理、新建
素材、录像带采集、其他素材采集6个实例介绍素材管理方法。

# 5.1 实例——添加编辑素材

| 素材文件 | 无 | 难易程度 | ★☆☆☆☆ |
|---|---|---|---|
| 效果文件 | 无 | 重要程度 | ★★☆☆☆ |
| 实例重点 | 素材文件夹的建立与添加编辑素材操作 | | |

"添加编辑素材"实例的制作流程主要分为3部分，包括：（1）文件夹管理；（2）添加文件素材；（3）其他添加方法。如图5-1所示。

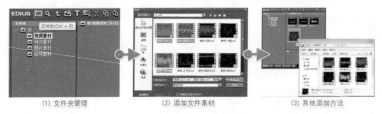

（1）文件夹管理　　　　（2）添加文件素材　　　　（3）其他添加方法

图5-1　制作流程

## 5.1.1　文件夹管理

**01** 启动EDIUS软件，然后在弹出的对话框中单击"新建工程"按钮建立新工程文件，然后在弹出的"工程设置"对话框中选择项目预设，如图5-2所示。

图5-2　新建预设

**02** 进入EDIUS软件新建的工程后，在"素材库"面板的空白位置单击鼠标"右"键，然后在弹出的浮动菜单中选择"新建文件夹"命令，如图5-3所示。

**专家课堂**

　　在进行编辑工程操作时，导入过多的编辑素材不利于素材管理与查找，可通过"新建文件夹"进行素材的管理操作。

图5-3　新建文件夹

**03** 建立文件夹操作后，在"素材库"面板中将显示出新建立的"文件夹"，然后将其设置为便于管理的名称，如图5-4所示。

图5-4　设置文件夹名称

**04** 再次建立多个"文件夹",便于对编辑工程的视频、特效、图片和音频进行文件管理,如图5-5所示。

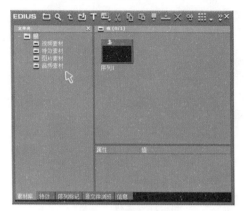

图5-5 建立文件夹

专家课堂

按照一般的编辑工程操作来说,至少需要将视频素材和音频素材进行分类管理,为了便于对素材的管理,更加详细的"文件夹"分类会大大提高影片的编辑效率。

**05** 除了通过单击鼠标"右"键建立"文件夹"以外,还可以通过单击"素材库"面板顶部的▢文件夹按钮进行新建操作,再进行文件管理工作,如图5-6所示。

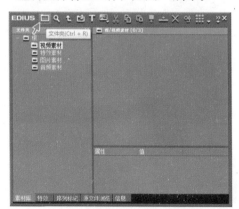

图5-6 文件夹按钮

## 5.1.2 添加文件素材

**01** 选择需要添加素材的分类文件夹,然后

在"素材库"面板的右侧空白区域单击鼠标"右"键,在弹出的浮动菜单中选择"添加文件"命令,如图5-7所示。

图5-7 添加文件

专家课堂

除了在菜单中选择"添加文件"命令外,还可以直接使用键盘"Ctrl+O"快捷键添加素材。

**02** 选择"添加文件"命令后将自动弹出"打开"对话框,可以在其中选择所需素材,然后单击对话框中的"打开"按钮,如图5-8所示。

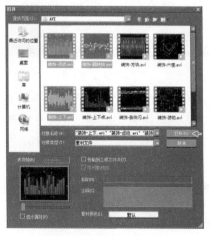

图5-8 选择素材并打开

**03** 完成添加文件操作后,在"素材库"面板所对应的文件夹中将显示出导入的素材文件,如图5-9所示。

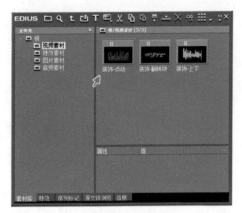

图5-9　导入素材效果

### 5.1.3　其他添加方法

**01** 除了通过单击鼠标"右"键"添加文件"以外，还可以通过单击"素材库"面板顶部的 添加素材按钮操作，进行文件素材的添加工作，如图5-10所示。

图5-10　添加素材按钮

**02** 还有一种便捷添加素材的操作，首先开启Windows"文件夹"并查找所需添加的素材位置，然后在"文件夹"中

选择文件素材，再按住鼠标"左"键将其拖拽至EDIUS的"素材库"面板中，如图5-11所示。

图5-11　拖拽添加素材

**专家课堂**

通过拖拽添加素材的方法的前提：必须是EDIUS支持的素材格式才会被拖拽至"素材库"面板。

**03** 在EDIUS的"素材库"面板中将显示所添加的素材缩略图，完成添加素材的操作，如图5-12所示。

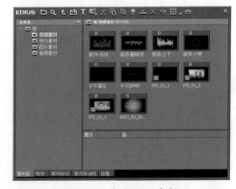

图5-12　完成添加素材

## 5.2　实例——添加多格式素材

| 素材文件 | 无 | 难易程度 | ★★☆☆☆ |
|---|---|---|---|
| 效果文件 | 无 | 重要程度 | ★★★★☆ |
| 实例重点 | 图像序列素材与PNG透明通道素材的添加与操作 | | |

"添加多格式素材"实例的制作流程主要分为3部分，包括：（1）图像序列素材；
（2）PNG透明通道素材；（3）素材颜色分类。如图5-13所示。

（1）图像序列素材　　　　（2）PNG透明通道素材　　　　（3）素材颜色分类

图5-13　制作流程

## 5.2.1　图像序列素材

**01** 启动EDIUS软件并执行"新建工程"操
作，然后在"素材库"面板的右侧空白
区域单击鼠标"右"键选择"新建文件
夹"命令，再设置文件夹的名称为"图
像序列素材"，便于对素材文件的管
理，如图5-14所示。

图5-15　添加文件

**03** 选择"添加文件"命令后将自动弹出
"打开"对话框，然后选择"图像序
列"的第一帧图像文件，如图5-16
所示。

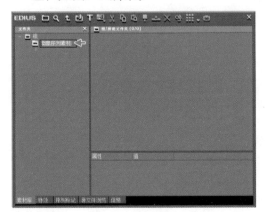

图5-14　软件启动

　　　"图像序列素材"即为号码连续的
图像动态素材，常见名称如Bmp001、
Bmp002、Bmp003、Bmp004或Tga001、
Tga002、Tga003、Tga004等，多应用于三
维动画特效或透明通道信息的应用。

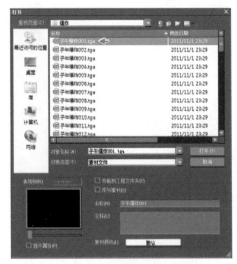

图5-16　选择图像帧

**02** 选择"图像序列素材"文件夹，然后在
"素材库"面板的右侧空白区域单击鼠
标"右"键，在弹出的浮动菜单中选择
"添加文件"命令，如图5-15所示。

**04** 为保持所有的"图像序列"自动载入，
需要开启"打开"对话框中的"序列素
材"项目，如图5-17所示。

图5-17　开启序列素材项目

**专家课堂**

　　"图像序列素材"开启"序列素材"项目将只添加单帧的素材，如果开启"序列素材"项目将自动添加至EDIUS中的序列影片素材。

**05** 在正确选择序列素材与开启"序列素材"项目后，可以单击"打开"按钮完成添加素材操作，如图5-18所示。

图5-18　打开操作

**06** 在添加图像序列素材时，系统将弹出"正在载入文件"对话框，其中将显示载入序列素材的进度，如图5-19所示。

图5-19　载入文件进度

**07** 添加图像序列素材完成后，在"素材库"面板中将显示其素材的缩略图，而"图像序列"素材缩略图的顶部位置将显示🔁图标，代表此"图像序列"为动态影片，如图5-20所示。

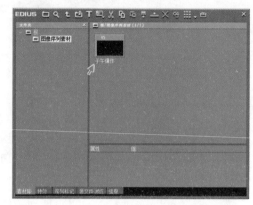

图5-20　缩略图显示

**08** 在"素材库"面板中选择添加的"图像序列"缩略图，然后按住鼠标"左"键将其拖拽至时间线中，即可完成图像序列素材的添加操作，如图5-21所示。

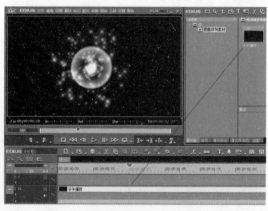

图5-21　拖拽至时间线

## 5.2.2　PNG透明通道素材

**01** 在为编辑的影片添加角标、文字、图标等元素时，便会使用PNG格式的透明信息素材。以添加影片左上角位置角标为例，首先需要在Photoshop软件中制作分层的"角标"图像，如图5-22所示。

图5-22 制作角标图像

　　PNG用来存储灰度图像时，灰度图像的深度可多到16位，存储彩色图像时，彩色图像的深度可多到48位，并且还可存储多到16位的Alpha通道数据，常用于EDIUS获取透明通道信息素材。

**02** 在Photoshop软件的"图层"面板中关闭"背景"图层，使其只显示"角标"图像层，如图5-23所示。

图5-23 关闭背景图层

**03** 关闭"背景"图层后，Photoshop的图像将只显示左上角位置的"角标"，如图5-24所示。

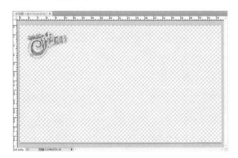

图5-24 图像显示

**04** 在Photoshop的菜单中选择【文件】→【存储为】命令，可以将其图像添加至EDIUS软件中，如图5-25所示。

图5-25 选择存储为

**05** 在弹出的"存储为"对话框中可以选择图像格式，在其中选择EDIUS适用的PNG文件格式，如图5-26所示。

图5-26 选择存储格式

　　PNG文件格式可以为原图像定义256个透明层次，使得彩色图像的边缘能与任何背景平滑地融合，从而彻底地消除锯齿边缘，这种功能是GIF和JPEG没有的，同时，还支持真彩和灰度级图像的Alpha通道透明。

　　PNG文件采用LZ77算法的派生算法进行压缩，其结果是获得高的压缩比不损失数据，主要利用特殊的编码方法标记重复出现的数据，因而对图像的颜色没有影响，也不可能产生颜色的损失，这样就可以重复保存而不降低图像的质量。

**06** 在选择PNG文件格式后，单击"存储为"对话框的"保存"按钮，将弹出"PNG选项"对话框，然后单击"确定"按钮完成存储操作，如图5-27所示。

图5-27 PNG选项

**专家课堂**

在保存PNG格式的图像时会弹出对话框，如果在对话框中选中（交错的）按钮，那么在使用浏览器欣赏该图片时就会以由模糊逐渐转为清晰效果的方式渐渐显示出来。

交错是一种通过Internet发送图片数据的方法，当某个图片交错时，在下载了该图片的1/64后，便可以看到图片外观形状的总体图像，如果用于网络图片显示最好选择交错，而EDIUS编辑影片操作则无设置的必要。

**07** 切换至EDIUS软件，建立并选择"透明通道素材"文件夹，然后在"素材库"面板的右侧空白区域单击鼠标"右"键，在弹出的浮动菜单中选择"添加文件"命令，如图5-28所示。

图5-28 添加文件

**08** 选择"添加文件"命令后将自动弹出"打开"对话框，然后在其中选择所需

的"角标"素材，再单击对话框中的"打开"按钮，如图5-29所示。

图5-29 打开素材

**09** 在"素材库"面板选择添加的"角标"缩略图，然后按住鼠标"左"键将其拖拽至时间线中，即可完成"角标"素材的添加操作，如图5-30所示。

图5-30 拖拽至时间线

**专家课堂**

"角标"需要拖拽至编辑影片时间线的上一层位置，从而使"角标"浮现在编辑的影片之上。

**10** 完成拖拽素材的操作后，"监视器"面板中将显示添加"角标"的效果，如图5-31所示。

图5-31　添加角标效果

## 5.2.3　素材颜色分类

**01** 如果要在"素材库"面板中添加多个编辑素材，又不想使用多个"文件夹"进行管理，可以将素材的颜色进行显示分类，如图5-32所示。

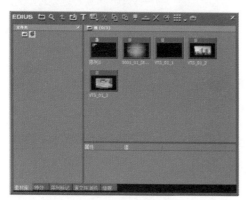

图5-32　素材库面板

**02** 在"素材库"面板的右侧空白区域单击鼠标"右"键，在弹出的浮动菜单中选择"添加文件"命令，然后在自动弹出的"打开"对话框选择所需的素材，如图5-33所示。

专家课堂

　　通过设置"素材颜色"项目可以使添加到"素材库"面板的素材更加便于区分与查看。

**03** 保持素材的选择状态，在"打开"对话框的底部位置单击"素材颜色"的"默认"按钮，可以在弹出的颜色菜单中选择便于区分的颜色，再单击对话框中的"打开"按钮，如图5-34所示。

图5-33　选择素材

图5-34　素材颜色设置

**04** 通过"素材颜色"的设置，在"素材库"面板中将显示出已经设置了颜色的素材，如图5-35所示。

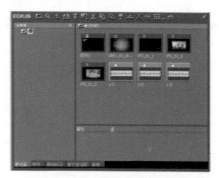

图5-35　显示颜色素材

## 5.3 实例——素材名称管理

| 素材文件 | 无 | 难易程度 | ★☆☆☆☆ |
|---|---|---|---|
| 效果文件 | 无 | 重要程度 | ★★★☆☆ |
| 实例重点 | 为文件夹、素材及轨道素材的重命名操作 | | |

"素材名称管理"实例的制作流程主要分为3部分,包括:(1)文件夹重命名;(2)素材重命名;(3)轨道素材重命名。如图5-36所示。

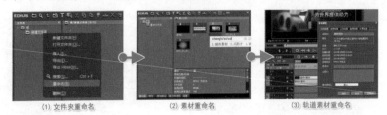

（1）文件夹重命名      （2）素材重命名      （3）轨道素材重命名

图5-36 制作流程

### 5.3.1 文件夹重命名

**01** 在EDIUS的"素材库"面板中添加素材后,由于原始素材的名称未进行设置,所以添加至"素材库"面板的素材与"文件夹"不容易通过"名称"辨认素材类型,如图5-37所示。

图5-38 选择重命名

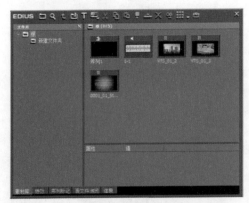

图5-37 素材库面板

**02** 在建立完成的"文件夹"上单击鼠标"右"键,然后在弹出的浮动菜单中选择"重命名"命令,如图5-38所示。

**03** 将输入法切换至"中文"模式,然后按需进行"文件夹"名称的设置,便于更加直观地管理素材,如图5-39所示。

图5-39 名称设置

**04** 输入"文件夹"的名称后,在"素材库"面板的空白位置单击鼠标"左"键,确定输入的"文件夹"名称,如图5-40所示。

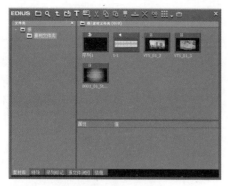

图5-40 确定文件夹名称

## 5.3.2 素材重命名

**01** 添加至"素材库"面板的素材同样可以进行"重命名"操作，如图5-41所示。

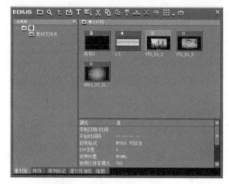

图5-41 素材库面板

**02** 在"素材库"面板选择需要"重命名"的素材文件，然后在此素材缩略图上单击鼠标"右"键，并在弹出的浮动菜单中选择"重命名"命令，如图5-42所示。

图5-42 选择重命名

**03** 将输入法切换至"中文"模式，然后进行"素材"名称的设置，如图5-43所示。

图5-43 名称设置

**04** 设置"素材"的名称后，在"素材库"面板可以更加直观地查看添加的素材，如图5-44所示。

图5-44 素材库面板

### 5.3.3 轨道素材重命名

**01** 在"素材库"面板中选择已经添加的素材缩略图,然后按住鼠标"左"键将其拖拽至时间线中,完成素材的添加便可以进行影片编辑操作,如图5-45所示。

图5-45 拖拽至时间线

**专家课堂**

拖拽添加至"时间线"面板的素材,默认将素材显示为原始文件名称。

**02** 在"时间线"面板中选择已经添加的素材,然后使用  添加剪辑点工具将素材进行切割,如图5-46所示。

图5-46 素材切割

**专家课堂**

在"时间线"面板对素材进行切割后,不利于直观地查看每段素材内容,所以可以将每段素材再次进行"重命名"操作。

**03** 在"时间线"面板的素材上单击鼠标"右"键,然后在弹出的浮动菜单中选择"属性"命令,如图5-47所示。

图5-47 选择属性命令

**专家课堂**

在素材的"属性"命令中可以查看文件信息、视频信息、立体信息、音频信息和扩展信息。

**04** 在弹出的"素材属性"对话框中切换至"文件信息"卷展栏,然后可以在"名称"项目中设置"时间线"面板素材显示的名称,如图5-48所示。

图5-48 设置素材属性名称

**专家课堂**

通过"素材属性"设置的名称只存在于EDIUS软件中,不会更改素材的原始信息。

**05** 设置"素材属性"的"名称"后单击"素材属性"对话框的"确定"按钮,

在"时间线"面板素材的"名称"将发生变更，如图5-49所示。

图5-49 时间线名称显示

图5-50 设置素材属性名称

**06** 在"时间线"面板的其他素材上单击鼠标"右"键并选择"属性"命令，然后在弹出的"素材属性"对话框的"文件信息"卷展栏中设置每段素材的"名称"，如图5-50所示。

**07** 设置"素材属性"的"名称"后，在"时间线"面板素材的"名称"将发生变更，如图5-51所示。

图5-51 时间线名称显示

# 5.4 实例——新建素材

| 素材文件 | 无 | 难易程度 | ★☆☆☆☆ |
|---|---|---|---|
| 效果文件 | 无 | 重要程度 | ★★☆☆☆ |
| 实例重点 | 为编辑影片添加彩条、色块和字幕素材操作 | | |

"新建素材"实例的制作流程主要分为3部分，包括：（1）新建彩条素材；（2）新建色块素材；（3）新建字幕素材。如图5-52所示。

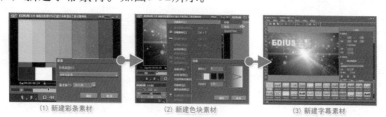

(1) 新建彩条素材　　　　(2) 新建色块素材　　　　(3) 新建字幕素材

图5-52 制作流程

## 5.4.1 新建彩条素材

**01** 在菜单栏中选择【素材】→【创建素材】→【彩条】命令，如图5-53所示。

图5-53 选择彩条命令

**02** 新建彩条素材，还可以单击"素材库"面板顶部的新建素材按钮，在弹出的菜单中选择"彩条"命令，如图5-54所示。

图5-54 选择彩条命令

**03** 执行"彩条"命令后会弹出"彩条"对话框，可以在"彩条类型"项目中选择所需彩条的样式，如图5-55所示。

图5-55 彩条对话框

**专家课堂**

在电视节目的制作播出及设备维护中，最常用的莫过于彩条信号了，这是由于彩条信号能正确反映出各种彩色的亮度、色调和色饱和度，是检验视频通道传输质量最方便的手段。

彩条常用于几个方面，包括电视台开播前的电子图像或录像带带头录制1min彩条，可供调整录像机视频通道的增益、载波相位等参数，以便信号进入切换台时与其他信号保持一致。

除此之外，还可以在摄像机内置彩条发生器，可录制在磁带开始处，也可输出供调试或用于同步锁定信号。

**04** "彩条"是由机器彩条发生器产生的由三基色、三补色以及黑白8种颜色按照亮度递减的顺序，从左至右进行依次排列的竖向条纹标准测试信号，颜色为"白→黄→青→绿→紫→红→蓝→黑"，可以根据需要在"彩条类型"项目中进行设置，如图5-56所示。

图5-56 彩条类型

**05** 在"素材库"面板中选择自动添加的"彩条"素材缩略图，然后按住鼠标"左"键将其拖拽至时间线中，完成"彩条"素材的添加操作，如图5-57所示。

图5-57 拖拽至时间线

## 5.4.2 新建色块素材

**01** 在菜单栏中选择【素材】→【创建素材】→【色块】命令，如图5-58所示。

图5-58 选择色块命令

**02** 执行"色块"命令后会弹出"色块"对话框，如果需要单色的"静态颜色板"，可以将"颜色"项目设置为1，然后单击横向排列的第一个"色块"，如图5-59所示。

图5-59 单击色块

**03** 单击第一个"色块"后会自动弹出"色彩选择"对话框，在其中可以选择所需的颜色，如图5-60所示。

图5-60 设置颜色

**04** 在"素材库"面板中选择自动添加的"色块"素材缩略图，然后按住鼠标"左"键将其拖拽至时间线中，完成"色块"素材的添加操作，如图5-61所示。

图5-61 拖拽至时间线

在EDIUS中，"色块"又被叫做固态层、静态板、颜色蒙板等名称。

**05** 如果需要再次设置"色块"的颜色，可以在"素材库"面板中双击鼠标"左"键选择"彩块"素材的缩略图，如图5-62所示。

图5-62 双击缩略图

**06** 除了建立"单色"以外，还可以在"色块"对话框设置"颜色"项目为2、3或4，然后逐一设置横向排列的每一个"色块"，便可得到渐变分布的颜色，如图5-63所示。

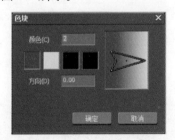

图5-63 渐变颜色设置

在设置渐变颜色时，还可以通过设置"方向"项目或渐变方向的"箭头"图标进行颜色变化。

**07** 设置渐变颜色后，单击"色块"对话框中的"确定"按钮，在"监视器"

面板中可以直接预览渐变产生的效果，如图5-64所示。

图5-64 渐变颜色效果

## 5.4.3 新建字幕素材

**01** 单击"素材库"面板顶部的 新建素材按钮，在弹出的菜单中选择"QuickTitler"命令新建字幕素材，如图5-65所示。

图5-65 选择字幕命令

QuickTitler是一种非常快速便捷的EDIUS字幕工具，它可以制作很多优秀的字幕效果，由于非常方便并且快捷，所以受到广大EDIUS用户的青睐。

**02** 执行"QuickTitler"命令后，系统将弹出"QuickTitler"对话框并保持在输入文字的状态，然后便可以输入所需文字，如图5-66所示。

图5-66　输入文字

**03** 当设置文字完成后，可以单击对话框右上角位置的⊠关闭按钮，系统将弹出"是否保存"的提示对话框，当执行"是"操作将保存建立的字幕，当执行"否"操作将不存储建立的字幕，如图5-67所示。

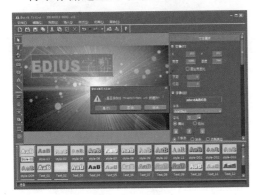

图5-67　保存字幕

　专家课堂

QuickTitler工具默认建立的字幕名称为当前的时间，如果需要设置可以在"QuickTitler"对话框顶部的"文件"菜单中执行。

**04** 在"素材库"面板中选择自动添加的"字幕"素材缩略图，然后按住鼠标"左"键将其拖拽至时间线中，完成"字幕"素材的添加操作，如图5-68所示。

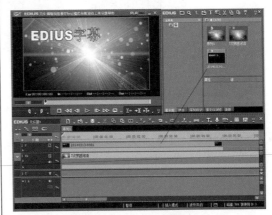

图5-68　拖拽至时间线

**05** 如果需要再次设置"字幕"的文字信息，可以在"素材库"面板或"时间线"面板中双击鼠标"左"键选择"彩块"素材，如图5-69所示。

图5-69　再次设置字幕

# 5.5 实例——录像带采集

| 素材文件 | 无 | 难易程度 | ★★☆☆☆ |
|---|---|---|---|
| 效果文件 | 无 | 重要程度 | ★★★★☆ |
| 实例重点 | 采集是将摄影机中的影像经过数字化处理变成数字文件的方式 | | |

"录像带采集"实例的制作流程主要分为3部分，包括：（1）硬件设备设置；（2）软件采集设置；（3）录像带采集。如图5-70所示。

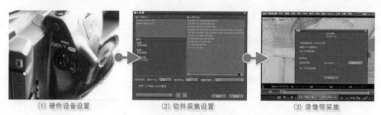

（1）硬件设备设置　　（2）软件采集设置　　（3）录像带采集

图5-70　制作流程

## 5.5.1　硬件设备设置

**01** 在众多影像记录媒体中，录像带具有记录可靠稳定和使用成本低廉的特点，所以许多传媒工作者依旧钟爱并使用录像带作为记录媒体。录像带的种类多种多样，常见的有MiniDV、DVD PRO、DVCAM、HD CAM、BETA CAM等，在采集前必须了解此种类的模式与特点，在正确设置软件与采集卡的联通后，方可进行录像带采集操作，如图5-71所示。

图5-71　采集设备

**02** 在录像带采集操作时，先要确保录像机正确安装电池并将磁带仓开启，然后将磁带放入其中，再关闭录像机的磁带仓，如图5-72所示。

图5-72　装载磁带

**03** 确保计算机正确安装了IEEE 1394或其他类型的采集卡，再将IEEE 1394的连接线插入录像机的"DV IN/OUT"接口，使计算机与录像机产生连接，如图5-73所示。

图5-73　插入连接线

**04** 将录像机的开关旋转至"VCR"回放模式，其工作原理是将磁带中的影像通过IEEE 1394连接至计算机，在磁带播放的同时计算机进行采集与存储的操作，如图5-74所示。

图5-74　回放模式

**05** 在"我的电脑"上单击鼠标"右"键，然后在弹出的浮动菜单中进入"属性"命令，查看计算机的采集卡是否正常工作，如图5-75所示。

图5-75 属性选择

**06** 在弹出的"系统属性"对话框中切换至"硬件"模块，再单击"设备管理器"按钮查看当前的硬件是否正常工作，如图5-76所示。

图5-76 设备管理器

## 5.5.2 软件采集设置

**01** 完成录像机操作与硬件查看后，启动EDIUS软件进行采集操作，如图5-77所示。

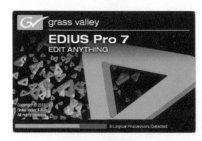

图5-77 启动软件

**02** 只有正确地设置视频预设方可进行采集操作。本例中录像机拍摄的制式为标清16：9，所以在EDIUS中的视频预设选择"SD PAL DV 720×576 50i 16：9"，如图5-78所示。

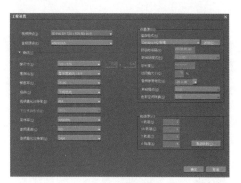

图5-78 视频预设

**03** 在菜单中选择【采集】→【输入设置】命令，查看当前软件的采集输入设置，如图5-79所示。

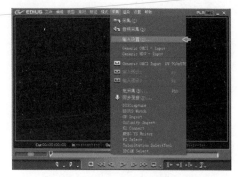

图5-79 输入设置

**04** 在"输入设置"对话框中显示了输入设备和输入格式，如前期设置错误在此处可以进行修改，如图5-80所示。

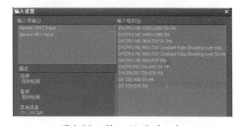

图5-80 输入设置对话框

专家课堂

如果是单纯软件设置的话，在"输入设备"栏中则只有Generic OHCI input和Generic HDV input两个选项可供选择，在Generic OHCI input中包含了DVCPRO与DV等相应标清内容，而Generic HDV input中则包含了Canopus HQ与MPEG TS等相应高清内容。

**05** 在正确设置软件后，EDIUS的监视器将产生变化，表示采集的硬件与软件工作正常，如图5-81所示。

图5-81 监视器

专家课堂

当选择了"输入设置"后，软件会自动跳转到采集的准备状态，这时监视器中已经能看到录像带中的内容和"监视器"面板左上角位置的提示文字。

### 5.5.3 录像带采集

**01** 在菜单中选择【采集】→【采集】命令，进行实际的采集操作，如图5-82所示。

图5-82 采集操作

**02** 此时便会自动弹出"采集"对话框，在此对话框中显示了可用采集时间、磁盘、文件的数量及当前时间等，表示采集正在进行中，如图5-83所示。

专家课堂

如果使用IEEE 1394采集卡采集标清录像，默认格式为DV-AVI，每小时的磁盘容量为12GB。

图5-83 采集对话框

**03** 单击"采集"对话框中的"停止"按钮即可终止本次采集工作，此时在"素材库"面板中会自动生成采集完成的影音文件，如图5-84所示。

图5-84 完成采集

**04** 将采集完成的影音文件直接拖拽至时间线中，即可使用采集的素材进行剪辑操作，如图5-85所示。

图5-85 拖拽使用素材

## 5.6 实例——其他素材采集

| 素材文件 | 无 | 难易程度 | ★★☆☆☆ |
|---|---|---|---|
| 效果文件 | 无 | 重要程度 | ★★☆☆☆ |
| 实例重点 | 音频、批量采集、光盘内容等素材的采集操作 | | |

"其他素材采集"实例的制作流程主要分为3部分，包括：（1）音频采集与录音；（2）视频批量采集；（3）光盘内容采集。如图5-86所示。

（1）音频采集与录音　（2）视频批量采集　（3）光盘内容采集

图5-86　制作流程

### 5.6.1 音频采集与录音

**01** 如果只需要录像带中的音频信息，可以先将摄影机正确地连接到计算机上，并且正确设置采集设备与格式后，在菜单中选择【采集】→【音频采集】命令，如图5-87所示。

图5-87　音频采集

**02** 此时会自动弹出"采集"对话框，在此对话框中显示了可用采集时间、磁盘、素材标记等，表示音频采集正在进行中，如图5-88所示。

**03** 单击"采集"对话框中的"停止"按钮即可终止本次采集，此时在"素材库"面板中会自动生成采集完成的音频文件，如图5-89所示。

图5-88　音频采集

图5-89　采集文件

**04** 在视频制作的过程中，有时候前期录制的音效并不能满足需要，常常需要在后期制作的过程中添加音效，这时可以利用EDIUS自带的"同步录音"功能为视频素材添加旁白和音效。首先选择要加入音效的轨道，设置好入点和出点，在菜单中选择【采集】→【同步录音】命令，如图5-90所示。

图5-90　同步录音命令

05　此时会弹出"同步录音"对话框，在"设备预设"的下拉列表中选择需要的设备，声卡的名称会作为设备名显示在列表里，如图5-91所示。

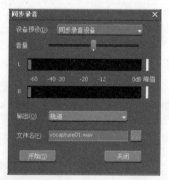

图5-91　设备预设

 专家课堂 ||||||||||||||||||||||||||||||

在"输出"的下拉列表中选择"轨道"，则录音完毕之后就会在指定的音频轨道和素材库中同时添加创建的音频素材；选择"素材库"，录制的音频仅添加在素材库里。

06　在确认无误后，单击"开始"按钮即可开始录音，此时在监视器的左上角会出现录音图标表示正在录音，如图5-92所示。

图5-92　录制音频

07　录音结束后单击"结束"按钮，生成的音频数据会自动添加到相应的轨道中，如图5-93所示。

图5-93　生成音频文件

## 5.6.2　视频批量采集

01　在正确连接了摄像机与计算机后，可以一边在播放窗口预览拍摄的内容，一边通过设置入点/出点按钮来选择需要采集的部分。在需要采集的位置单击 按钮，设置要采集素材的入点，如图5-94所示。

图5-94　设置采集入点

通过采集按键虽然可以轻松地将拍摄的内容转换成文件，但是一次采集步骤只能抓取一段需要的素材。所以，通过批采集就可以实现多段素材的采集。

**02** 在播放窗口预览拍摄的内容，在需要采集素材结束的位置单击 P 按钮，设置要采集素材的出点，如图5-95所示。

图5-95　设置采集出点

**03** 设置完素材出点后，需要及时单击 按钮，将这段素材保存到列表中，如图5-96所示。

图5-96　加入批采集列表

**04** 反复以上操作过程，即可完成多段素材内容的指定，然后在菜单中选择【采集】→【批采集】命令，如图5-97所示。

**05** 此时在列表中已经能看到所有选择的素材信息，包括出入点时间码、素材长度、保存路径等，确认正确无误后，单击 采集(C) 按钮进行采集即可，如图5-98所示。

图5-97　选择批采集命令

图5-98　采集所选素材

## 5.6.3　光盘内容采集

**01** 将 D V D 光 盘 放 入 计 算 机 的 光 驱中， 然后在菜单中选择【采集】→【DISCcapture】命令，如图5-99所示。

图5-99　DISCcapture命令

如果需要DVD光盘里面的内容，可以使用DISCcapture命令来实现。在使用DISCcapture命令时，可以采集"音频CD：WAV文件"、"DVD视频：MPEN-2文件"、"DVD-VR：MPEN-2文件"。

由于当前的大部分编辑软件都支持VOB格式，所以也可以将光盘复制到计算机，直接进行影片编辑操作。如果遇到编辑软件不支持的光盘格式，也可以使用第三方转换软件进行转换操作，如"格式工厂"。

**02** 在弹出的"DISCcapture"对话框中显示了当前能采集的文件的数量、时间、大小等相关信息，如图5-100所示。

图5-100 DISCcapture对话框

**03** 展开"读取速度"项的列表，在列表中有最大速度、×8速度（11080KB/秒）、×6速度（8310KB/秒）、×4速度（5540KB/秒）、×2速度（2770KB/秒）5个选项可供选择，可以根据需要设置相应的读取速度，如图5-101所示。

图5-101 读取速度

**04** 在确认无误后，单击对话框右下方的 ⚙ 按钮来进行采集，如图5-102所示。

图5-102 进行采集

**05** 此时会弹出"设置"对话框，在此对话框中可以设置文件名和保存路径，还可以设置音频的电平等，如图5-103所示。

图5-103 设置对话框

**专家课堂**

在"文件设置"栏中找到"文件名设置"，其中有"采集时手动设置文件名"、"自动设定文件名"、"以基本文件名和轨道名设置文件名"3个选项可供激活。

在"采集路径"中可以设置采集素材的存储路径，从而方便进行文件的管理；在"音频CD设置"栏中，可以通过设置"采集音频CD时转换音频电平"来改变采集素材的音量大小。

在"DVD视频设置"栏中可以设置采集DVD视频时的分离文件，其中有"在每个节目"、"在每个章节"、"采集DVD视频时重新构建文件"3个选项可供激活。

在"DVD-VR设置"栏中可以设置采集DVD-VR时的分离文件，其中有"在每个节目"、"在每个单元"两个选项可供激活，可以根据需要进行设置。

# 5.7 本章小结

本章主要对EDIUS软件编辑素材的功能进行介绍，并通过"添加编辑素材"、"添加多格式素材"、"素材名称管理"、"新建素材"、"录像带采集"和"其他素材采集"实例，深入了解了影片编辑素材的导入与管理方法。

# 第6章
# 剪辑应用

　　本章主要通过实例挑选镜头素材、时间标尺显示、连接组设置、时间效果控制、视频透明处理、音频素材处理、影片编辑操作、多机位影片编辑和恢复离线素材，介绍剪辑的应用方法。

# 6.1 实例——挑选镜头素材

| 素材文件 | 配套光盘→范例文件→Chapter6→素材 | 难易程度 | ★★☆☆☆ |
|---|---|---|---|
| 效果文件 | 无 | 重要程度 | ★★★★★ |
| 实例重点 | 挑选镜头所需素材剪辑与多余素材的处理 | | |

　　"挑选镜头素材"实例的制作流程主要分为3部分，包括：（1）添加至时间线；（2）剪辑镜头素材；（3）删除多余素材。如图6-1所示。

(1) 添加至时间线　　　　(2) 剪辑镜头素材　　　　(3) 删除多余素材

图6-1　制作流程

## 6.1.1 添加至时间线

**01** 新建EDIUS的工程文件并添加素材至"素材库"面板，然后选择需要编辑的素材，再单击"素材库"面板定板工具栏中的 添加至时间线按钮，素材将自动添加至本"序列"的编辑"时间线"中，如图6-2所示。

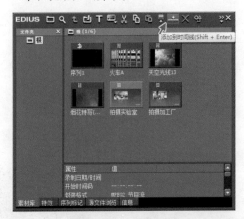

图6-2　添加至时间线

**02** 除了单击 添加至时间线按钮外，还可以在"素材库"面板中先选择需要编辑的素材，再按住鼠标"左"键拖拽至"序列"的编辑"时间线"中，完成素材的添加操作，如图6-3所示。

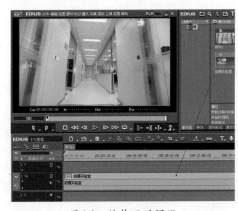

图6-3　拖拽至时间线

## 6.1.2 剪辑镜头素材

**01** 在素材被添加至"时间线"后，可以单击"监视器"面板中的 播放按钮预览素材内容，还可以单击键盘中的"空格"键预览素材，如图6-4所示。

**02** 当播放素材结束后，单击键盘中的"空格"键停止播放，然后单击"时间线"面板中的 添加剪切点按钮，将时间指针位置的素材进行裁剪，使素材分离产生剪切点，如图6-5所示。

图6-4 播放预览素材

图6-5 添加剪切点

专家课堂

　　"添加剪切点"操作的快捷键为键盘"C"键。使用更加便捷。

**03** "时间线"面板中剪切点显示如图6-6所示。

图6-6 剪切点显示

**04** 在"时间线"面板中单击键盘"空格"键播放预览素材，播放至所需位置再单击 ♪ 添加剪切点按钮，完成下一段素材的剪切分离操作，如图6-7所示。

图6-7 剪辑分离操作

### 6.1.3 删除多余素材

**01** 在"时间线"序列中选择多余的素材段落，然后单击 ✕ 删除按钮，将选择的素材删除，如图6-8所示。

图6-8 删除素材操作

**02** 将多余的素材段落删除后，"时间线"面板中将此素材位置进行空白显示，完成了素材删除的操作，如图6-9所示。

**03** 除了将素材直接删除外，还可以在"时间线"序列中选择素材段落，然后单击 ✕ 波纹删除按钮，将选择的素材删除，如图6-10所示。

图6-9 删除空白显示

图6-10 波纹删除操作

**专家课堂**

　　"波纹删除"操作不仅可以将选择的素材删除，还可以将此段素材以后的所有素材自动跟进，填补删除后的空白位置。

**04** 执行"波纹删除"操作后，此段素材以后的所有素材将自动向前填补删除的空隙，如图6-11所示。

**05** 使用快捷键 "Delete"键也可以删除素材，如图6-12所示。

**06** 在删除素材时，如果不需要此段素材以后的所有素材自动向前填补删除空隙，

　　可以关闭"时间线"面板中的 设置波纹模式按钮，从此删除素材操作将不会产生"波纹"操作，如图6-13所示。

图6-11 填补删除空隙

图6-12 Delete键删除

图6-13 设置波纹模式

# 6.2 实例——时间标尺显示

| 素材文件 | 配套光盘→范例文件→Chapter6→素材 | 难易程度 | ★☆☆☆☆ |
|---|---|---|---|
| 效果文件 | 无 | 重要程度 | ★★★★☆ |
| 实例重点 | 对时间线面板中的时间标尺进行放大或缩小操作 | | |

"时间标尺显示"实例的制作流程主要分为3部分，包括：（1）时间标尺设置；（2）标尺快捷键；（3）标尺单位设置。如图6-14所示。

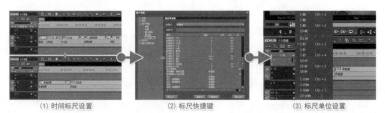

（1）时间标尺设置　　（2）标尺快捷键　　（3）标尺单位设置

图6-14　制作流程

## 6.2.1　时间标尺设置

**01** 当"时间线"中的编辑素材过多或需要精确编辑某帧素材时，可以控制"时间标尺"的放大或缩小显示，从而可以自定义显示某一区域素材，如图6-15所示。

图6-15　影片编辑

**专家课堂**

"时间标尺"是一个序列的总长度，提供了精确的时间提示，甚至到帧的编辑与素材放置，其单位显示为"小时：分钟：秒钟：帧"。

**02** 在"时间线"中拖动 [IIII] 时间标尺滑块，可以将素材的"时间标尺"进行放大或缩小显示，如图6-16所示。

图6-16　拖动时间标尺

**专家课堂**

"时间标尺"主要用来调节"时间线"中标尺的显示比例，以便在屏幕中更加直观地预览素材。采样的尺度单位越大，在单个屏幕中看到的素材也就越多。采样的尺度单位越小，在单个屏幕中看到的素材也就越少。

当然，无论尺度单位的设置如何，都可以使用位于"时间线"面板左上角位置的滑块和面板底部的滚动条来选取素材放置位置。

调节"时间标尺"时会改变二级（中等大小）刻度线的值，一级（最小）刻度线的值是二级刻度线的1/5，而三级（最大）刻度线的值则是二级刻度线的5倍，并且三级刻度线还有时间标码的提示标记。

**03** 单击◀减小或▶增大按钮可以将"时间标尺"显示放大或缩小，如图6-17所示。

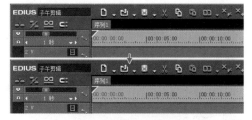

图6-17　放大或缩小

## 6.2.2　标尺快捷键

**01** 在EDIUS的菜单中选择【设置】→【用户设置】命令，这是控制"时间标尺"最为简便的方式，如图6-18所示。

图6-18 选择用户设置

**02** 在弹出的"用户设置"对话框中提供了"键盘快捷键"的设置,在"时间线"类别中可以按需设置"时间标尺"的快捷键,通过所设置快捷键就可以控制影片编辑的"时间标尺",如图6-19所示。

图6-19 快捷键设置

**03** 在默认的快捷键中,使用"Ctrl+滚轮"组合键便可以完成"时间线"中影片编辑的"时间标尺",如图6-20所示。

图6-20 组合快捷键

## 6.2.3 标尺单位设置

**01** 如果需要更加精确地控制"时间标

尺",可以设置其单位显示,使"时间线"面板中的刻度线产生变化,如图6-21所示。

图6-21 刻度线变化

**02** 单击"时间标尺"的下箭头按钮,将会弹出标尺的单位菜单,如图6-22所示。

图6-22 标尺单位菜单

**专家课堂**

如果把"时间标尺"的单位更改到10秒,"时间标尺"则相应的调节一级,而刻度线便为2秒、三级刻度为50秒。

如果在"时间线"上添加的素材超出了"时间标尺"显示范围,且此时需要在屏幕上看到整个"序列",可以在标尺菜单中选择"自适应"项目,这样便会自动调节"时间标尺"的单位,使得整个"序列"能够全部呈现在屏幕中。

## 6.3 实例——连接组设置

| 素材文件 | 配套光盘→范例文件→Chapter6→素材 | 难易程度 | ★☆☆☆☆ |
|---|---|---|---|
| 效果文件 | 无 | 重要程度 | ★★★☆☆ |
| 实例重点 | 对某段素材间的视频与音频进行分离与组合操作 | | |

"连接组设置"实例的制作流程主要分为3部分，包括：（1）素材解锁设置；（2）素材设置组；（3）序列解组设置。如图6-23所示。

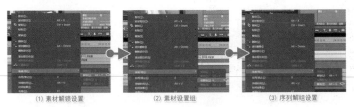

（1）素材解锁设置　　　（2）素材设置组　　　（3）序列解组设置

图6-23　制作流程

### 6.3.1　素材解锁设置

01 当进行影片编辑时，所有放置在VA轨道中的素材默认状态具有已连接的"视频"与"音频"信息，如图6-24所示。

图6-24　视频与音频信息

02 如果需要将"视频"与"音频"信息进行分离，可以选择此段素材并单击鼠标"右"键，然后在菜单中选择【连接/组】→【解锁】命令，如图6-25所示。

图6-25　解锁操作

**专家课堂**

　　VA轨道上的素材具有"视频"与"音频"信息，通过"解锁"操作可以单独将某种素材进行移动或删除等操作，即可看作单独的"视频"或"音频"素材。"解锁"操作的键盘快捷键为"Alt+Y"键。

03 将"视频"与"音频"素材分离后，可以单独选择"音频"信息，然后按"Delete"键将其删除，使编辑素材只剩余"视频"信息，如图6-26所示。

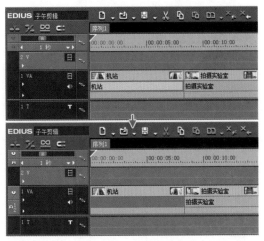

图6-26　删除音频信息

## 6.3.2 素材设置组

**01** 在某段影片编辑完成后，如果"视频"与"音频"素材繁多，不易进行控制，可以对某些素材进行"组"的设置，如图6-27所示。

图6-27 影片编辑

**02** 框选此组素材并单击鼠标"右"键，然后在菜单中选择【连接/组】→【设置组】命令即可，如图6-28所示。

图6-28 设置组操作

**专家课堂**

多个"视频"与"音频"素材可以设置为"组"，而不同轨道上的素材也可以"设置组"，并可以像单个素材一样进行操作。"设置组"操作的键盘快捷键为"G"键。

**03** 将多个"视频"与"音频"素材进行"组"操作后，只要选择"组"中的某一段素材，整个"组"信息便全部被选择，可以进行整体移动或其他操作，如图6-29所示。

图6-29 组移动操作

## 6.3.3 序列解组设置

**01** 在多个"序列"的编辑操作时，编辑素材可以进行"嵌套"操作。在菜单中选择【文件】→【新建】→【序列】命令，如图6-30所示。

图6-30 新建序列

**02** 在"素材库"面板中选择"序列1"文件，然后按住鼠标"左"键拖拽至"序列2"的"时间线"中，如图6-31所示。

图6-31 拖拽至时间线

**专家课堂**

EDIUS可以将"序列1"中编辑的影片整体拖拽至"序列2"中，作为"序列2"中的编辑素材。

在"序列2"中添加"序列1"作为编辑素材，"序列1"中的所有轨道，包括三层空白"音频"轨道，也会被一并添加至"序列2"中。

图6-32 解组操作

**03** 在"序列2"中选择刚拖拽其中的"序列1"，然后在菜单中选择【连接/组】→【解组】命令，可以将"序列1"素材的"视频"与"音频"进行"解组"分离，如图6-32所示。

**04** 将"视频"与"音频"素材"解组"分离后，可以单独选择"音频"信息，然后按"Delete"键将其删除，如图6-33所示。

图6-33 删除音频信息

# 6.4 实例——时间效果控制

| 素材文件 | 配套光盘→范例文件→Chapter6→素材 | 难易程度 | ★★★☆☆ |
|---|---|---|---|
| 效果文件 | 无 | 重要程度 | ★★★★★ |
| 实例重点 | 控制素材的播放速度与静止帧设置 | | |

"时间效果控制"实例的制作流程主要分为3部分，包括：（1）时间速度设置；（2）时间重映射；（3）静止帧设置。如图6-34所示。

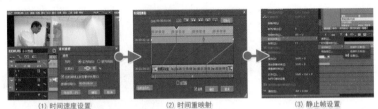

(1) 时间速度设置　　(2) 时间重映射　　(3) 静止帧设置

图6-34 制作流程

## 6.4.1 时间速度设置

**01** 新建EDIUS的工程文件并添加素材至"素材库"面板，然后挑选所需编辑的素材，如图6-35所示。

图6-35　影片编辑

**02** 选择此段素材，然后单击鼠标"右"键，在弹出的菜单中选择【时间效果】→【速度】命令，可以调整素材的播放速度，如图6-36所示。

图6-36　选择速度

专家课堂

　　为了满足特定的影片编辑需求，需要对素材进行慢放或者快放处理，从而更改素材的回放速度。

**03** 在弹出的"素材速度"对话框中，设置比率值为50%，可以将素材进行慢放一倍的速度处理，如图6-37所示。

图6-37　速度设置

专家课堂

　　在速度栏中可以设置播放"方向"与"比率"。其中"方向"项目主要可以控制"正方向"或"逆方向"设置，而"逆方向"类型将会对素材进行"倒放"处理。

　　"比率"值主要控制素材的回放速度，如果输入一个原始速度的比率（百分比）为90%，预览素材时将会以原始速度的90%进行回放，相应的该素材的持续时间也会变长。若"方向"被设置为"逆方向"，例如输入了-60%的负数比率，则表示素材将以原始素材的60%速度进行倒放预览。

　　如果开启"在时间线上改变素材长度"的项目，素材在"时间线"的持续长度将根据播放速度自动调整；如果不开启此项，素材在"时间线"上的持续长度不会随速度的变化而变化。

　　"持续时间"则按照小时、分钟、秒钟和帧的时间控制素材速度，与设置"比率"值功能相同。

**04** 单击"素材速度"对话框中的"场选项"按钮，在弹出的对话框中可以设置更改速度每一帧"场"的交错模式，如图6-38所示。

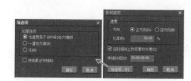

图6-38　场选项设置

**05** 完成"素材速度"的设置后，在"时间线"面板的轨道中将改变原始素材的持续长度，如图6-39所示。

图6-39　改变持续长度

## 6.4.2 时间重映射

**01** 如果需要设置某段素材的局部播放速度，可以选择此段素材，然后单击鼠标"右"键，在弹出的菜单中选择【时间效果】→【时间重映射】命令，如图6-40所示。

图6-40 选择时间重映射

**专家课堂**

"时间重映射"可以通过在所需"时间线"位置指定一个或多个表示画面的关键帧，来更改素材回放速度操作，系统会对关键帧以外的帧进行自动插值，从而来匹配"时间线"上设置的关键帧。

**02** 进入"时间重映射"的对话框后，首先在对话框中的"时间线"中滑动时间指针至所需位置，再单击 添加关键帧按钮，如图6-41所示。

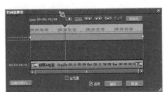

图6-41 添加关键帧

**03** 完成关键帧的添加后，在"时间重映射"对话框的"时间线"中将生成已经添加了的关键帧，如图6-42所示。

**专家课堂**

在添加的关键帧上单击鼠标"右"键，会弹出关键帧的菜单设置，其中提供了"线性"与"速度设定"选项。

图6-42 关键帧显示

**04** 在"时间线"中选择已经添加的关键帧，然后按住鼠标"左"键向后侧移动，在不改变素材长度的基础上，关键帧以前的素材将进行慢放处理，关键帧以后的素材将进行快放处理，如图6-43所示。

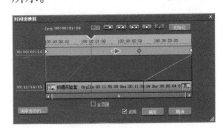

图6-43 移动关键帧位置

**专家课堂**

对"时间线"中的关键帧进行偏移设置，该区域将显示连接关键帧时间码和素材关键画面时间码的直线，因此为设置关键帧和素材关键画面间的时间差别（偏移）提供了直观的图形显示。

**05** 单击"空格"键预览素材速度的调整，如图6-44所示。

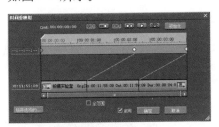

图6-44 空格预览

## 6.4.3 静止帧设置

**01** 以如图6-45所示的素材为例，素材第11

帧以前因前期拍摄机位不够稳定而产生了晃动，所以将"时间线"面板中的时间指针先放置在第11帧的位置。

图6-45　时间指针位置

**02** 选择此段素材，然后单击鼠标"右"键，在弹出的菜单中选择【时间效果】→【冻结帧】→【在指针之前】命令，如图6-46所示。

**专家课堂**

如果需要对素材的尾部进行"冻结帧"处理，可以通过选择【时间效果】→【冻结帧】→【在指针之后】命令执行。

**03** 在"时间线"素材的第11帧位置将自动

对素材进行裁切，第11帧以前的位置将"视频"转换为静止"帧"，如图6-47所示。

图6-46　选择在指针之前

图6-47　时间线面板显示

# 6.5 实例——视频透明处理

| 素材文件 | 配套光盘→范例文件→Chapter6→素材 | 难易程度 | ★☆☆☆☆ |
|---|---|---|---|
| 效果文件 | 无 | 重要程度 | ★★★★★ |
| 实例重点 | 对视频素材进行透明动画设置 | | |

"视频透明处理"实例的制作流程主要分为3部分，包括：（1）展开混合器；（2）添加控制点；（3）调节控制点。如图6-48所示。

(1) 展开混合器　　　　(2) 添加控制点　　　　(3) 调节控制点

图6-48　制作流程

## 6.5.1　展开混合器

**01** 新建EDIUS的工程文件并添加素材至"素材库"面板，然后挑选所需编辑的素材，如图6-49所示。

图6-49　影片编辑

**02** 在"时间线"的轨道中可以单击▼下箭头按钮，开启本视频轨道的"混合器"，如图6-50所示。

图6-50　开启混合器

**专家课堂**

通过对视频轨道"混合器"的调整，可以控制视频素材的可见度信息，还可以记录透明动画。

## 6.5.2　添加控制点

**01** 单击 **MIX** 混合器开关按钮，该视频轨道的底部将生成一条蓝色控制线，如图6-51所示。

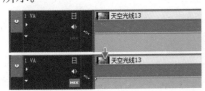

图6-51　混合器控制线

**02** 将鼠标放置在该视频轨道底部的蓝色控制线上，鼠标将出现"+"号显示，如果此时单击鼠标"左"键，将在"混合器"控制线上添加新的控制点，如图6-52所示。

图6-52　添加操作

**03** 视频轨道"混合器"的蓝色控制线显示的控制点如图6-53所示。

图6-53　控制点显示

**专家课堂**

如果需要将添加的控制点删除，可以在此控制点上单击鼠标"右"键，然后在弹出的菜单中选择"删除"命令。

## 6.5.3　调节控制点

**01** 将鼠标放置到"混合器"蓝色控制线的首个控制点位置，鼠标将转变为可控制模式显示，如图6-54所示。

图6-54　可控制模式显示

**02** 按住鼠标"左"键选择"混合器"蓝色控制线上的控制点，然后向下调节控制点，使此控制点位置的视频变为透明状态，如图6-55所示。

图6-55　调节控制点

**专家课堂**

　　对视频"混合器"中蓝色控制线的控制点进行调节，顶部位置为100%时实体显示，底部位置为0时透明显示，而在0～100%位置时将产生渐变显示效果。

**03** 在调节"混合器"的控制点后，此控制点范围的视频素材将产生透明效果，而在下一个控制点直接将产生渐变显示动画，如图6-56所示。

图6-56　渐变显示动画

# 6.6　实例——音频素材处理

| 素材文件 | 配套光盘→范例文件→Chapter6→素材 | 难易程度 | ★☆☆☆☆ |
|---|---|---|---|
| 效果文件 | 无 | 重要程度 | ★★★★☆ |
| 实例重点 | 对音频素材进行声音大小、左右声道的动画设置 | | |

　　"音频素材处理"实例的制作流程主要分为3部分，包括：（1）素材音量设置；（2）左右声道设置；（3）音频波形显示。如图6-57所示。

（1）素材音量设置　　　　（2）左右声道设置　　　　（3）音频波形显示

图6-57　制作流程

## 6.6.1　素材音量设置

**01** 新建EDIUS的工程文件并添加素材至"素材库"面板，然后选择所需编辑的音频素材，如图6-58所示。

**02** 在"时间线"的音频轨道中可以单击■下箭头按钮，开启本音频轨道的"混合器"，如图6-59所示。

图6-58　音频编辑

图6-59　开启混合器

专家课堂 ||||||||||||||||||||||

　　通过对音频轨道"混合器"的调整，可以控制音频素材的"音量"和"左右声道"。

**03** 在音频轨道的"混合器"中单击 **VOL** 音量按钮，此音频轨道中将生成一条红色控制线，如图6-60所示。

图6-60　开启音量控制线

**04** 将鼠标放置在本音频轨道中的红色控制线上，鼠标将出现"+"号显示，此时单击鼠标"左"键将在"混合器"控制线上添加新的控制点，如图6-61所示。

图6-62　控制点显示

**06** 将鼠标放置到"混合器"红色控制线的首个控制点位置，鼠标将转变为可控制模式显示并向下调节控制点，使此控制点位置的音频变为无声状态，如图6-63所示。

图6-63　调节控制点

专家课堂 ||||||||||||||||||||||

　　对音频"混合器"中红色控制线的控制点进行调节，顶部位置为音量大声，底部位置为音量小声。

## 6.6.2　左右声道设置

**01** 在音频轨道的"混合器"中单击 **PAN** 音量按钮，该音频轨道中将生成一条蓝色控制线，如图6-64所示。

图6-64　开启混合器

图6-61　添加操作

**05** 音频轨道"混合器"的红色控制线显示的控制点如图6-62所示。

进行"立体声"或"单声道"设置，如图6-67所示。

图6-67　音频通道设置

**专家课堂**

　　PAN为音频的"声相"设置，也就是"左右声道"设置。

**02** 将鼠标放置在该音频轨道中的蓝色控制线上，鼠标将出现"+"号显示，此时单击鼠标"左"键将在"混合器"控制线上添加新的控制点，然后调节控制点的上下位置，如图6-65所示。

图6-65　调节控制点

**专家课堂**

　　在音频素材的音频设置时，控制点向下侧调节则为"右声道"，控制点向上侧调节则为"左声道"。

**03** 在"时间线"面板的工具栏中单击切换调音台显示按钮，在弹出的"调音台"面板中可以预览音频素材的"左右声道"显示，如图6-66所示。

图6-66　调音台显示

**04** 除了通过"混合器"控制"左右声道"外，还可以在音频素材上单击鼠标"右"键，在弹出的菜单中选择"属性"命令，再将"通道设置"栏的内容

### 6.6.3　音频波形显示

**01** 对音频素材的"混合器"进行控制点调节，将会显示出音频的波形过渡，也可以对此进行自定义设置，如图6-68所示。

图6-68　音频波形显示

**02** 在EDIUS的菜单中选择【设置】→【用户设置】命令，可以对音频素材的波形显示进行调整，如图6-69所示。

图6-69　选择用户设置

**03** 在弹出的"用户设置"对话框中选择

【应用】→【时间线】项目，在右侧的"波形"选项中可以将"对数"切换至"线性"类型，如图6-70所示。

**04** 将"波形"选项设置为"线性"类型，"时间线"的音频波形将以"直线"方式进行显示，如图6-71所示。

图6-70 波形线性设置

图6-71 音频波形直线显示

# 6.7 实例——影片编辑操作

| 素材文件 | 配套光盘→范例文件→Chapter6→素材 | 难易程度 | ★★☆☆☆ |
|---|---|---|---|
| 效果文件 | 无 | 重要程度 | ★★★★☆ |
| 实例重点 | 对编辑的素材进行"序列标记"和影片编辑时的轨道操作设置 | | |

"影片编辑操作"实例的制作流程主要分为3部分，包括：（1）序列标记设置；（2）轨道操作设置；（3）实时预览设置。如图6-72所示。

(1) 序列标记设置　　　　　(2) 轨道操作设置　　　　　(3) 实时预览设置

图6-72 制作流程

## 6.7.1 序列标记设置

**01** 新建EDIUS的工程文件并添加素材至"素材库"面板，因过多的编辑素材不易进行快速查看，所以为"时间线"设置序列标记解决此问题，如图6-73所示。

**专家课堂**

　　"序列标记"一般用来作为注释或说明等提示，当然也可以用来作为剪辑节奏点，还能作为输出DVD章节分段标志。

图6-73 影片编辑

**02** 在"时间线"面板中滑动时间指针至所需位置，在"时间线"的空白位置单击鼠标"右"键，然后在弹出的菜单中选择"设置/清除序列标记"命令，如图6-74所示。

图6-74 设置/清除序列标记

**03** 设置的"序列标记"会在"时间线"面板条码栏中生成"三角"符号，便于在影片编辑时更直观地查找此位置，如图6-75所示。

图6-75 添加序列标记显示

**04** 对影片编辑的素材进行"序列标记"设置后，可以在"监视器"面板中使用标记工具按钮进行"标记"间的快速切换和播放预览，如图6-76所示。

图6-76 标记工具控制

**05** 如果要将已经设置的"序列标记"进行删除，可以在"时间线"的空白位置单击鼠标"右"键，然后在弹出的菜单中选择"清除序列标记"命令，在其中可以对"当前序列标记"或"清除全部标记"进行设置，如图6-77所示。

图6-77 清除序列标记

### 6.7.2 轨道操作设置

**01** 在影片编辑操作时，如果需要将某段素材进行临时隐藏，可以在"时间线"中选择此素材并单击鼠标"右"键，然后在弹出的菜单中选择"启用/禁止"命令，如图6-78所示。

图6-78 启用或禁止素材

专家课堂

使用"启用/禁止"命令可以将选择的素材进行隐藏处理，在播放整体影片时，不会预览到此段素材，但其素材依然存在于"时间线"面板的轨道中。

**02** "时间线"面板的控制栏中拥有切换插入/覆盖按钮，当在"时间线"上放置一个素材后，EDIUS将把同轨道上所有插入点右侧的素材向后移动，如果在一个"时间线"素材的中间位置放置新素材，EDIUS将把原先位置的素材在插入点处断开，并将其余部分向后挪，如图6-79所示。

图6-79 切换插入/覆盖功能

专家课堂

在"覆盖模式"下，新素材将会覆盖掉时间线上该时段的任何素材，而不同模式会在拖拽素材时引起使用上的不同。也许用户会不经意间按下切换两个模式的快捷键"Insert"，其实这和大多数文本处理软件一样。不过，除非用户知道EDIUS中也有这样的设置，不然的话，此模式会将你的紧急项目搞得一团糟。

**03** "时间线"面板的控制栏中拥有设置波纹模式按钮，当图标上没有橙黄色斜线时，表示正处于开启状态，反之则关闭，如图6-80所示。

图6-80 波纹模式功能

专家课堂

如果开启"波纹模式"，用户可以使用波纹裁剪来影响同轨道上选定素材之后的所有素材。当用户正在学习EDIUS软件时，除非用户完全明白"波纹模式"的含义以及它的使用场合，否则强烈建议将其关闭。

**04** "时间线"面板的控制栏中拥有组/链接模式按钮，其主要的功能便是设置组的操作，如图6-81所示。

图6-81 组/链接模式功能

**05** "时间线"面板的控制栏中拥有吸附到事件按钮，指的就是编辑素材时的磁力吸附，即拖动素材时，两素材边缘靠近会不会有自动连接趋势，可以避免产生夹帧，如图6-82所示。

图6-82 吸附到事件功能

**06** "时间线"面板的轨道栏前部拥有视频静音按钮，如果将此按钮关闭则不显示此轨道中的视频素材，如图6-83所示。

图6-83 视频静音功能

**07** "时间线"面板的轨道栏前部拥有音频静音按钮，如果将此按钮关闭则不显示此轨道中的音频素材，如图6-84所示。

图6-84　音频静音功能

图6-86　实时提示条

**08** "时间线"面板的轨道栏前部拥有 ⇄ 轨道同步锁定按钮，如果鼠标"左"键单击此按钮将进行功能的开启与关闭操作，移动轨道中所使用的素材时，拖动最开始的素材，轨道上的素材便会全部向后进行移动；如果鼠标"右"键单击此按钮，将弹出"锁定轨道"命令，此轨道中的所有素材将不允许再被选择和编辑操作，如图6-85所示。

**02** 在"时间线"面板的素材上单击鼠标"右"键，然后在弹出的浮动菜单中选择"渲染"命令。文件在输出之前，进行渲染和不渲染本质上没有区别，对影片文件的最终输出也无影响，只是影响播放预览的运输与速度，不可实时显示此处效果，如图6-87所示。

图6-85　轨道同步锁定功能

### 6.7.3　实时预览设置

**01** 在3V（视频）轨道中添加"地图"素材，并根据影片节奏调整其蓝色控制线的显示节奏。由于此位置的视频处理较烦琐，所以此处时间不可实时预览，在"时间线"的轨道顶部也显示出"红色"和"蓝色"提示条，如图6-86所示。

图6-87　渲染命令

专家课堂

EDIUS里的渲染工具是将时间线上非实时渲染播放区域（过载和满载区域，在时间线上用红、蓝线表示）先进行预渲染，从而保证在预览效果的时候能流畅播放。

专家课堂

源素材格式或制作的视频效果，因高码流或带宽要求进行实时回放的编辑时，"渲染"可将其转换成另一种格式，转换后的格式更容易利用CPU和内存资源执行回放与编辑任务。

**03** 在"正在渲染-序列1"对话框中显示正在渲染的进度条及已用时间提示，如图6-88所示。

图6-88　渲染进度

**04** 在"时间线"面板中观察实时预览运算完成的效果，提示条中的颜色也将转换为"绿色"，可以在播放时实时预览，如图6-89所示。

图6-89　实时预览

# 6.8　实例——多机位影片编辑

| 素材文件 | 无 | 难易程度 | ★★★★★ |
|---|---|---|---|
| 效果文件 | 无 | 重要程度 | ★★★★★ |
| 实例重点 | 对多台摄影机拍摄的素材进行混合编辑操作 | | |

"多机位影片编辑"实例的制作流程主要分为3部分，包括：（1）添加轨道素材；（2）多机位匹配；（3）多机位剪辑。如图6-90所示。

(1) 添加轨道素材　　(2) 多机位匹配　　(3) 多机位剪辑

图6-90　制作流程

## 6.8.1　添加轨道素材

**01** 启动EDIUS软件，会弹出"初始化工程"的欢迎界面，然后再单击"新建工程"按钮建立新的预设场景，如图6-91所示。

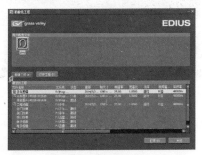

图6-91　新建工程

**02** 在弹出的"工程设置"对话框中会显示以往所设置的项目预设，然后在"预设列表"中选择"HD 1280×720 25P 16：9 8bit"项目，再设置工程的名称为"多机位"，如图6-92所示。

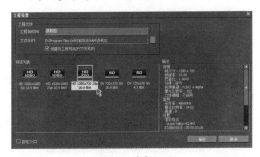

图6-92　选择预设

**03** 新建工程完成后，在"素材库"面板的空白位置单击鼠标"右"键，然后在弹出的浮动菜单中选择"添加文件"命令，如图6-93所示。

图6-93　添加文件

**04** 选择"添加文件"命令后将自动弹出"打开"对话框，然后在本书配套光盘中选择【范例文件】→【Chapter6】→【素材】文件中素材，再单击对话框中的"打开"按钮完成添加素材操作，如图6-94所示。

图6-94　选择素材并打开

**05** 因本影片使用了4个机位拍摄，所以在菜单中选择【模式】→【多机位模式】命令，如图6-95所示。

图6-95　多机位模式

**专家课堂**

　　"多机位模式"多用于电视栏目录影或晚会节目拍摄，通过切换台进行现场拍摄景别的切换。

**06** 本例的前期拍摄主要使用了4台摄影机进行拍摄，所以在菜单中选择【模式】→【机位数量】→【4】命令，如图6-96所示。

图6-96　机位数量设置

**专家课堂**

　　EDIUS的多机位可以同时显示并编辑多达16个素材，每个"机位"可以显示一个单独的素材，从而起到丰富编辑影片的效果。

**07** 选择"2 V"视频轨道并单击鼠标"右"键，然后在弹出的浮动菜单中选择"删除"命令，将多余的编辑轨道进行删除，如图6-97所示。

图6-97　删除命令

**08** 在"时间线"面板中的轨道上单击鼠标"右"键，在弹出的浮动菜单中选择【添加】→【在上方添加视音频轨道】

命令，如图6-98所示。

图6-98　添加视音频轨道

**专家课堂**

　　每个摄影机拍摄的素材均包含"视频"与"音频"信息，所以新建"视音频轨道"。

**09** 在弹出的"添加轨道"对话框中设置数量参数值为3，如图6-99所示。

图6-99　添加轨道数量

**10** 在"素材库"面板中选择"全景机位"视频文件，将其拖拽至"时间线"面板的1VA（视音频）轨道的起始位置；在"素材库"面板中选择"中景机位"视频文件，将其拖拽至"时间线"面板的2VA（视音频）轨道的起始位置；在"素材库"面板中选择"左景机位"视频文件，将其拖拽至"时间线"面板的3VA（视音频）轨道的起始位置；在"素材库"面板中选择所有"右景机位"视频文件，将其拖拽排列至"时间线"面板的4VA（视音频）轨道中，如图6-100所示。

图6-100　添加机位文件

## 6.8.2　多机位匹配

**01** 根据音频波形可以快速将1VA（视音频）轨道的"全景机位"视频与2VA（视音频）轨道的"中景机位"视频调整至对齐，再根据音频的内容微调素材位置，使两机位的时间点精准地同步显示，如图6-101所示。

图6-101　全景与中景素材同步

**02** 根据"中景机位"视频调整3VA（视音频）轨道的"左景机位"视频，使其与之同步显示，如图6-102所示。

图6-102　中景与左景素材同步

**专家课堂**

　　在同步调整多机位素材时间点时，主要通过"音频"轨道中的声音进行匹配，比匹配"视频"轨道中的素材更加容易。

**03** 根据"左景机位"视频调整4VA（视音频）轨道的所有"右景机位"视频，使其与之同步显示，如图6-103所示。

图6-103　左景与右景素材同步

**04** 由于4个机位并不是同时开始录制，所以使用▲添加剪切点工具将"中景机位"与"全景机位"视频前端不需要的部分进行裁切及删除，如图6-104所示。

图6-104　调整起始位置素材

**05** 由于4个机位并不是同时结束录制，所以使用▲添加剪切点工具将"左景机位"与"中景机位"视频后端不需要的部分进行裁切及删除，如图6-105所示。

图6-105　调整结束位置素材

**06** 在"时间线"面板中框选所有机位的素材，再将其移动至时间线的起始位置，完成多机位素材的位置匹配操作，如图6-106所示。

图6-106　多机位匹配效果

### 6.8.3　多机位剪辑

**01** 在2VA（视音频）轨道中选择"中景机位"视频素材并单击鼠标"右"键，然后在弹出的浮动菜单中选择【连接/组】→【解锁】命令，如图6-107所示。

图6-107　解锁操作

专家课堂

　　由于本例使用了4台摄影机进行拍摄，其中"中景机位"和"全景机位"位于场景的中心位置，拍摄的"声音"较"左景机位"和"右景机位"的更加均衡，所以在多机位编辑操作时只使用"中景机位"的"声音"素材。

**02** 在2VA（视音频）轨道中选择"中景机位"视频素材的音频素材，然后使用"Ctrl+C"快捷键进行复制，再选择1A（音频）轨道并使用"Ctrl+V"快捷键进行粘贴，完成多机位编辑的音频设定，如图6-108所示。

**03** 将1VA（视音频）轨道、2VA（视音频）轨道、3VA（视音频）轨道、4VA（视音

频）轨道的音频层进行关闭操作，避免
因拍摄位置的不同而影响到"声音"的
大小和均衡，如图6-109所示。

图6-108　复制中景机位音频素材

图6-109　关闭音频层

**04** 由于进行多机位编辑，所以"监视器"
面板由原始的单一画面变为多画面显
示。通过"监视器"面板的缩略图像预
览每一个机位的拍摄内容，当将鼠标放
置到所需的机位缩略图像预览上，鼠标
指针将变为👆（多机位选择）图标，单
击鼠标"左"键确定使用此机位素材，
如图6-110所示。

🛸 **专家课堂**

　　在每次执行多机位选择时，此位置的
"时间线"素材将自动进行裁切，其他未
选择的机位素材将进行隐藏处理，那么该
机位的素材将处于"监视器"面板显示的
最上方画面，成为影片编辑的主机位。

图6-110　多机位选择

**05** 通过"空格"键预览多轨道中的素材，
然后在所需机位的缩略图像预览上放
置鼠标，鼠标指针将变为👆（多机位选
择）图标，单击鼠标"左"键确定使用
此机位素材，如图6-111所示。

图6-111　多机位选择

**06** 在"监视器"面板的缩略图像中预览每
一个机位内容，然后通过👆（多机位选
择）图标单击鼠标"左"键确定使用此
机位素材，如图6-112所示。

图6-112　多机位选择

**07** 在经过多次多机位的选择使用后，"时间线"面板中的素材将完成剪切操作，如图6-113所示。

图6-113　完成多机位选择

 专家课堂 ‖‖‖‖‖‖‖‖‖‖‖‖‖‖‖‖‖‖

　　"时间线"面板中"灰色"的素材位置不进行播放预览显示，而面板中"黄色"的素材位置将进行播放预览显示。

**08** 当多机位选择完成后，在菜单中选择【模式】→【多机位模式】命令，关闭多机位操作，如图6-114所示。

 专家课堂 ‖‖‖‖‖‖‖‖‖‖‖‖‖‖‖‖‖‖

　　关闭"多机位模式"命令，"监视器"面板将由四画面切换回单一画面显示。

图6-114　关闭多机位模式

**09** 关闭"多机位模式"命令后，"监视器"面板将显示"时间线"面板中轨道的编辑素材，如图6-115所示。

图6-115　多机位剪辑显示

**10** 由于使用了多机位编辑，所以在菜单中选择【模式】→【压缩至单个轨道】命令，简化素材在"时间线"面板中的显示，如图6-116所示。

图6-116　压缩至单个轨道

 专家课堂 ‖‖‖‖‖‖‖‖‖‖‖‖‖‖‖‖‖‖

　　使用"压缩至单个轨道"命令可以从多个轨道中抽出启用的素材，并将其复制到一个单独轨道中。

**11** 在弹出的"压缩选定的素材"对话框中，设置"选择输出轨道"的方式为"新建轨道（V轨道）"类型，如图6-117所示。

图6-117 选择压缩方式

⑫ 完成"选择输出轨道"操作后,在"时间线"面板中将显示出所选素材压缩至5V(视频)轨道的效果,然后逐一关闭其轨道外的所有机位素材轨道,使多机位的操作显示更加简化,如图6-118所示。

图6-118 完成多机位剪辑

# 6.9 实例——恢复离线素材

| 素材文件 | 无 | 难易程度 | ★★☆☆☆ |
|---|---|---|---|
| 效果文件 | 无 | 重要程度 | ★★★★★ |
| 实例重点 | 对影片编辑所丢失的素材进行恢复离线操作 | | |

"恢复离线素材"实例的制作流程主要分为3部分,包括:(1)离线素材提示;(2)恢复指定离线素材;(3)恢复所有离线素材。如图6-119所示。

(1) 离线素材提示　　(2) 恢复指定离线素材　　(3) 恢复所有离线素材

图6-119 制作流程

## 6.9.1 离线素材提示

① 在1VA(视音)轨道中添加所需的视频文件,然后将项目工程进行保存,如图6-120所示。

图6-120 添加素材

② 如果对编辑素材的储存路径或素材名称进行更改,当再次开启EDIUS工程文件时,在"监视器"面板中将对离线素材进行显示,如图6-121所示。

图6-121 监视器离线提示

专家课堂

在进行影片编辑时，如果因素材名称或路径产生改变，EDIUS将不能够连接所使用的编辑素材，将会以"黑白格"提示丢失的离线素材。

**03** 在"素材库"面板中也会显示离线素材状态的提示，如图6-122所示。

图6-122 素材库离线提示

**04** 在"时间线"面板的编辑轨道中会将未连接上的素材显示为离线素材状态，在"时间线"面板底部的状态栏中也会显示丢弃为连接素材的离线素材数量，如图6-123所示。

图6-123 轨道离线提示

## 6.9.2 恢复指定离线素材

**01** 如果需要将离线的素材进行重新指定，可以在"素材库"面板中选择离线的素材文件，然后双击鼠标"左"键进入，如图6-124所示。

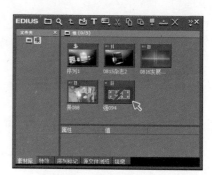

图6-124 恢复离线素材

**02** 在弹出的"恢复离线素材"对话框中选择"恢复方式"为"重新连接（选择文件）"方式，如图6-125所示。

图6-125 恢复方式

**03** 在弹出的"打开"对话框中选择将要恢复的视频文件，然后单击"打开"按钮，如图6-126所示。

图6-126 选择恢复文件

**04** 选择恢复文件后，在"恢复离线素材"对话框中显示出重新连接后的效果，再单击"确定"按钮完成恢复操作，如图6-127所示。

图6-127 完成恢复

并不是所有离线的素材都可以被恢复，只有在符合情况时才可以进行，例如存在视频信息、卷名或路径更改，而源文件的扩展名是avi、m2t、Mpeg或mov等。

**05** 在"时间线"面板的轨道中，以往离线的素材将显示恢复离线文件效果，如图6-128所示。

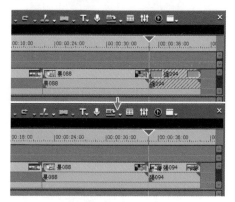

图6-128 恢复离线效果

## 6.9.3 恢复所有离线素材

**01** 如果工程存储的路径产生变化，会影响到多个编辑素材的连接，在"素材库"面板及"时间线"面板的轨道中显示出多段离线素材，如图6-129所示。

**02** 如果在以往的【Program Files(x86)】→【EDIUS RAM】→【无标题1】→【Transferred】缓存文件夹中无法查找

离线素材，便需要手工进行离线素材的恢复操作，如图6-130所示。

图6-129 离线素材显示

图6-130 文件夹

**03** 在菜单中选择【文件】→【恢复离线素材】命令，如图6-131所示。

图6-131 恢复离线素材

**04** 在"恢复并传输离线素材"对话框中单击"打开素材恢复对话框"按钮，如图6-132所示。

图6-132 打开恢复对话框

 专家课堂 ||||||||||||||||||||||||||||||||||

当正在编辑的工程里出现了离线素材时，软件会出现警告"找到没有文件信息的素材，请选择恢复方式"，如果点击"是"按钮，系统便会弹出"恢复离线素材"对话框，当正确设置离线素材后再选择"再连接"，然后重新寻找文件。这种情况适用于被移动了的素材，如果素材已经被删除，那么这种方法就不可行。

**05** 在弹出的"恢复离线素材"对话框中选

择"恢复方式"为"重新连接（选择文件）"方式，再单击"确定"按钮完成恢复操作，如图6-133所示。

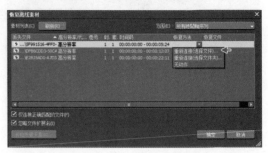

图6-133 恢复所有离线素材

专家课堂 ||||||||||||||||||||||||||||||||||

以上所说素材恢复只能适用于素材仍旧能找到的情况下，若素材已经被删除而又必须重新找到，可以借助于一些文件恢复软件，如Easy Recovery软件等，将素材重新恢复到硬盘里。但这也仅限于删除文件时经过了回收站，若删除时选择的是永久性删除，那就无办法解决离线问题。

# 6.10 本章小结

本章主要对EDIUS软件进行影片剪辑时的常用功能进行讲解，包括"挑选镜头素材"、"时间标尺显示"、"连接组设置"、"时间效果控制"、"视频透明处理"、"音频素材处理"、"影片编辑操作"、"多机位影片编辑"和"恢复离线素材"9个实例，熟练掌握这些知识，可以快速掌握剪辑影片的要点。

# 第7章
# 特效与转场

本章主要通过实例特效与转场应用、浮雕效果、胶片效果、彩虹城堡、遮罩天坛、电影放映室、恭贺新春、水墨效果、老电影效果和中秋，介绍EDIUS中的特效与转场应用技巧。

# 7.1 实例——特效与转场应用

| 素材文件 | 配套光盘→范例文件→Chapter7→素材 | 难易程度 | ★☆☆☆☆ |
|---|---|---|---|
| 效果文件 | 无 | 重要程度 | ★★★★☆ |
| 实例重点 | 正确对编辑素材添加特效与转场的设置流程 | | |

"特效与转场应用"实例的制作流程主要分为3部分，包括：（1）添加编辑素材；（2）添加特效设置；（3）添加转场设置。如图7-1所示。

(1) 添加编辑素材　　　　(2) 添加特效设置　　　　(3) 添加转场设置

图7-1. 制作流程

## 7.1.1 添加编辑素材

**01** 启动EDIUS软件会弹出"初始化工程"的欢迎界面，然后单击"新建工程"按钮建立新的预设场景，如图7-2所示。

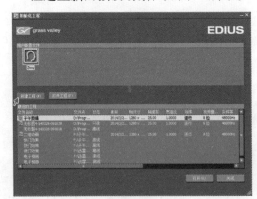

图7-2 新建工程

**02** 在弹出的"工程设置"对话框中会显示以往所设置的项目预设，在"预设列表"中选择"HD 1280×720 25P 16：9 8bit"项目，再设置工程的名称为"特效"，如图7-3所示。

**03** 在"素材库"面板的空白位置单击鼠标"右"键，然后在弹出的浮动菜单中选择"添加文件"命令，如图7-4所示。

图7-3 选择预设

图7-4 添加文件

**04** 选择"添加文件"命令后将自动弹出"打开"对话框，选择所需素材再单击对话框中的"打开"按钮完成添加素材操作，如图7-5所示。

图7-5 选择序列

**05** 在"素材库"面板中选择添加的素材，然后将其拖拽至"时间线"面板的1VA（视音频）轨道中，如图7-6所示。

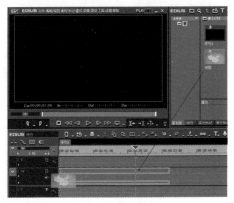

图7-6 添加素材

**06** 在"素材库"面板中选择其他视频文件，然后将其拖拽至"时间线"面板1VA（视音频）轨道中首段素材的后部，如图7-7所示。

图7-7 添加其他素材

## 7.1.2 添加特效设置

**01** 切换至"特效"面板，展开【特效】→【视频滤镜】命令项，EDIUS中提供了丰富多样的视频滤镜特效以及组合滤镜特效预设，用户可以根据需要选择使用，如图7-8所示。

图7-8 视频滤镜

**专家课堂**

如果要为视频轨道中的素材添加特效，可以先在面板中选择所需的视频滤镜命令，然后配合鼠标"左"键拖拽至视频轨道中的素材上，也可以选择特效后单击  添加到"时间线"按钮进行特效的添加。

**02** 如果需要对添加的素材进行颜色调节，可以在"特效"面板中展开【特效】→【视频滤镜】→【色彩校正】命令项，EDIUS中提供了丰富多样的色彩校正特效以及色彩校正特效预设，用户可以根据需要选择使用，如图7-9所示。

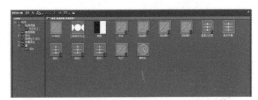

图7-9 色彩校正

**03** 在"特效"面板中展开【特效】→【音频滤镜】命令项，EDIUS中提供了丰富多样的音频滤镜以及组合音频滤镜预设，用户可以根据需要选择使用，如图7-10所示。

图7-10　音频滤镜

04 在"特效"面板中选择【特效】→
【视频滤镜】→【马赛克】特效项，
再将其拖拽至"时间线"面板中的
"奖项"视频素材上，完成添加特效
操作，如图7-11所示。

图7-11　添加马赛克特效

专家课堂

在拖拽添加特效时，需要将特效放置在
素材轨道层中，而不是"混合器"轨道中。

05 切换至"信息"面板，可以看到添加的
"马赛克"特效，可以对"马赛克"特
效继续进行设置，如图7-12所示。

图7-12　选择马赛克特效

06 保持特效的选择状态再单击鼠标"右"
键，然后在弹出的菜单中选择"打开设
置对话框"项，如图7-13所示。

图7-13　打开设置对话框

专家课堂

除了通过鼠标"右"键进入特效设置
以外，还可以通过双击鼠标"左"键进入
特效设置。

07 在弹出的"马赛克"对话框中设置块大
小值为37，用户同样可以通过拖拽滑块
调节马赛克块的大小设置，如图7-14
所示。

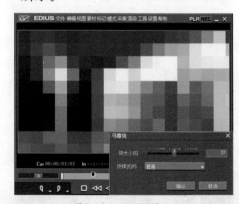

图7-14　设置块大小

08 切换至"特效"面板，选择【特效】→
【视频滤镜】→【色彩校正】→【三路
色彩校正】特效项，再将其拖拽至"时
间线"面板中的"奖项"视频素材上，
完成添加特效操作，如图7-15所示。

图7-15　添加三路色彩校正特效

**09** 在"信息"面板中双击选择"三路色彩校正"特效，并在弹出的"三路色彩校正"对话框中设置黑平衡的颜色为浅蓝色及对比度值为－12.8，为画面中的暗部区域添加染色处理，使画面中的颜色更具层次，如图7-16所示。

图7-16　设置三路色彩校正

**10** 切换至"信息"面板，可以看到添加的"三路色彩校正"特效，准备对"三路色彩校正"特效进行复制，如图7-17所示。

图7-17　选择特效

**专家课堂**

如果想对添加的特效或转场等效果再次进行修改，可以先选择此特效的素材轨道层或转场，然后在"信息"面板中双击特效或转场等效果进行再次控制。

**11** 在"时间线"中先选择设置"三路色彩校正"特效的素材，然后在"信息"面板选择所需特效并拖拽至"时间线"面板中其他素材上，如图7-18所示。

图7-18　拖拽特效

**12** 在"时间线"面板的1VA（视音频）轨道中选择复制的素材，然后切换至"信息"面板，可以看到复制的特效，如图7-19所示。

图7-19　复制特效

## 7.1.3　添加转场设置

**01** 切换至"特效"面板并展开【特效】→【转场】→【2D】选项，其中提供了很多常用的转场特效，EDIUS还提供了很多其他的转场特效，如图7-20所示。

图7-20 转场特效

如果要为视频轨道中的素材添加转场特效，可以在面板中选择所需的转场命令，然后配合鼠标"左"键拖拽至视频轨道的镜头交接素材上，也可以在时间线中单击 设置默认转场按钮添加镜头间的转场效果。

**02** 切换至"特效"面板，选择【特效】→【转场】→【2D】→【圆形】转场效果，可以通过转场命令的缩略图观察转场效果，如图7-21所示。

图7-21 选择特效

**03** 将"圆形"转场效果拖拽至"时间线"面板中两个素材的中间位置，完成添加转场操作，如图7-22所示。

在拖拽添加转场时，要将转场放置在两个素材的交接位置。

图7-22 添加转场特效

**04** 通过播放影片，可以在"监视器"面板中观察到所添加的转场效果，如图7-23所示。

图7-23 转场效果

**05** 在"时间线"面板中可以通过拖拽转场两端来调节效果的长度，如图7-24所示。

图7-24 转场范围控制

如果拖拽转场两端超过编辑素材的长度，那么转场的效果将不会被应用。

**06** 保持转场效果的选择状态并切换至"信

息"面板,然后选择"圆形"效果并单击鼠标"右"键,可以在弹出的菜单中选择"打开设置对话框"项继续进行设置,如图7-25所示。

对转场效果的设置主要是通过控制时间属性来完成的,还可以为转场添加辅助效果。

图7-25 打开设置对话框

**07** 在弹出的"圆形"对话框中可以对转场效果进行更加详细的设置,如图7-26所示。

图7-26 转场设置

# 7.2 实例——浮雕效果

| 素材文件 | 配套光盘→范例文件→Chapter7→素材 | 难易程度 | ★★☆☆☆ |
|---|---|---|---|
| 效果文件 | 无 | 重要程度 | ★★★★☆ |
| 实例重点 | 通过"浮雕"特效与"溶化"转场制作由国画至浮雕效果的转换 | | |

"浮雕效果"实例的制作流程主要分为3部分,包括:(1)导入素材;(2)添加浮雕特效;(3)设置溶化转场。如图7-27所示。

(1) 导入素材　　　　(2) 添加浮雕特效　　　　(3) 设置溶化转场

图7-27 制作流程

## 7.2.1 导入素材

**01** 启动EDIUS软件,弹出"初始化工程"的欢迎界面,单击"新建工程"按钮建立新的预设场景,如图7-28所示。

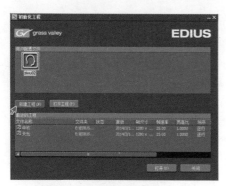

图7-28　新建预设

**02** 在弹出的"工程设置"对话框中会显示以往所设置的项目预设，然后在"预设列表"中选择"HD 1280×720 25P 16：9 8bit"项目，再设置工程的名称为"浮雕效果"，如图7-29所示。

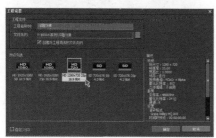

图7-29　选择预设

**03** 在"素材库"面板的空白位置单击鼠标"右"键，然后在弹出的浮动菜单中选择"添加文件"命令，如图7-30所示。

图7-30　添加文件

**04** 选择"添加文件"命令后将自动弹出"打开"对话框，然后在本书配套光盘中选择【范例文件】→【Chapter7】→【素材】文件中的"画"图片素材，再单击对话框中的"打开"按钮完成添加

素材操作，如图7-31所示。

图7-31　选择素材并打开

**05** 在"素材库"面板中选择"画"图片文件，然后将其拖拽至"时间线"面板的1VA（视音频）轨道中，如图7-32所示。

图7-32　添加图片文件

## 7.2.2　添加浮雕特效

**01** 切换至"特效"面板，选择【特效】→【视频滤镜】→【浮雕】特效，然后将其拖拽至"时间线"面板中的"画"素材上，完成添加特效的操作，如图7-33所示。

专家课堂

可以对"浮雕"滤镜特效的方向及深度进行调节，从而使画面立体感增强，还可以使用压缩的办法来处理图像以及依靠透视等因素来模拟三维的空间。

图7-33　添加浮雕特效

**02** 切换至"监视器"面板，可以观察添加"浮雕"特效后的效果，如图7-34所示。

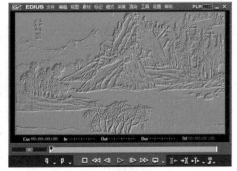

图7-34　浮雕效果

**03** 切换至"特效"面板，选择【特效】→【视频滤镜】→【色彩校正】→【反转】特效项，再将其拖拽至"时间线"面板中的"画"素材上，完成添加特效操作，得到画面浮雕效果的反转，如图7-35所示。

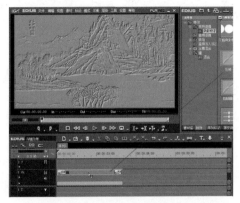

图7-35　添加反转效果

专家课堂

"反转"特效主要对画面颜色进行反向转换处理，其中画面较暗的位置会产生"凹陷"效果模拟。

**04** 切换至"监视器"面板，可以观察添加"反转"特效后的效果，如图7-36所示。

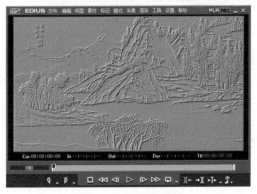

图7-36　添加反转效果

## 7.2.3　设置溶化转场

**01** 在"素材库"面板中选择"画"图片文件，然后将其拖拽至"时间线"面板的2V（视频）轨道中，如图7-37所示。

图7-37　添加图片文件

**02** 切换至"特效"面板并选择【特效】→【转场】→【2D】→【溶化】特效项，将其拖拽至"时间线"面板中2V（视频）轨道的"画"视频素材的"混合器"轨道上，完成添加特效操作，如图7-38所示。

图7-38 添加溶化特效

**03** 保持转场特效的选择状态并切换至"信息"面板，然后选择"溶化"效果并单击鼠标"右"键，在弹出的菜单中选择"打开设置对话框"项，如图7-39所示。

图7-39 打开设置对话框

**04** 在弹出的"溶化"对话框中将"时间滑块"拖拽至素材第1秒的位置，然后将出点位置的关键帧调节到"时间滑块"的位置，如图7-40所示。

**专家课堂**

通过对转场关键帧的设置，可以控制转场效果的速度。

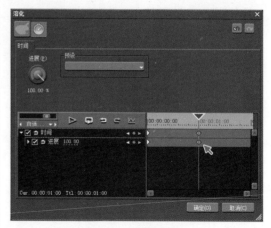

图7-40 调节关键帧

**05** 切换至"监视器"面板，然后单击"播放"按钮准备预览影片效果，如图7-41所示。

图7-41 播放影片

**06** 最终由国画效果至"浮雕效果"的溶化转场效果，如图7-42所示。

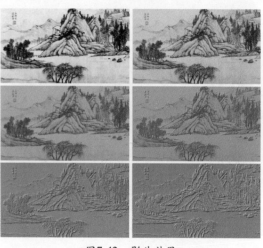

图7-42 影片效果

# 7.3 实例——胶片效果

| 素材文件 | 配套光盘→范例文件→Chapter7→素材 | 难易程度 | ★★★☆☆ |
|---|---|---|---|
| 效果文件 | 无 | 重要程度 | ★★★★☆ |
| 实例重点 | 通过单独颜色的图像叠加使其融入影片，再为其添加颗粒与颜色修饰 | | |

"胶片效果"实例的制作流程主要分为3部分，包括：（1）创建与导入素材；（2）叠加与色彩设置；（3）画面颗粒设置。如图7-43所示。

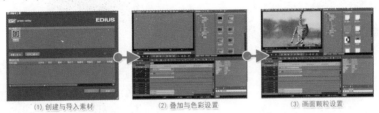

(1) 创建与导入素材　(2) 叠加与色彩设置　(3) 画面颗粒设置

图7-43　制作流程

## 7.3.1　创建与导入素材

**01** 启动EDIUS软件，弹出"初始化工程"的欢迎界面，然后单击"新建工程"按钮建立新的预设场景，如图7-44所示。

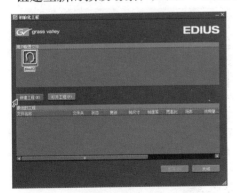

图7-44　新建工程

**02** 在弹出的"工程设置"对话框中会显示以往所设置的项目预设，然后在"预设列表"中选择"HD 1280×720 25P 16：9 8bit"项目，再设置工程的名称为"胶片效果"，如图7-45所示。

**03** 在"素材库"面板的空白位置单击鼠标"右"键，然后在弹出的浮动菜单中选择"添加文件"命令，如图7-46所示。

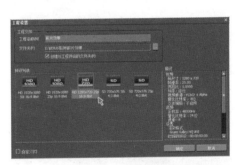

图7-45　选择预设

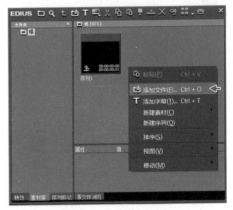

图7-46　添加文件

**04** 选择"添加文件"命令后将自动弹出"打开"对话框，然后在本书配套光盘中选择【范例文件】→【Chapter7】→【素材】文件中的"猎豹"图片素材，再单击对话框中的"打开"按钮完成添加素材操作，如图7-47所示。

图7-47 选择素材

**05** 在"素材库"面板中选择"猎豹"图片文件，然后将其拖拽至"时间线"面板的1VA（视音频）轨道中，如图7-48所示。

图7-48 添加图片文件

**06** 在"素材库"面板的空白位置单击鼠标"右"键，然后在弹出的浮动菜单中选择【新建素材】→【色块】命令，如图7-49所示。

图7-49 选择色块命令

**专家课堂**

EDIUS中的"色块"就是静态颜色素材，主要用于为编辑影片添加辅助效果。

**07** 在弹出的"色块"对话框中单击色块，然后在弹出的"色彩选择"对话框中设置颜色为"土黄色"，如图7-50所示。

图7-50 设置色块颜色

**08** 在"素材库"面板中选择"色块"文件，然后将其拖拽至"时间线"面板的2V（视频）轨道中，如图7-51所示。

图7-51 添加色块文件

## 7.3.2 叠加与色彩设置

**01** 切换至"特效"面板，选择【特效】→【键】→【混合】→【叠加模式】特效项，再将其拖拽至"时间线"面板中的"色块"素材的"混合器"轨道上，完成添加特效操作，如图7-52所示。

图7-52　添加叠加模式

**专家课堂**

　　"叠加模式"会将图像的"基色"颜色与"混合色"颜色相混合产生一种中间色。"基色"内颜色比"混合色"颜色暗的颜色使"混合色"颜色倍增，比"混合色"颜色亮的颜色将使"混合色"颜色被遮盖，而图像内的高亮部分和阴影部分保持不变，因此对黑色或白色像素着色时叠加模式不起作用。

02　切换至"监视器"面板，可以观察到"叠加"所产生的效果，如图7-53所示。

图7-53　叠加效果

03　切换至"特效"面板，选择【特效】→【视频滤镜】→【色彩校正】→【色彩平衡】特效项，再将其拖拽至"时间线"面板中的"色块"素材上，完成添加特效操作，如图7-54所示。

**专家课堂**

　　"色彩平衡"滤镜特效不仅可以调整画面的色彩倾向，还可以调节色度、亮度、对比度和RGB信息。

图7-54　添加色彩平衡特效

04　保持"色块"素材的选择状态并切换至"信息"面板，然后选择"色彩平衡"特效并单击鼠标"右"键，在弹出的菜单中选择"打开设置对话框"项，如图7-55所示。

图7-55　打开设置对话框

05　在弹出的"色彩平衡"对话框中设置色度值为－50，降低色度使画面中的黄色减淡，如图7-56所示。

图7-56　设置色彩平衡

**06** 切换至"监视器"面板,可以观察设置颜色后的效果,如图7-57所示。

图7-57 色彩平衡效果

## 7.3.3 画面颗粒设置

**01** 切换至"特效"面板,选择【特效】→【视频滤镜】→【视频噪声】特效项,再将其拖拽至"时间线"面板中的"色块"素材上,完成添加特效操作,如图7-58所示。

图7-58 添加视频噪声特效

**专家课堂**

"视频噪声"是基于两种颜色或材质的交互随机扰动,主要模拟杂质或颗粒感。

**02** 保持"色块"素材的选择状态并切换至"信息"面板,然后选择"视频噪声"特效并单击鼠标"右"键,在弹出的菜单中选择"打开设置对话框"项,如图7-59所示。

图7-59 打开设置对话框

**03** 在弹出的"视频噪声"对话框中设置比率值为10,调节出适当的颗粒效果,如图7-60所示。

图7-60 调节比率值

**04** 切换至"监视器"面板,可以观察添加"视频噪声"特效后的画面颗粒效果,如图7-61所示。

图7-61 视频噪声效果

**专家课堂**

在本例中主要使用"视频噪声"命令模拟"胶片"拍摄出的颗粒感,使影片更具艺术味道。

**05** 切换至"特效"面板,选择【特效】→【视频滤镜】→【色彩校正】→【色彩平衡】特效项,再将其拖拽至"时间线"面板中的"猎豹"图片素材上,完成添加特效操作,如图7-62所示。

图7-62 添加色彩平衡特效

**06** 保持"时间线"面板中"猎豹"素材的选择状态并切换至"信息"面板，然后选择"色彩平衡"特效并单击鼠标"右"键，在弹出的菜单中选择"打开设置对话框"项，如图7-63所示。

图7-63 打开设置对话框

**07** 在弹出的"色彩平衡"对话框中设置色度值为－55、亮度值为5、对比度值为5，降低素材的颜色饱和程度并增加画面的对比度，如图7-64所示。

图7-64 设置色彩平衡

**08** 切换至"监视器"面板，观察添加"色彩平衡"特效后的整体画面颜色效果，如图7-65所示。

图7-65 最终画面效果

# 7.4 实例——彩虹城堡

| 素材文件 | 配套光盘→范例文件→Chapter7→素材 | 难易程度 | ★★☆☆☆ |
|---|---|---|---|
| 效果文件 | 无 | 重要程度 | ★★★★☆ |
| 实例重点 | 通过遮罩特效控制彩虹的显示与文字动画设置 | | |

"彩虹城堡"实例的制作流程主要分为3部分，包括：（1）导入素材；（2）遮罩特效设置；（3）文字动画设置。如图7-66所示。

(1) 导入素材　　　　(2) 遮罩特效设置　　　　(3) 文字动画设置

图7-66 制作流程

## 7.4.1 导入素材

**01** 启动EDIUS软件，弹出"初始化工程"的欢迎界面，然后单击"新建工程"按钮建立新的预设场景，如图7-67所示。

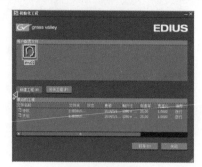

图7-67 新建工程

**02** 在弹出的"工程设置"对话框中会显示以往所设置的项目预设，然后在"预设列表"中选择"HD 1280×720 25P 16：9 8bit"项目，再设置工程的名称为"彩虹城堡"，如图7-68所示。

图7-68 选择预设

**03** 在"素材库"面板的空白位置单击鼠标"右"键，然后在弹出的浮动菜单中选择"添加文件"命令，如图7-69所示。

图7-69 添加文件

**04** 选择"添加文件"命令后将自动弹出"打开"对话框，然后在本书配套光盘中选择【范例文件】→【Chapter7】→【素材】文件中的所需素材，再单击对话框中的"打开"按钮，完成添加素材操作，如图7-70所示。

图7-70 选择素材并打开

**05** 在"素材库"面板中将"彩虹素材"与"城堡"素材分别添加到1VA（视音频）轨道与2V（视频）轨道中，如图7-71所示。

图7-71 添加素材

**06** 切换至"时间线"面板并拖拽"时间滑块"到影片第8秒的位置，准备调节素材长度，如图7-72所示。

图7-72 调节时间滑块位置

**07** 分别拖拽"城堡"与"彩虹素材"的出点到"时间滑块"位置，如图7-73所示。

图7-73　调节素材长度

## 7.4.2　遮罩特效设置

**01** 切换至"特效"面板，选择【特效】→【视频滤镜】→【手绘遮罩】特效项，再将其拖拽至"时间线"面板中的"彩虹素材"视频素材上，完成添加特效操作，如图7-74所示。

图7-74　添加手绘遮罩特效

**专家课堂**

　　除了制作抠像、动画元素等之外，"手绘遮罩"还可以运用在校色上，方便用户分离出画面的各个部分进行单独处理。

**02** 保持"彩虹素材"图片的选择状态并切换至"信息"面板，然后选择"手绘遮罩"特效并单击鼠标"右"键，在弹出的菜单中选择"打开设置对话框"项，如图7-75所示。

图7-75　打开设置对话框

**03** 在弹出的"手绘遮罩"对话框中选择"绘制路径"工具，准备绘制遮罩路径，如图7-76所示。

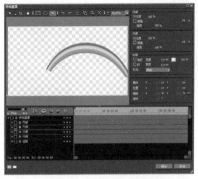

图7-76　选择绘制路径

**04** 在视图中绘制出所需的路径图形，准备制作路径动画，如图7-77所示。

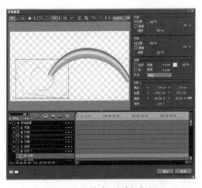

图7-77　选择绘制路径

**05** 在弹出的"手绘遮罩"对话框中单击"选择对象"后的▼下箭头按钮，然后在弹出的下拉菜单中选择"编辑形状"项准备设置路径图形动画，如图7-78所示。

**06** 拖拽"时间滑块"到影片第1秒的位置，然后勾选"外形"项并单击■添加/删除关键帧按钮，为遮罩路径在第1秒位置添加关键帧，如图7-79所示。

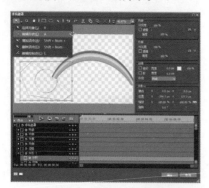

图7-78　选择编辑形状

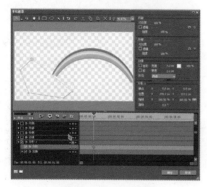

图7-79　添加关键帧

**07** 拖拽"时间滑块"到影片第4秒的位置，然后拖拽调节遮罩路径形状，调节完成后将自动在"时间滑块"位置创建关键帧，如图7-80所示。

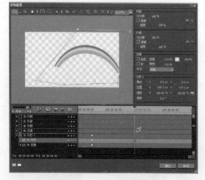

图7-80　调节遮罩路径

**专家课堂**

记录遮罩的动画可以使图像产生逐渐显示的效果。

**08** 设置外部的可见度值为0，然后勾选边缘的"软"项并设置宽度值为100，如图7-81所示。

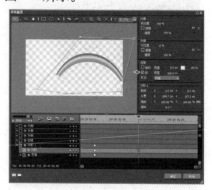

图7-81　设置遮罩参数

**专家课堂**

开启边缘项目中的"软"选项，遮罩的边缘会产生柔化效果。

**09** 切换至"监视器"面板，然后单击"播放"按钮准备预览影片效果，如图7-82所示。

图7-82　播放影片

**10** 播放影片，观察"彩虹城堡"视频的遮罩动画效果，如图7-83所示。

图7-83　动画效果

## 7.4.3 文字动画设置

**01** 在"素材库"面板的空白位置单击鼠标"右"键,然后在弹出的浮动菜单中选择"添加文件"命令,如图7-84所示。

图7-84 添加文件

**02** 选择"添加文件"命令后将自动弹出"打开"对话框,然后在本书配套光盘中选择【范例文件】→【Chapter7】→【素材】文件中的"彩虹城堡文字"图片素材,再单击对话框中的"打开"按钮完成添加素材操作,如图7-85所示。

图7-85 选择并打开文件

**03** 在"素材库"面板中将"彩虹城堡文字"素材添加到3V(视频)轨道中,并调整素材的起始位置在影片第3秒的位置,如图7-86所示。

**04** 保持"彩虹城堡文字"图片素材的选择状态并切换至"信息"面板,然后选择"视频布局"项并单击鼠标"右"键,在弹出的菜单中选择"打开设置对话框"项,如图7-87所示。

图7-86 添加素材

图7-87 打开设置对话框

**05** 在弹出的"视频布局"对话框中勾选开启"伸展"项,单击■添加/删除关键帧按钮记录起始帧位置的动画,然后设置伸展的X轴与Y轴值为0,使文字缩小至画面中心,如图7-88所示。

图7-88 添加关键帧

**06** 拖拽"时间滑块"到素材第2秒的位置,然后在"参数"面板中设置拉伸值X轴与Y轴为80,设置完成后将自动在"时间滑块"位置创建关键帧，如图7-89所示。

图7-89　设置拉伸参数

图7-90　播放影片

**07** 切换至"监视器"面板，然后单击"播放"按钮准备预览影片效果，如图7-90所示。

**08** 播放影片，可以观察"彩虹城堡"案例的最终效果，如图7-91所示。

图7-91　案例效果

# 7.5　实例——遮罩天坛

| 素材文件 | 配套光盘→范例文件→Chapter7→素材 | 难易程度 | ★★★☆☆ |
|---|---|---|---|
| 效果文件 | 无 | 重要程度 | ★★★★☆ |
| 实例重点 | 通过绘制遮罩并设置边缘的羽化效果，为主体素材替换天空背景 | | |

"遮罩天坛"实例的制作流程主要分为3部分，包括：（1）新建工程；（2）添加素材文件；（3）遮罩特效设置。如图7-92所示。

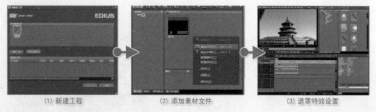

（1）新建工程　　　　（2）添加素材文件　　　　（3）遮罩特效设置

图7-92　制作流程

## 7.5.1　新建工程

**01** 启动EDIUS软件，弹出"初始化工程"的欢迎界面，然后单击"新建工程"按钮建立新的预设场景，如图7-93所示。

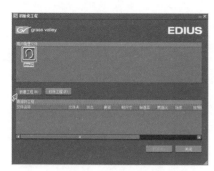

图7-93  新建工程

图7-96  添加文件

**02** 在弹出的"工程设置"对话框中会显示以往所设置的项目预设，然后在"预设列表"中选择"HD 1280×720 25P 16：9 8bit"项目，再设置工程的名称为"天坛"，如图7-94所示。

**02** 选择"添加文件"命令后将自动弹出"打开"对话框，然后在本书配套光盘中选择【范例文件】→【Chapter7】→【素材】文件中所需的图片素材，再单击对话框中的"打开"按钮完成添加素材操作，如图7-97所示。

图7-94  选择预设

**03** 选择预设后，系统将开启EDIUS软件，如图7-95所示。

图7-97  选择文件并打开

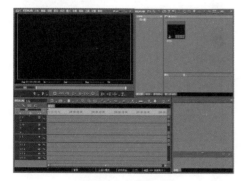

图7-95  开启软件

**03** 在"素材库"面板中将"云素材"文件添加到1VA（视音频）轨道中，如图7-98所示。

## 7.5.2  添加素材文件

**01** 在"素材库"面板的空白位置单击鼠标"右"键，然后在弹出的浮动菜单中选择"添加文件"命令，如图7-96所示。

图7-98  导入素材

**04** 在"素材库"面板中将"天坛"图片素材添加到2V（视频）轨道中，如图7-99所示。

图7-99 导入素材

**05** 切换至"监视器"面板，观察添加的素材效果，如图7-100所示。

图7-100 素材效果

## 7.5.3 遮罩特效设置

**01** 切换至"特效"面板，选择【特效】→【视频滤镜】→【手绘遮罩】特效项，再将其拖拽至"时间线"面板中的"天坛"素材轨道上，完成添加特效操作，如图7-101所示。

图7-101 添加手绘遮罩特效

**专家课堂**

因"天坛"素材的天空颜色较纯净，所添加的"天空"背景与原始图像颜色相同，可以使用"手绘遮罩"控制抠像处理。

**02** 保持"天坛"图片素材的选择状态并切换至"信息"面板，然后选择"手绘遮罩"项并单击鼠标"右"键，在弹出的菜单中选择"打开设置对话框"项，如图7-102所示。

图7-102 打开设置对话框

**03** 在弹出的"手绘遮罩"对话框中选择  绘制路径工具，准备绘制遮罩路径，如图7-103所示。

图7-103 选择绘制路径

**专家课堂**

使用"绘制路径"工具的方法即是"贝塞尔"曲线绘制，又称"贝兹"曲线或"贝济埃"曲线，是应用于二维图形应用程序的数学曲线。其中每一个顶点都有两个控制点，用于控制在该顶点两侧的曲线的弧度。

**04** 在视图中沿"天坛"的轮廓在蓝天区域使用 🖊 绘制路径工具进行绘制，准备替换天空背景，如图7-104所示。

图7-104 绘制遮罩路径

**05** 设置内部的可见度值为30，降低顶层素材的透明度，如图7-105所示。

图7-105 设置透明度

**06** 切换至"监视器"面板，观察到遮罩产生的效果，如图7-106所示。

**07** 在"手绘遮罩"对话框中勾选边缘的"软"项并设置宽度值为80，使遮罩边缘产生柔化效果，如图7-107所示。

图7-106 遮罩效果

图7-107 设置宽度值

**08** 切换至"监视器"面板，可以观察到遮罩边缘产生柔化效果，如图7-108所示。

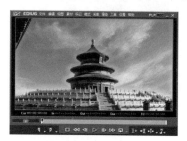

图7-108 天坛效果

**专家课堂**

柔和的边缘处理会减轻遮罩轮廓，从而使其与背景交接更加自然。

# 7.6 实例——电影放映室

| 素材文件 | 配套光盘→范例文件→Chapter7→素材 | 难易程度 | ★★★☆☆ |
|---|---|---|---|
| 效果文件 | 无 | 重要程度 | ★★★★★ |
| 实例重点 | 主要通过转场与模糊丰富编辑影片的动画效果 | | |

"电影放映室"实例的制作流程主要分为3部分，包括：（1）导入素材；（2）调节素材位置；（3）特效与转场设置。如图7-109所示。

（1）导入素材　　　　　（2）调节素材位置　　　　　（3）特效与转场设置

图7-109　制作流程

## 7.6.1　导入素材

**01** 启动EDIUS软件，弹出"初始化工程"的欢迎界面，然后再单击"新建工程"按钮建立新的预设场景，如图7-110所示。

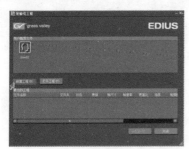

图7-110　新建工程

**02** 在弹出的"工程设置"对话框中会显示以往所设置的项目预设，然后在"预设列表"中选择"HD 1280×720 25P 16：9 8bit"项目，再设置工程的名称为"电影放映室"，如图7-111所示。

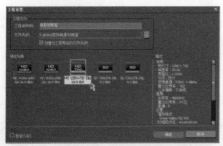

图7-111　选择预设

**03** 在"素材库"面板的空白位置单击鼠标"右"键，然后在弹出的浮动菜单中选择"添加文件"命令，如图7-112所示。

图7-112　添加文件

**04** 选择"添加文件"命令后将自动弹出"打开"对话框，然后在本书配套光盘中选择【范例文件】→【Chapter7】→【素材】文件中所需的图片素材，再单击对话框中的"打开"按钮，完成添加素材操作，如图7-113所示。

图7-113　选择并打开文件

**05** 在2V（视频）轨道前端的空白处单击鼠标"右"键，在弹出的浮动菜单中选择【添加】→【在上方添加视频轨道】

命令，如图7-114所示。

图7-114　添加视频轨道

**06** 在"素材库"面板中将所需素材添加到视频轨道中，先将"灰色渐变"素材拖拽至"时间线"面板的1VA（视音频）轨道中，再将"胶片素材2"素材拖拽至"时间线"面板的2V（视频）轨道中，最后将"电影放映室文字"拖拽至"时间线"面板的3V（视频）轨道中，如图7-115所示。

图7-115　添加素材

## 7.6.2　调节素材位置

**01** 保持"胶片素材2"素材的选择状态并切换至"信息"面板，然后选择"视频布局"项并单击鼠标"右"键，在弹出的菜单中选择"打开设置对话框"命令，如图7-116所示。

**02** 在弹出的"视频布局"对话框中设置拉伸值为65，适当调节胶片素材的大小，如图7-117所示。

图7-116　打开设置对话框

图7-117　设置拉伸值

**03** 在"视频布局"对话框中设置轴心的X轴值为40、Y轴值为−5，调节图片素材到画面左下角位置，如图7-118所示。

图7-118　设置素材位置

**专家课堂**

可以使用"位置"项目进行设置或通过调节"轴心"项目调节素材的构图。

**04** 选择"电影放映室文字"素材并切换至"信息"面板，然后选择"视频布局"项并单击鼠标"右"键，在弹出的菜单中选择"打开设置对话框"命令，如图7-119所示。

图7-119 打开设置对话框

**05** 在弹出的"视频布局"对话框中设置拉伸值为65，适当调节文字素材的大小，如图7-120所示。

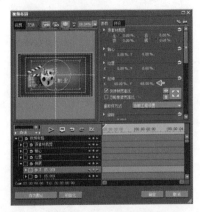

图7-120 设置拉伸值

**06** 在"视频布局"对话框中设置轴心的X轴值为－35、Y轴值为－10，调节图片素材到画面偏右侧的位置，如图7-121所示。

图7-121 设置拉伸值

**07** 切换至"监视器"面板，可以观察到当前影片效果，如图7-122所示。

图7-122 影片效果

## 7.6.3 特效与转场设置

**01** 切换至"特效"面板，选择【特效】→【转场】→【GPU】→【爆炸】→【常规】→【爆炸转入】特效项，再将其拖拽至"时间线"面板中的"胶片素材2"的轨道上，完成添加特效操作，如图7-123所示。

图7-123 添加爆炸转入素材

**专家课堂**

"GPU"中的转场特效主要使用显卡进行运算，其效果比"2D"中的转场特效运行慢。

**02** 切换至"时间线"面板，然后拖拽调节转场特效的出点位置到影片第2秒的位置，使效果的时间增长，如图7-124所示。

**03** 切换至"监视器"面板，然后单击"播放"按钮准备预览影片效果，如图7-125所示。

图7-124 调节出点位置

图7-125 播放影片

④ "电影放映室"案例完成的爆炸转场效果,如图7-126所示。

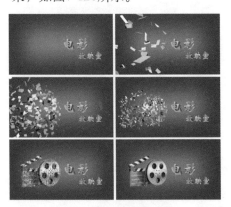

图7-126 转场效果

⑤ 切换至"特效"面板,选择【特效】→【视频滤镜】→【高斯模糊】特效项,再将其拖拽至"时间线"面板中的"电影放映室文字"素材上,完成添加特效操作,如图7-127所示。

图7-127 添加高斯模糊特效

专家课堂

通过对位置动画素材设置"高斯模糊",可以增强动画的速度感。

⑥ 保持"电影放映室文字"图片素材的选择状态并切换至"信息"面板,然后选择"高斯模糊"特效并单击鼠标"右"键,在弹出的菜单中选择"打开设置对话框"项,如图7-128所示。

图7-128 打开设置对话框

⑦ 在弹出的"高斯模糊"对话框中将"时间滑块"拖拽到素材第4秒的位置,然后勾选"高斯模糊"项并调节模糊值为0,添加第4秒位置的动画关键帧,如图7-129所示。

图7-129 添加关键帧

**08** 在弹出的"高斯模糊"对话框中将"时间滑块"拖拽到素材第0秒的位置，然后调节水平模糊值为80、垂直模糊值为80，记录第0秒位置的动画关键帧，如图7-130所示。

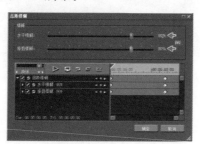

图7-130 记录关键帧

**09** 播放影片，可以观察到"电影放映室"案例最终动画效果，如图7-131所示。

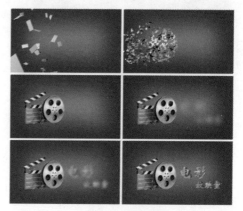

图7-131 案例效果

## 7.7 实例——恭贺新春

| 素材文件 | 配套光盘→范例文件→Chapter7→素材 | 难易程度 | ★★☆☆☆ |
|---|---|---|---|
| 效果文件 | 无 | 重要程度 | ★★★☆☆ |
| 实例重点 | 通过"动态模糊"特效制作文字飞入时的光线效果 | | |

"恭贺新春"实例的制作流程主要分为3部分，包括：（1）导入素材；（2）文字效果设置；（3）字幕效果设置。如图7-132所示。

(1) 导入素材　　　(2) 文字效果设置　　　(3) 字幕效果设置

图7-132 制作流程

### 7.7.1 导入素材

**01** 启动EDIUS软件，单击"新建工程"按钮，在弹出的"工程设置"对话框中会显示以往所设置的项目预设，然后在"预设列表"中选择"HD 1280×720 25P 16：9 8bit"项目，再设置工程的名称为"恭贺新春"，如图7-133所示。

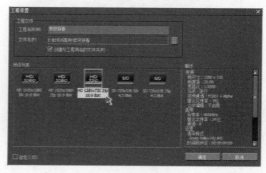

图7-133 选择预设

**02** 在"素材库"面板的空白位置单击鼠标"右"键，然后在弹出的浮动菜单中选择"添加文件"命令，如图7-134所示。

图7-134　添加文件

**03** 选择"添加文件"命令后将自动弹出"打开"对话框，然后在本书配套光盘中选择【范例文件】→【Chapter7】→【素材】文件中所需的图片素材，再单击对话框中的"打开"按钮完成添加素材操作，如图7-135所示。

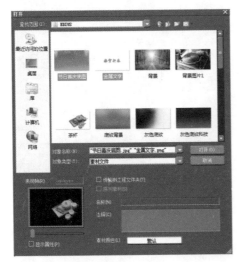

图7-135　选择并添加文字

**04** 在"素材库"面板中将所需素材添加到视频轨道中，先将"节日喜庆底图"素材拖拽至"时间线"面板的1VA（视音频）轨道中，再将"金属文字"素材拖拽至"时间线"面板的2V（视频）轨道中，如图7-136所示。

图7-136　添加素材

## 7.7.2　文字效果设置

**01** 保持"金属文字"素材的选择状态并切换至"信息"面板，然后选择"视频布局"项并单击鼠标"右"键，在弹出的菜单中选择"打开设置对话框"命令，如图7-137所示。

图7-137　打开设置对话框

**02** 在弹出的"视频布局"对话框中设置轴心的X轴值为0、Y轴值为10，向上调节"恭贺新春"图片素材，如图7-138所示。

图7-138　设置轴心值

**03** 在弹出的"视频布局"对话框中将"时间滑块"拖拽到素材第2秒的位置，然后勾选"伸展"项并在"参数"面板中设置拉伸的X轴值为75、Y轴值为75，添加"恭贺新春"图片素材的伸展关键帧，如图7-139所示。

图7-139　添加关键帧

**04** 拖拽"时间滑块"到素材第0秒的位置，然后在"参数"面板中设置拉伸的X轴值为350、Y轴值为350，记录"恭贺新春"图片素材的伸展动画，如图7-140所示。

图7-140　设置伸展值

**05** 拖拽"时间滑块"到素材第1秒10帧的位置，然后勾选"可见度和颜色"项并单击■添加/删除关键帧按钮，添加当前透明度关键帧，如图7-141所示。

图7-141　添加关键帧

**06** 拖拽"时间滑块"到素材第0秒的位置，然后设置素材不透明度值为0，记录当前透明度关键帧，制作"恭贺新春"图片素材由透明到实体的动画效果，如图7-142所示。

图7-142　设置透明度

**07** 切换至"特效"面板，选择【特效】→【视频滤镜】→【动态模糊】特效项，再将其拖拽至"时间线"面板中的"金属文字"素材上，完成添加特效操作，如图7-143所示。

 专家课堂

"动态模糊"特效会使影片中快速移动的物体造成明显的模糊拖动痕迹。

图7-143　添加动态模糊

**08** 切换至"监视器"面板，然后单击"播放"按钮准备预览影片效果，如图7-144所示。

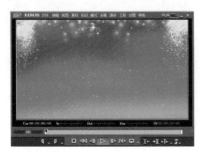

图7-144　播放影片

**09** 播放影片，可以观察到"电影放映室"案例最终动画效果，如图7-145所示。

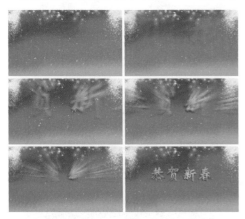

图7-145　文字动画效果

## 7.7.3　字幕效果设置

**01** 切换至"素材库"面板的空白位置单击鼠标"右"键，然后在弹出的浮动菜单

中选择"添加字幕"命令，如图7-146所示。

图7-146　添加字幕

**02** 在弹出的"Quick Titler"对话框中单击"横向字幕"按钮，然后在视图中输入所需文字并设置其字体类型，作为影片的提示文字，如图7-147所示。

图7-147　输入文字

**专家课堂**

在添加文字时要注意不要超出"安全框"，可以通过"安全框"判断字幕在屏幕中的位置，为制作人员设计字幕或特效位置提供参照，避免因经过扫描的存在而使观众看到的电视画面不完整。安全边框一般呈"回"字形，由与画面边缘距离不同的内外两个方框组成，它不会被记录或输出。

**03** 在"Quick Titler"对话框中取消勾选"边缘"项，取消文字的黑边显示，如图7-148所示。

**04** 在"Quick Titler"对话框的菜单栏中选择【文件】→【保存】命令，保存当前的字幕效果，如图7-149所示。

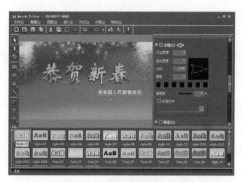

图7-148 设置文字边缘

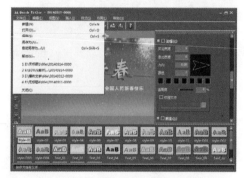

图7-149 保存字幕

**05** 在2V(视频)轨道前端的空白处单击鼠标"右"键,在弹出的浮动菜单中选择【添加】→【在上方添加视频轨道】命令,如图7-150所示。

图7-150 添加视频轨道

**06** 在"素材库"面板中将创建的"字幕"素材拖拽到3V(视频)轨道中,完成添加字幕操作,如图7-151所示。

**07** 切换至"特效"面板,选择【特效】→【转场】→【GPU】→【单页】→【3D翻动】→【3D翻入-从左上】特效项,再将其拖拽至"时间线"面板中"字幕"素材的"混合器"轨道上,完成添加特效操作,如图7-152所示。

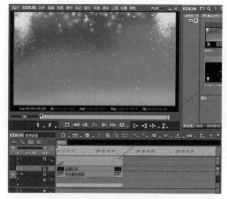

图7-151 添加字幕素材

图7-152 添加转场特效

**专家课堂**

"混合器"轨道除了可以设置素材的透明信息外,还是存放"转场"效果的位置。

**08** 切换至"时间线"面板,然后拖拽调节转场特效的出点位置,使"转场"的效果时间更长,如图7-153所示。

图7-153 调节转场长度

⑨ 保持"字幕"转场特效的选择状态并切换至"信息"面板，然后选择"翻转"项并单击鼠标"右"键，在弹出的菜单中选择"打开设置对话框"命令，如图7-154所示。

图7-154 打开设置对话框

⑩ 在弹出的"翻转"对话框中调节"时间滑块"到素材第1秒的位置，然后调节入点位置关键帧到"时间滑块"位置，控制准确的"转场"速度，如图7-155所示。

⑪ 播放影片，可以观察到"恭贺新春"案例最终的动画效果，如图7-156所示。

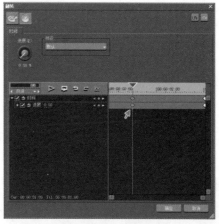

图7-155 调节关键帧

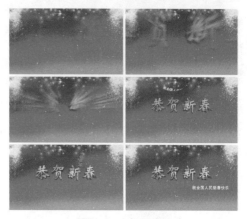

图7-156 案例效果

# 7.8 实例——水墨效果

| 素材文件 | 配套光盘→范例文件→Chapter7→素材 | 难易程度 | ★☆☆☆☆ |
|---|---|---|---|
| 效果文件 | 无 | 重要程度 | ★★★☆☆ |
| 实例重点 | 先通过特效控制与叠加操作模拟水墨画效果，再使用转场完成素材间的转变 | | |

"水墨效果"实例的制作流程主要分为3部分，包括：（1）导入素材；（2）特效设置；（3）转场设置。如图7-157所示。

（1）导入素材　　（2）特效设置　　（3）转场设置

图7-157 制作流程

## 7.8.1　导入素材

**01** 启动EDIUS软件后单击"新建工程"按钮，在弹出的"工程设置"对话框中会显示以往所设置的项目预设，然后在"预设列表"中选择"HD 1280×720 25P 16∶9 8bit"项目，再设置工程的名称为"水墨效果"，如图7-158所示。

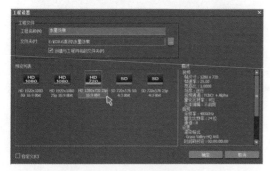

图7-158　选择预设

**02** 在"素材库"面板的空白位置单击鼠标"右"键，然后在弹出的浮动菜单中选择"添加文件"命令，如图7-159所示。

图7-159　添加文件

**03** 选择"添加文件"命令后将自动弹出"打开"对话框，然后在本书配套光盘中选择【范例文件】→【Chapter7】→【素材】文件中的"风景"图片素材，再单击对话框中的"打开"按钮，完成添加素材操作，如图7-160所示。

**04** 在"素材库"面板中将"风景"图片素材添加到1VA(视音频)轨道中，如图7-161所示。

图7-160　选择并打开文件

图7-161　添加文件

## 7.8.2　特效设置

**01** 切换至"特效"面板，选择【特效】→【视频滤镜】→【色彩校正】→【单色】特效项，再将其拖拽至"时间线"面板中的"风景"图片素材上，完成添加特效操作，如图7-162所示。

图7-162　添加单色特效

专家课堂

在进行黑白效果处理时，除了使用"单色"特效外，还可以使用"色彩平衡"特效降低"色度"完成黑白效果。

**02** 切换至"监视器"面板，可以观察添加"单色"特效后的画面效果，如图7-163所示。

图7-163　单色效果

**03** 切换至"特效"面板，选择【特效】→【视频滤镜】→【色彩校正】→【色彩平衡】特效项，再将其拖拽至"时间线"面板中的"风景"图片素材上，完成添加特效操作，如图7-164所示。

图7-164　添加色彩平衡特效

**04** 保持"风景"图片素材的选择状态并切换至"信息"面板，然后选择"色彩平衡"特效并单击鼠标"右"键，在弹出的菜单中选择"打开设置对话框"项，如图7-165所示。

图7-165　打开设置对话框

**05** 在弹出的"色彩平衡"对话框中设置亮度值为80、对比度值为5，提高画面的整体亮度，如图7-166所示。

图7-166　设置画面亮度

**06** 切换至"监视器"面板，观察添加"色彩平衡"特效后画面整体变亮的效果，如图7-167所示。

图7-167　色彩平衡效果

**07** 切换至"特效"面板，选择【特效】→【视频滤镜】→【模糊】特效项，再将其拖拽至"时间线"面板中的"风景"图片素材上，完成添加特效操作，如图7-168所示。

图7-168　添加模糊特效

专家课堂

　　"模糊"滤镜特效是以半径为单位对画面进行的模糊处理。

⑧　保持素材的选择状态再切换至"信息"面板，然后双击选择"模糊"特效，在弹出的"模糊设置"对话框中设置半径值为10，完成"风景"图片素材的调整，如图7-169所示。

图7-169　模糊设置

⑨　切换至"监视器"面板，可以观察添加"模糊"特效后的画面模糊效果，如图7-170所示。

图7-170　画面效果

⑩　在"素材库"面板中将"风景"图片素材添加到2V(视频)轨道中，如图7-171所示。

图7-171　添加文件

⑪　切换至"特效"面板，选择【特效】→【视频滤镜】→【色彩校正】→【单色】特效项，再将其拖拽至"时间线"面板2V（视频）轨道中的"风景"图片素材上，完成添加特效操作，如图7-172所示。

图7-172　添加单色特效

⑫　切换至"特效"面板，选择【特效】→【视频滤镜】→【焦点柔化】特效项，再将其拖拽至"时间线"面板2V（视频）轨道中的"风景"图片素材上，完成添加特效操作，如图7-173所示。

图7-173　添加焦点柔化特效

专家课堂

使用"焦点柔化"特效可以创建围绕的散光效果，使画面产生朦胧的效果。

⑬ 切换至"监视器"面板，可以观察添加"焦点柔化"特效后的画面效果，如图7-174所示。

图7-174 焦点柔化效果

⑭ 切换至"特效"面板，选择【特效】→【键】→【混合】→【正片叠底】特效项，再将其拖拽至"时间线"面板2V（视频）轨道中的"风景"图片素材上，完成添加特效操作，如图7-175所示。

图7-175 添加正片叠底特效

⑮ 切换至"监视器"面板，可以观察添加"正片叠底"特效后的画面混合效果，如图7-176所示。

⑯ 在菜单栏中选择【文件】→【新建】→【序列】命令，在"时间线"面板中添加新序列，如图7-177所示。

图7-176 正片叠底效果

图7-177 添加新序列

## 7.8.3 转场设置

① 在"时间线"面板中切换至"序列2"，然后将"素材库"面板中的"序列1"文件拖拽到1VA（视音频）轨道中，再将"风景"图片素材添加到2V（视频）轨道中，完成添加素材操作，如图7-178所示。

图7-178 添加素材

⑫ 切换至"特效"面板,选择【特效】→
【转场】→【2D】→【溶化】特效项,
再将其拖拽至"时间线"面板2V(视
频)轨道中的"风景"图片素材上,完
成添加特效操作,如图7-179所示。

图7-179 添加溶化特效

**专家课堂**

使用"溶化"转场可以对两段素材产
生渐变的过渡效果。

⑬ 切换至"时间线"面板,然后拖拽调节
转场特效的出点位置到影片第2秒的位
置,如图7-180所示。

图7-180 调节转场长度

⑭ 保持"风景"素材转场特效的选择状态
并切换至"信息"面板,然后选择"溶
化"项并单击鼠标"右"键,在弹出的
菜单中选择"打开设置对话框"命令,
如图7-181所示。

图7-181 打开设置对话框

⑮ 在弹出的"溶化"对话框中调节"时间
滑块"到素材第1秒的位置,然后调节
入点位置关键帧到"时间滑块"位置,
如图7-182所示。

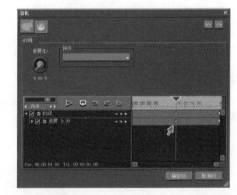

图7-182 调节关键帧位置

⑯ 播放影片,可以观察到"水墨效果"案
例的最终动画效果,如图7-183所示。

图7-183 案例效果

# 7.9 实例——老电影效果

| 素材文件 | 配套光盘→范例文件→Chapter7→素材 | 难易程度 | ★☆☆☆☆ |
|---|---|---|---|
| 效果文件 | 无 | 重要程度 | ★★★★☆ |
| 实例重点 | 先调节编辑影片的色彩偏移，再通过添加杂质、划痕和抖动模拟老旧电影的效果 | | |

"老电影效果"实例的制作流程主要分为3部分，包括：（1）导入素材；（2）色彩平衡设置；（3）视频噪声设置。如图7-184所示。

(1) 导入素材　　　(2) 色彩平衡设置　　　(3) 视频噪声设置

图7-184　制作流程

## 7.9.1 导入素材

**01** 启动EDIUS软件后单击"新建工程"按钮，在弹出的"工程设置"对话框中会显示以往所设置的项目预设，然后在"预设列表"中选择"HD 1280×720 25P 16：9 8bit"项目，再设置工程的名称为"老电影效果"，如图7-185所示。

图7-185　选择预设

**02** 在"素材库"面板的空白位置单击鼠标"右"键，然后在弹出的浮动菜单中选择"添加文件"命令，如图7-186所示。

**03** 选择"添加文件"命令后将自动弹出"打开"对话框，然后在本书配套光盘中选择【范例文件】→【Chapter7】→

【素材】文件中的"轮船素材"图片素材，再单击对话框中的"打开"按钮完成添加素材操作，如图7-187所示。

图7-186　添加文件

图7-187　选择并打开文件

**04** 在"素材库"面板中将"轮船素材"图片素材添加到1VA（视音频）轨道中，如图7-188所示。

图7-188　导入文件

## 7.9.2　色彩平衡设置

**01** 切换至"特效"面板，选择【特效】→【视频滤镜】→【色彩校正】→【色彩平衡】特效项，再将其拖拽至"时间线"面板中的"轮船素材"图片素材上，完成添加特效操作，如图7-189所示。

图7-189　添加色彩平衡特效

**02** 保持"轮船素材"图片素材选择状态并切换至"信息"面板，然后选择"色彩平衡"特效并单击鼠标"右"键，在弹出的菜单中选择"打开设置对话框"项，如图7-190所示。

**03** 在弹出的"色彩平衡"对话框中设置亮度值为5、对比度值为5、青红值为12、黄蓝值为－12，调节画面泛黄的老旧效果，如图7-191所示。

图7-190　打开设置对话框

图7-191　设置色彩平衡

**专家课堂**

通过调节"色彩平衡"特效颜色的偏移，可以快速控制画面的颜色走向，在制作怀旧类的影片效果时非常实用。

**04** 切换至"监视器"面板，可以观察添加"色彩平衡"特效后的画面色彩效果，如图7-192所示。

图7-192　色彩平衡效果

## 7.9.3 视频噪声设置

**01** 切换至"特效"面板,选择【特效】→
【视频滤镜】→【视频噪声】特效项,
再将其拖拽至"时间线"面板中的"轮
船素材"图片素材上,完成添加特效操
作,如图7-193所示。

图7-195 设置视频噪声

**04** 切换至"监视器"面板,可以观察添加
"视频噪声"特效后的画面颗粒效果,
如图7-196所示。

图7-193 添加视频噪声特效

专家课堂

"视频噪声"滤镜特效主要为视频添
加杂点效果,设置适当的数值可以为画面
增加胶片颗粒质感。

**02** 保持"轮船素材"图片素材选择状态并
切换至"信息"面板,然后选择"视
频噪声"特效并单击鼠标"右"键,在
弹出的菜单中选择"打开设置对话框"
项,如图7-194所示。

图7-194 打开设置对话框

**03** 在弹出的"视频噪声"对话框中设置比
率值为15,为画面添加适当大小的颗粒
效果,如图7-195所示。

图7-196 视频噪声效果

**05** 切换至"特效"面板,选择【特效】→
【视频滤镜】→【老电影】特效项,
再将其拖拽至"时间线"面板中的"轮
船素材"图片素材上,完成添加特效操
作,如图7-197所示。

图7-197 添加老电影特效

专家课堂

"老电影"特效可以使素材产生划
痕、抖动和杂质等效果,从而模拟出"胶
片"的老旧感觉。

**06** 切换至"监视器"面板,然后单击"播
放"按钮准备预览影片效果,如图7-198
所示。

图7-198 播放影片

**07** 播放影片，可以观察到"老电影效果"案例的最终动画效果，如图7-199所示。

图7-199 影片效果

# 7.10 实例——中秋

| 素材文件 | 配套光盘→范例文件→Chapter7→扫光 | 难易程度 | ★★☆☆☆ |
|---|---|---|---|
| 效果文件 | 无 | 重要程度 | ★★★☆☆ |
| 实例重点 | 通过"GPU"转场中的"灯光移动"项目模拟扫光运动效果 | | |

"中秋"实例的制作流程主要分为3部分，包括：（1）导入素材；（2）素材特效设置；（3）最终合成设置。如图7-200所示。

(1) 导入素材　　　　　　(2) 素材特效设置　　　　　　(3) 最终合成设置

图7-200 制作流程

## 7.10.1 导入素材

**01** 启动EDIUS软件后单击"新建工程"按钮，在弹出的"工程设置"对话框中会显示以往所设置的项目预设，然后在"预设列表"中选择"HD 1280×720 25P 16：9 8bit"项目，再设置工程的名称为"中秋"，如图7-201所示。

**02** 在"素材库"面板的空白位置单击鼠标"右"键，然后在弹出的浮动菜单中选择"添加文件"命令，如图7-202所示。

图7-201 选择预设

图7-202 添加素材

**03** 选择"添加文件"命令后将自动弹出"打开"对话框，然后在本书配套光盘中选择【范例文件】→【Chapter7】→【素材】文件中所需的素材，再单击对话框中的"打开"按钮完成添加素材操作，如图7-203所示。

图7-203 选择文件并打开

**04** 在"素材库"面板中将"中秋素材3"图片素材添加到1VA（视音频）轨道中，如图7-204所示。

图7-204 添加素材

**05** 在"素材库"面板中将"中秋素材1"图片素材添加到2V（视频）轨道中，如图7-205所示。

图7-205 添加素材

**06** 切换至"监视器"面板，可以观察当前的素材效果，如图7-206所示。

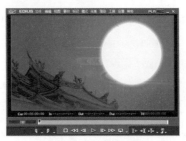

图7-206 素材效果

**07** 切换至"时间线"面板并调节"时间滑块"到影片第8秒的位置，然后调节"时间线"中的素材出点位置到"时间滑块"位置，如图7-207所示。

图7-207 调节素材长度

## 7.10.2 素材特效设置

**01** 切换至"特效"面板，选择【特效】→【转场】→【GPU】→【涟漪】→【3D】→【3D涟漪-从下方】特效项，再将其拖拽至"时间线"面板中的"中秋素材1"图片素材上，完成两段素材间的过渡操作，如图7-208所示。

图7-208　添加转场特效

**02** 切换至"时间线"面板，然后拖拽调节转场特效的出点位置到影片第2秒的位置，如图7-209所示。

图7-209　调节转场长度

**03** 切换至"监视器"面板，然后单击 ▷ 播放按钮播放影片，可以观察转场特效的动画效果，如图7-210所示。

图7-210　转场效果

**04** 在"素材库"面板的空白位置单击鼠标"右"键，然后在弹出的浮动菜单中选

择"新建序列"命令，添加新的序列文件，如图7-211所示。

图7-211　新建序列

**05** 在"素材库"面板中双击"序列2"，将新建的序列添加到"时间线"面板中，如图7-212所示。

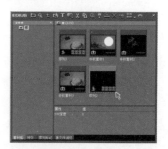

图7-212　新建序列

**06** 在"素材库"面板中将"中秋素材2"图片素材添加到序列2的1VA（视音频）轨道中，如图7-213所示。

图7-213　导入文件

**07** 切换至"时间线"面板并调节"中秋素材2"素材的出点位置到影片第6秒的位置，如图7-214所示。

**08** 切换至"特效"面板，选择【特效】→【转场】→【GPU】→【变换】→【灯光移动】→【灯光移动-右下至左上】

特效项，再将其拖拽至"时间线"面板中序列2的"中秋素材2"图片素材上，制作文字扫光效果，如图7-215所示。

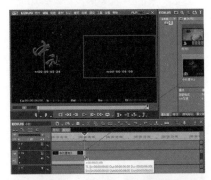

图7-214　调节素材出点位置

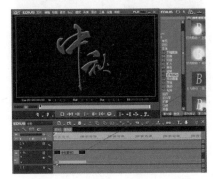

图7-215　添加灯光移动特效

**专家课堂**

　　"灯光移动"项目中的转场主要模拟在素材表面的扫光效果，只是具有扫光方向的变化。

**09** 切换至"时间线"面板并调节"时间滑块"到影片第4秒的位置，然后调节转场的出点位置到"时间滑块"位置，如图7-216所示。

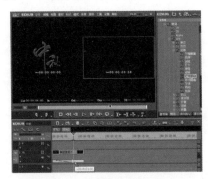

图7-216　调节转场长度

**10** 切换至"监视器"面板，然后单击▶播放按钮播放影片，可以观察转场特效的动画效果，如图7-217所示。

图7-217　转场效果

## 7.10.3　最终合成设置

**01** 在2V（视频）轨道前端的空白处单击鼠标"右"键，在弹出的浮动菜单中选择【添加】→【在上方添加视频轨道】命令，如图7-218所示。

图7-218　添加视频轨道

**02** 在弹出的"添加轨道"对话框中设置数量值为1，为序列1添加一条视频轨道，如图7-219所示。

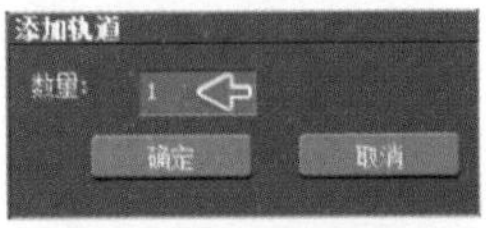

**03** 在"素材库"面板中将"序列2"文件添加到序列1的3V（视频）轨道中，如图7-220所示。

图7-219　设置轨道数量

**04** 保持"序列2"素材的选择状态并切换至"信息"面板，然后选择"视频布局"项并单击鼠标"右"键，在弹出的菜单中选择"打开设置对话框"命令，如图7-221所示。

图7-220　添加素材

图7-221　打开设置对话框

图7-222　设置拉伸值

图7-223　添加溶化特效

**05** 在弹出的"视频布局"对话框中设置"参数"面板的拉伸X轴值为65、Y轴值为65，然后在视图中拖拽调节素材到适当位置，如图7-222所示。

**06** 切换至"特效"面板，选择【特效】→【转场】→【2D】→【溶化】特效项，再将其拖拽至"时间线"面板中序列1的"序列2"素材上，完成添加特效操作，如图7-223所示。

**07** 切换至"监视器"面板，然后单击▶播放按钮播放影片，可以观察影片的最终效果，如图7-224所示。

**专家课堂**

"溶化"转场形式为AB画面整体相溶的过渡效果，是较为常用的一种转场。

图7-224　影片最终效果

# 7.11　本章小结

本章通过10个实例的详细讲解，对EDIUS软件中特效的应用进行了细致的介绍，通过案例可以掌握视频滤镜特效中的马赛克、浮雕、视频噪声、高斯模糊、手绘遮罩、动态模糊及老电影等特效，以及转场特效中的圆形、溶化、爆炸转入、3D翻动、3D涟漪及灯光移动的应用技巧。

# 第8章
# 动画设置

本章主要通过实例位置动画、角度动画、马赛克裁切、缩放与复制、三维场景和贺年动画，介绍EDIUS中的动画设置方法。

## 8.1 实例——位置动画

| 素材文件 | 配套光盘→范例文件→Chapter8→素材 | 难易程度 | ★★☆☆☆ |
|---|---|---|---|
| 效果文件 | 无 | 重要程度 | ★★★★☆ |
| 实例重点 | 通过对位置项开始帧与结束帧的设置完成位置动画的制作 | | |

"位置动画"实例的制作流程主要分为3部分，包括：（1）进入视频布局；（2）开始帧设置；（3）结束帧设置。如图8-1所示。

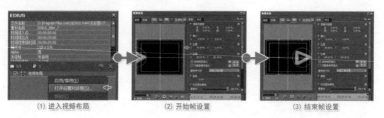

(1) 进入视频布局　　(2) 开始帧设置　　(3) 结束帧设置

图8-1　制作流程

### 8.1.1　进入视频布局

**01** 启动EDIUS软件并新建工程项目，在"素材库"面板单击鼠标"右"键，通过"添加文件"命令完成素材的添加操作，然后在"素材库"面板中选择"EDIUS__Elite__7"素材，将其拖拽至"时间线"面板的1VA（视音频）轨道中，如图8-2所示。

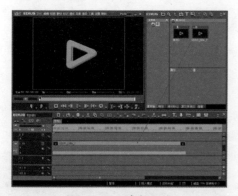

图8-2　添加素材文件

**02** 保持"EDIUS__Elite__7"素材的选择状态并切换至"信息"面板，然后选择"视频布局"项并单击鼠标"右"键，在弹出的菜单中选择"打开设置对话框"选项，如图8-3所示。

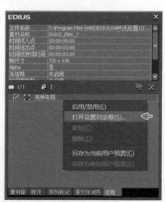

图8-3　打开设置对话框

> **专家课堂**
> 除了单击鼠标"右"键进入"视频布局"面板外，还可以通过双击鼠标"左"键进入"视频布局"面板。

**03** 系统弹出"视频布局"的对话框，如图8-4所示。

> **专家课堂**
> "视频布局"面板主要对选择的素材进行画面"裁剪"和"变换"处理。

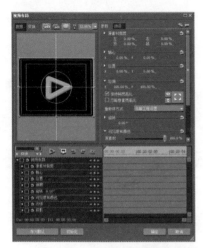

图8-4 视频布局对话框

## 8.1.2 开始帧设置

**01** 在"视频布局"对话框中将"时间指针"拖拽到素材的起始位置,然后勾选"位置"项,其选项子栏目中的"X轴"和"Y轴"将自动被开启,如图8-5所示。

图8-5 勾选位置项

**02** 在"视频布局"对话框中单击"位置"选项的■添加关键帧按钮,如图8-6所示。

**03** 在"视频布局"对话框的"参数"面板中设置位置的X轴值为-50、Y轴值为0,设置首段动画的开始关键帧,如图8-7所示。

除了通过"参数"进行设置外,还可将鼠标放置在素材上,待出现✛移动图标时,按住鼠标并拖拽便可以改变素材位置。

图8-6 关键帧按钮

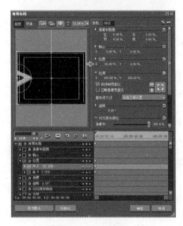

图8-7 开始帧设置

## 8.1.3 结束帧设置

**01** 在"视频布局"对话框中将"时间指针"拖拽到素材的结束位置,准备进行结束位置关键帧的设置,如图8-8所示。

EDIUS的动画制作主要在"视频布局"中完成,只要在该对话框中开启了关键帧设置,在不同时间内对"位置"的设置都将被记录成为关键帧。

图8-8 拖拽时间指针

**02** 在"视频布局"对话框的"参数"面板中设置位置的X轴值为30、Y轴值为0，使素材产生横向的位置动画，如图8-9所示。

图8-9 结束帧设置

**03** 在"视频布局"对话框中单击"确定"按钮，完成位置动画的设置，如图8-10所示。

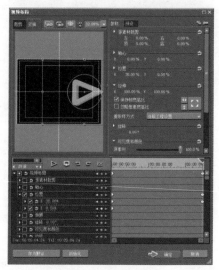

图8-10 单击确定按钮

**04** 播放影片，观察素材位置产生的动画效果，如图8-11所示。

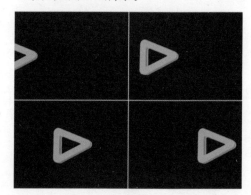

图8-11 位置动画效果

# 8.2 实例——角度动画

| 素材文件 | 配套光盘→范例文件→Chapter8→素材 | 难易程度 | ★★☆☆☆ |
|---|---|---|---|
| 效果文件 | 无 | 重要程度 | ★★★★☆ |
| 实例重点 | 通过对旋转项开始帧与结束帧的设置完成角度动画的制作 | | |

"角度动画"实例的制作流程主要分为3部分，包括：（1）开始帧设置；（2）结束帧设置；（3）调整关键帧。如图8-12所示。

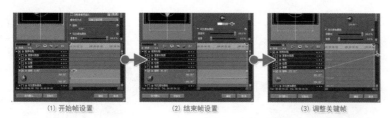

(1) 开始帧设置　　　　　(2) 结束帧设置　　　　　(3) 调整关键帧

图8-12　制作流程

## 8.2.1　开始帧设置

**01** 启动EDIUS软件并新建工程项目，添加素材后在"素材库"面板中选择"EDIUS__Elite__7"素材，将其拖拽至"时间线"面板的1VA（视音频）轨道中，保持素材的选择状态并切换至"信息"面板，然后选择"视频布局"选项并单击鼠标"右"键，在弹出的菜单中选择"打开设置对话框"选项，如图8-13所示。

图8-13　打开设置对话框

**02** 在弹出的"视频布局"对话框中将"时间指针"拖拽到素材的起始位置，再单击"旋转"选项前方的 ▼ 下箭头按钮展开旋转控制，如图8-14所示。

**03** 在"视频布局"对话框中勾选"旋转"选项，便可以对关键帧的信息进行设置，如图8-15所示。

**04** 在"视频布局"对话框中单击"旋转"选项的 ▣ 添加关键帧按钮，如图8-16所示。

图8-14　展开旋转控制

图8-15　勾选旋转项

图8-16　关键帧按钮

**05** 在"视频布局"对话框中可以观察到为"旋转"选项添加的开始关键帧，如图8-17所示。

图8-17 开始帧设置

## 8.2.2 结束帧设置

**01** 在弹出的"视频布局"对话框中将"时间指针"拖拽到素材的结束位置，准备设置新的关键帧，如图8-18所示。

图8-18 拖拽时间指针

**02** 在"视频布局"对话框的"参数"面板中设置"旋转"的值为90，设置旋转项目的结束帧，如图8-19所示。

图8-19 结束帧设置

 专家课堂

除了通过"参数"进行设置外，还可将鼠标放置在素材中部的圆环上，待出现旋转图标时，按住鼠标并拖拽便可以对素材进行角度旋转操作。

## 8.2.3 调整关键帧

**01** 如果需要对关键帧数值进行调整，可以在"视频布局"对话框中设置"旋转"关键帧位置拖拽控制线，完成角度值的变化，如图8-20所示。

图8-20 调整旋转方向

**02** 在"视频布局"对话框中可以开启

图形模式的"时间线",其中可以更加精准地通过直线方式设置参数值,如图8-21所示。

**专家课堂**

以本例的图形模式来说,其中心线位置为"旋转"的0度设置,下部分的图形区域为负度数设置,上部分的图形区域为正度数设置。

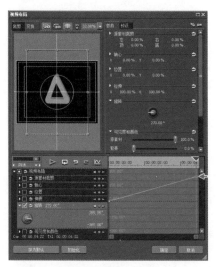

图8-21　调整控制点

**03** 播放影片,观察素材角度产生的动画效果,如图8-22所示。

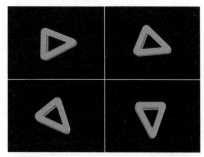

图8-22　角度动画效果

# 8.3　实例——马赛克裁切

| 素材文件 | 配套光盘→范例文件→Chapter8→素材 | 难易程度 | ★★★☆☆ |
|---|---|---|---|
| 效果文件 | 无 | 重要程度 | ★★★★☆ |
| 实例重点 | 对"马赛克"特效进行"裁剪"区域并记录动画 | | |

"马赛克裁切"实例的制作流程主要分为3部分,包括:(1)添加马赛克效果;(2)马赛克裁剪位置;(3)裁剪动画设置。如图8-23所示。

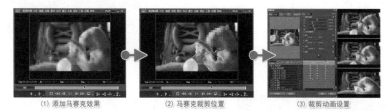

(1) 添加马赛克效果　　　　(2) 马赛克裁剪位置　　　　(3) 裁剪动画设置

图8-23　制作流程

## 8.3.1　添加马赛克效果

**01** 启动EDIUS软件并新建工程项目,在"素材库"面板单击鼠标"右"键,通过"添加文件"命令完成素材的添加操作,然后在"素材库"面板中选择"海狮"视频素材,将其拖拽至"时间线"面板的1VA(视音频)轨道中,如图8-24所示。

图8-24　添加视频文件

02　在1VA（视音频）轨道中选择"MVI__2555"视频素材，然后使用"Ctrl+C"快捷键进行复制操作，在2V（视频）轨道中使用"Ctrl+V"快捷键进行粘贴操作，如图8-25所示。

图8-25　复制素材

**专家课堂**

　　在进行"复制"与"粘贴"操作时，"时间线"面板的"指针"位置将是"粘贴"素材的位置。

03　在"特效"面板中，选择【特效】→【视频滤镜】→【马赛克】特效选项，再将其拖拽至"时间线"面板中2V（视频）轨道的"MVI__2555"视频素材上，完成添加特效的操作，如图8-26所示。

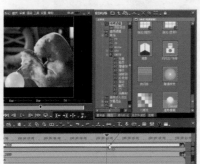

图8-26　添加马赛克特效

04　切换至"监视器"面板，可以观察到添加"马赛克"特效的视频效果，如图8-27所示。

图8-27　马赛克特效效果

**专家课堂**

　　"马赛克"默认为整体画面添加效果，可以通过"复制"与"粘贴"操作先设置素材层次，再通过对顶部层的素材进行特效添加与"裁剪"操作。

05　切换至"信息"面板，然后单击"右"键选择"马赛克"特效，在弹出的菜单中选择"打开设置对话框"项，如图8-28所示。

图8-28　打开设置对话框

06　在弹出的"马赛克"对话框中可以设置块大小值为10，改变画面"马赛克"的排列密度，如图8-29所示。

**专家课堂**

　　"马赛克"特效的"块样式"项目中提供了多种效果，主要为"马赛克"的显示控制。

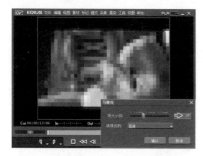

图8-29 添加马赛克效果

## 8.3.2 马赛克裁剪位置

**01** 在"时间线"面板中选择顶部轨道的素材,在"信息"面板中单击"右"键选择"马赛克"特效,在弹出的菜单中选择"打开设置对话框"项,如图8-30所示。

图8-30 打开设置对话框

**02** 在弹出的"视频布局"对话框中切换至"裁剪"面板,然后在该面板的"预览图"中通过鼠标设置"裁剪"设置,还可以在"参数"栏中设置"源素材裁剪"的左、右、顶和底值,如图8-31所示。

 专家课堂

　　"裁剪"是指删除画面中多余的区域,常用于新闻、采访和特种影片需求。

　　在"模式切换"面板中的"裁剪"模式下,调节锚点的位置就可以按需要对素材进行截取,可以进行横向裁剪、纵向裁剪与双向裁剪,按住"Shift"键并结合双向裁剪还可以进行等比裁剪。

图8-31 拉伸设置

**03** 设置"裁剪"的区域后,在"视频布局"对话框中单击"确定"按钮,完成画面"裁剪"位置的设置,如图8-32所示。

图8-32 单击确定按钮

**04** 切换至"监视器"面板,观察"马赛克"特效裁剪的位置,如图8-33所示。

图8-33 裁剪位置

专家课堂

由于"裁剪"操作区域设置在"海象"的头部位置,所以在预览该"马赛克"时只应用于"裁剪"区域。

05 播放影片,观察"马赛克"特效的裁剪效果,如图8-34所示。

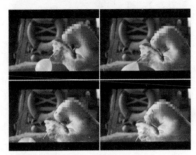

图8-34 特效裁剪位置

专家课堂

由于拍摄"海象"素材的头部位置产生了晃动,所以有些时间需要遮挡的区域超出了"裁剪"位置。

## 8.3.3 裁剪动画设置

01 在"视频布局"对话框中将"时间指针"拖拽到起始的位置,再勾选"源素材裁剪"选项,并设置"左"值为60、"右"值为4、"顶"值为7及"底"值为50,准备根据素材头部的晃动设置"裁剪"位置动画,如图8-35所示。

图8-35 源素材裁剪设置

02 在"视频布局"对话框中单击"源素材裁剪"项的 ▶ 关键帧按钮,生成"裁剪"的开始帧,如图8-36所示。

图8-36 添加关键帧

03 在"视频布局"对话框中将"时间指针"拖拽到第2秒6帧的位置,此时"缩略图"中显示的头部位置已经超出"裁剪"区域,如图8-37所示。

图8-37 拖拽时间指针

04 准备调整"源素材裁剪"的范围,可以直接在"视频布局"面板的"缩略图"中移动"裁剪"区域,记录"裁剪"区域产生的位置变化,如图8-38所示。

专家课堂

通过对"剪辑"区域的动画关键帧设置,可以使"裁剪"区域跟随拍摄素材产生变化。

图8-38 调整裁剪范围

**05** 在"缩略图"中移动"裁剪"区域后，在"视频布局"对话框中将自动更改为"源素材裁剪"选项的值，其中的"时间线"也将自动在"时间指针"位置创建关键帧，如图8-39所示。

图8-39 裁剪动画设置

**06** 调节"裁剪"区域的位置变化，使"裁剪"区域与拍摄素材的目标匹配更加准确，如图8-40所示。

图8-40 裁剪区域设置

**07** 播放影片，观察"马赛克"特效应用与"裁剪"区域的动画效果，如图8-41所示。

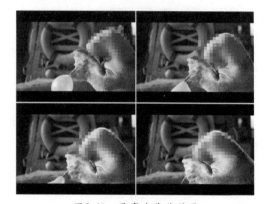

图8-41 马赛克裁剪效果

# 8.4 实例——缩放与复制

| 素材文件 | 配套光盘→范例文件→Chapter8→素材 | 难易程度 | ★★☆☆☆ |
|---|---|---|---|
| 效果文件 | 无 | 重要程度 | ★★★★☆ |
| 实例重点 | 通过对素材进行"伸展"和缩放的动画，再进行效果中的复制操作 | | |

"缩放与复制"实例的制作流程主要分为3部分，包括：（1）伸展帧设置；（2）动画帧设置；（3）动画设置复制。如图8-42所示。

| (1) 伸展帧设置 | (2) 动画帧设置 | (3) 动画设置复制 |

图8-42 制作流程

## 8.4.1 伸展帧设置

**01** 启动EDIUS软件并新建工程项目，在"素材库"面板单击鼠标"右"键，通过"添加文件"命令完成素材的添加操作，然后在"素材库"面板中选择"北极熊"视频素材，将其拖拽至"时间线"面板的1VA（视音频）轨道中的起始位置。在"素材库"面板中选择"白鲸"视频素材，将其拖拽至"时间线"面板的1VA（视音频）轨道中"北极熊"视频素材的后面，如图8-43所示。

图8-44 打开设置对话框

图8-43 添加视频素材

图8-45 勾选伸展项

**02** 在"时间线"面板中选择"北极熊"视频素材，然后切换至"信息"面板，选择"视频布局"项并单击鼠标"右"键，在弹出的菜单中选择"打开设置对话框"项，如图8-44所示。

**03** 在弹出的"视频布局"对话框中将"时间指针"拖拽到素材的起始位置，然后勾选"伸展"项，如图8-45所示。

**04** 在"视频布局"对话框中单击"伸展"项的██添加关键帧按钮，完成缩放的开始帧设置，如图8-46所示。

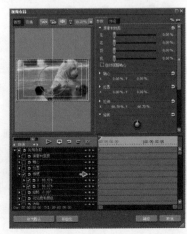

图8-46 伸展帧设置

## 8.4.2　动画帧设置

**01** 在"视频布局"对话框中将"时间指针"拖拽到素材的第2秒位置，准备设置缩放的结束帧，如图8-47所示。

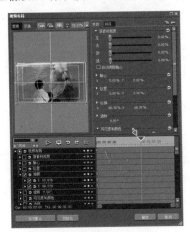

图8-47　拖拽时间指针

**02** 在"视频布局"对话框的"参数"面板中设置拉伸的X轴值为90、Y轴值为90，设置完成后，将自动在"时间指针"位置创建新的关键帧，如图8-48所示。

图8-48　设置关键帧

**专家课堂**

除了对"参数"进行设置，还可将鼠标放置在素材边缘的锚点位置，待出现拉伸图标时，按住鼠标并拖拽便可以对素材进行拉伸操作，这一操作可以使素材放大或缩小。

**03** 播放影片，观察"拉伸"动画帧设置的效果，如图8-49所示。

图8-49　动画设置效果

**专家课堂**

前期拍摄的素材为固定景别镜头，在通过"拉伸"设置后，素材将产生缩放的动画效果，使画面的镜头冲击更加强烈。

## 8.4.3　动画设置复制

**01** 在"视频布局"对话框中选择关键帧并单击鼠标"右"键，在弹出的菜单中选择"复制"命令，然后拖拽"时间指针"到需要的位置再单击鼠标"右"键，在弹出的菜单中选择"粘贴"命令，可以完成动画设置的复制操作，如图8-50所示。

图8-50　动画设置复制

**02** 保持"北极熊"视频素材的选择状态，

切换至"信息"面板,然后选择"视频布局"项并将其拖拽至"时间线"面板中的"白鲸"视频素材上,完成动画设置的复制操作,如图8-51所示。

可以通过直接拖拽完成"视频布局"与"特效"效果的复制,使用与操作非常便捷。

图8-51 动画设置复制

# 8.5 实例——三维场景模拟

| 素材文件 | 配套光盘→范例文件→Chapter8→素材 | 难易程度 | ★★★★☆ |
|---|---|---|---|
| 效果文件 | 无 | 重要程度 | ★★★★☆ |
| 实例重点 | 切换至三维模式制作空间的旋转及拉伸动画效果 | | |

"三维场景模拟"实例的制作流程主要分为3部分,包括:(1)切换三维模式;(2)空间旋转设置;(3)拉伸动画设置。如图8-52所示。

(1) 切换三维模式　　　　(2) 空间旋转设置　　　　(3) 拉伸动画设置

图8-52 制作流程

## 8.5.1 切换三维模式

**01** 启动EDIUS软件并新建工程项目,在"素材库"面板中单击鼠标"右"键,通过"添加文件"命令完成素材的添加操作,然后在"素材库"面板中选择"白鲸"视频素材,将其拖拽至"时间线"面板的1VA(视音频)轨道中,如图8-53所示。

**02** 在"时间线"面板中选择"白鲸"视频素材,然后切换至"信息"面板,选择"视频布局"项并单击鼠标"右"键,

在弹出的菜单中选择"打开设置对话框"选项,如图8-54所示。

图8-53 添加视频素材

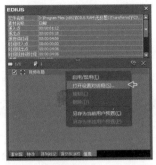

图8-54 打开设置对话框

**03** 在弹出的"视频布局"对话框中，单击 ■ 显示指示线按钮，可以将"缩略图"中的"安全框"提示关闭，如图8-55所示。

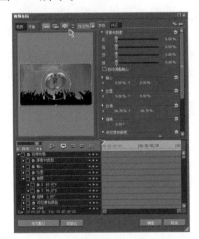

图8-55 显示指示线

**04** 在"视频布局"对话框中单击 3D 模式按钮切换至三维模式，准备对素材进行空间的设置，如图8-56所示。

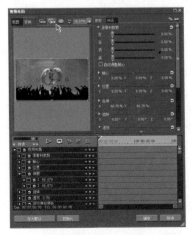

图8-56 切换三维模式

专家课堂

关闭"安全框"的显示，可以在"视频布局"的"缩略图"中显示得更加简化。

### 8.5.2 空间旋转设置

**01** 在"视频布局"对话框中将"时间指针"拖拽到素材的起始位置，再勾选"旋转"选项，如图8-57所示。

图8-57 勾选旋转项

专家课堂

开启三维模式后，在传统的横向X轴和竖向Y轴基础上，又增加了一个新的轴向，即Z轴向。

**02** 在"视频布局"对话框中单击"旋转"选项的 添加关键帧按钮，并设置旋转的X轴值为0、Y轴值为0及Z轴值为0，如图8-58所示。

**03** 在"视频布局"对话框中将"时间指针"拖拽到素材第2秒的位置，然后在"参数"面板中设置旋转的Y轴值为40，设置完成后，将自动在"时间指针"位置创建新的关键帧，如图8-59所示。

图8-58　添加关键帧

图8-59　设置旋转Y轴

**04** 在"参数"面板中设置旋转的X轴值为 −20，使素材产生倾斜摆放，如图8-60 所示。

图8-60　设置旋转X轴

**05** 播放影片，观察空间旋转所设置的动画 效果，如图8-61所示。

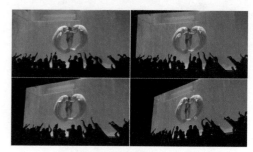

图8-61　空间旋转设置效果

### 8.5.3　拉伸动画设置

**01** 保持"白鲸"视频素材的选择状态，然 后切换至"信息"面板并双击选择"视 频布局"项，在弹出的"视频布局"对 话框中将"时间指针"拖拽到素材的起 始位置，再勾选开启"伸展"项目，如 图8-62所示。

图8-62　伸展设置

**专家课堂**

　　由于原始编辑的素材为1920×1080分 辨率，而编辑的工程为1280×720分辨率， 将"大"高清的素材拖至"小"高清"时 间线"后，添加的素材将自动进行满屏幕 变化，所以其"拉伸"值为66.7。

**02** 在"视频布局"对话框中单击"伸展" 项的 添加关键帧按钮，在"时间线"

轨道中将产生"伸展"项目的关键帧，如图8-63所示。

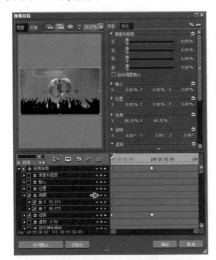

图8-63 关键帧按钮

图8-64 拉伸设置

**03** 在"视频布局"对话框中将"时间指针"拖拽到素材第2秒的位置，然后在"参数"面板中设置拉伸的X轴值为40、Y轴值为40，系统将自动在"时间指针"位置创建新的关键帧，完成素材缩放的动画，如图8-64所示。

**04** 播放影片，观察三维场景设置的动画效果，如图8-65所示。

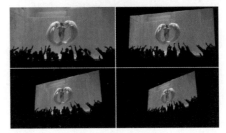

图8-65 三维场景效果

**专家课堂**

通过对素材进行"三维模式"的设置，可以产生空间透视效果，使创作的思路与效果更加丰富。

# 8.6 实例——贺年动画

| 素材文件 | 配套光盘→范例文件→Chapter8→素材 | 难易程度 | ★★★☆☆ |
|---|---|---|---|
| 效果文件 | 无 | 重要程度 | ★★★★★ |
| 实例重点 | 3D动画设置→文字动画设置→最终特效设置 | | |

"贺年动画"实例的制作流程主要分为3部分，包括：（1）3D动画设置；（2）文字动画设置；（3）最终特效设置。如图8-66所示。

(1)3D动画设置　　(2)文字动画设置　　(3)最终特效设置

图8-66 制作流程

## 8.6.1 3D动画设置

**01** 启动EDIUS软件，在"初始化工程"界面中单击"新建工程"按钮，在弹出的"工程设置"对话框中选择"预设列表"的"HD 1280×720 25P 16：9 8bit"项目，再设置工程名称为"中国年"，如图8-67所示。

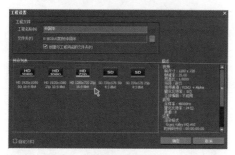

图8-67　工程设置

**02** 在"素材库"面板的空白位置单击鼠标"右"键，然后在弹出的浮动菜单中选择"添加文件"命令，如图8-68所示。

图8-68　添加文件

**03** 选择"添加文件"命令后将自动弹出"打开"对话框，然后在本书配套光盘中选择【范例文件】→【Chapter8】→【素材】文件中的所需素材，再单击对话框中的"打开"按钮完成添加素材操作，如图8-69所示。

**04** 在"素材库"面板中选择"背景"素材文件，将其拖拽至"时间线"面板的1VA（视音频）轨道中，继续在"素材库"面板中选择"福字"素材文件，

将其拖拽至"时间线"面板的2V（视频）轨道中，如图8-70所示。

图8-69　选择素材并打开

图8-70　添加素材

**05** 在"时间线"面板分别拖拽"背景"与"福字"素材的出点到影片的第8秒位置，如图8-71所示。

图8-71　调整素材长度

**06** 在"时间线"面板中选择"福字"素材，然后切换至"信息"面板，选择

"视频布局"项并单击鼠标"右"键，在弹出的菜单中选择"打开设置对话框"项，如图8-72所示。

图8-72　打开设置对话框

**07** 在弹出的"视频布局"对话框中单击 **3D** 3D模式按钮，将编辑素材切换至三维模式，如图8-73所示。

图8-73　切换三维模式

 专家课堂

　　在"动画设置"面板中单击 **3D** 按钮就可以进入3D动画模式中，通过关键帧的设置可以制作出具有空间感的动画效果。
　　3D动画模式与2D模式的区别主要体现在"轴心"、"位置"、"旋转"几个部分会出现Z轴参数，从而可以制作出更加富有空间变化的视觉效果。

**08** 在"视频布局"对话框中将"时间指针"拖拽到素材的第2秒位置，然后单击"旋转"项的关键帧按钮，并设置旋

转的X轴值为－30、Y轴值为－35及Z轴值为0，使素材产生空间透视效果，如图8-74所示。

图8-74　添加旋转关键帧

 专家课堂

　　动画的产生主要依靠两个以上的关键帧完成。

**09** 在"视频布局"对话框中将"时间指针"拖拽到素材的起始位置，然后设置旋转的X轴值为0、Y轴值为－90及Z轴值为0，设置完成后将自动在"时间指针"位置创建关键帧，如图8-75所示。

图8-75　旋转动画设置

**10** 在"视频布局"对话框中将"时间指针"拖拽到素材的第2秒位置，然后单击"位置"项的关键帧按钮，并设置旋

转的X轴值为-30、Y轴值为15及Z轴值为0，如图8-76所示。

图8-76 添加位置关键帧

⑪ 在"视频布局"对话框中将"时间指针"拖拽到素材的起始位置，然后设置位置的X轴值为-65、Y轴值为90及Z轴值为0，设置完成后将自动在"时间指针"位置创建关键帧，如图8-77所示。

图8-77 位置动画设置

⑫ 播放影片，观察三维动画的设置效果，如图8-78所示。

图8-78 三维动画设置效果

## 8.6.2 文字动画设置

① 在2V（视频）轨道前端的空白处单击鼠标"右"键，在弹出的浮动菜单中选择【添加】→【在上方添加视频轨道】命令，如图8-79所示。

图8-79 添加视频轨道

② 在弹出的"添加轨道"对话框中设置数量值为2，为序列1添加两条新的视频轨道，如图8-80所示。

图8-80 设置轨道数量

③ 在"时间线"面板中拖拽"时间指针"至影片的第2秒位置，然后在"素材库"面板中选择"文字"素材文件，将其拖拽至"时间线"面板中3V（视频）轨道的"时间指针"位置，如图8-81所示。

图8-81 添加文字素材

**04** 在"时间线"面板中拖拽"文字"素材的出点到影片的第8秒位置，使其与其他素材长度一致，如图8-82所示。

图8-82 调整素材长度

**05** 保持"文字"素材的选择状态，然后切换至"信息"面板并双击选择"视频布局"项，在弹出的"视频布局"对话框中将"时间指针"拖拽到素材的起始位置，勾选"伸展"项并单击其关键帧按钮，再设置伸展的X轴值为0、Y轴值为0，使素材聚集在画面中心，如图8-83所示。

图8-83 添加伸展关键帧

**06** 在"视频布局"对话框中将"时间指针"拖拽到素材的第2秒位置，设置伸展的X轴值为55、Y轴值为55，设置完成后将自动在"时间指针"位置创建关键帧，如图8-84所示。

**07** 在"视频布局"对话框中保持"时间指针"在影片第2秒的位置，勾选"位置"项并单击其关键帧按钮，设置位置的X轴值为15、Y轴值为12，如图8-85所示。

图8-84 伸展动画设置

图8-85 添加位置关键帧

**08** 在"视频布局"对话框中将"时间指针"拖拽到素材的起始位置，设置位置的X轴值为−8、Y轴值为12，设置完成后将自动在"时间指针"位置创建关键帧，如图8-86所示。

图8-86 位置动画设置

**09** 播放影片，观察文字动画的设置效果，如图8-87所示。

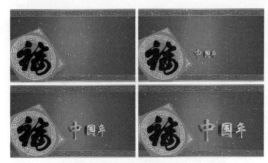

图8-87 文字动画设置效果

## 8.6.3 最终特效设置

**01** 在"素材库"面板的空白位置单击鼠标"右"键，然后在弹出的浮动菜单中选择"新建序列"命令，添加新的序列文件，如图8-88所示。

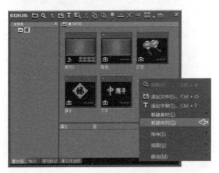

图8-88 新建序列

**02** 在"素材库"面板中新建"序列2"，系统将新建的序列自动添加到"时间线"面板中，如图8-89所示。

图8-89 添加序列

专家课堂

多"序列"的嵌套编辑常被应用于多素材制作的项目，从而简化了编辑轨道的应用与项目整理操作。

**03** 在"素材库"面板中将"灯笼"素材添加到序列2的1VA（视音频）轨道中，如图8-90所示。

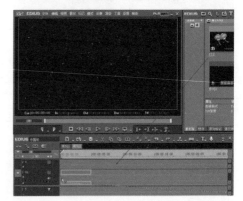

图8-90 导入文件

**04** 切换至"特效"面板，选择【特效】→【转场】→【GPU】→【百叶窗波浪】→【波浪】→【波浪-向上】特效项，再将其拖拽至"时间线"面板中序列2的"灯笼"素材上，制作素材产生的转场效果，如图8-91所示。

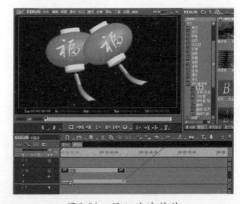

图8-91 添加波浪特效

**05** 切换至"时间线"面板并调节"时间指针"到影片第2秒的位置，然后调节转场的出点位置到"时间指针"位置，使转场效果的时间变长，如图8-92所示。

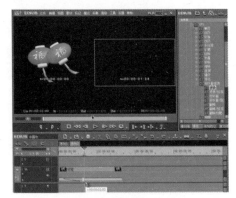

图8-92 调节转场长度

**06** 切换至"监视器"面板，然后单击▶播放按钮预览影片，可以观察转场特效产生的动画效果，如图8-93所示。

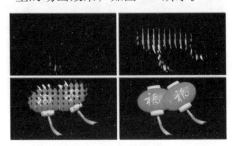

图8-93 转场效果

**07** 切换至"序列1"的"时间线"面板并将"时间指针"拖拽到影片第4秒的位置，然后在"素材库"面板中选择"序列2"文件，将其拖拽至"时间线"面板中4V（视频）轨道的"时间指针"位置，如图8-94所示。

图8-94 添加序列2文件

**08** 在"时间线"面板选择4V（视频）轨道中的"序列2"素材，然后切换至

"信息"面板，在其中选择"视频布局"项并单击鼠标"右"键，在弹出的菜单中选择"打开设置对话框"项，如图8-95所示。

图8-95 打开设置对话框

**09** 弹出"视频布局"对话框，在"参数"面板中设置拉伸的X轴值为40、Y轴值为40，如图8-96所示。

图8-96 拉伸设置

**10** 在"视频布局"对话框的"参数"面板中设置位置的X轴值为33、Y轴值为−18，如图8-97所示。

图8-97 位置设置

⑪ 播放影片，观察添加灯笼素材的效果，如图8-98所示。

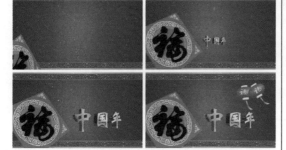

图8-98 添加灯笼素材效果

⑫ 切换至"特效"面板，选择【特效】→【转场】→【GPU】→【变换】→【灯光移动】→【灯光移动-右下至左上】特效选项，再将其拖拽至"时间线"面板中序列1的"福字"素材上，制作在素材层上的过光效果，如图8-99所示。

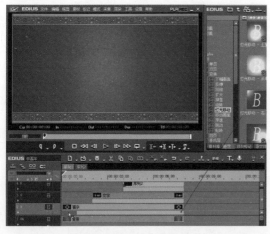

图8-99 添加灯光移动特效

"灯光移动"栏中的效果可以在素材层上产生亮光的运动效果，作用为提升素材的观看点。

⑬ 切换至"时间线"面板并调节"时间指针"到影片第3秒15帧的位置，然后调节转场的出点位置到"时间指针"位置，如图8-100所示。

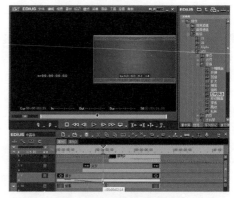

图8-100 调节转场长度

⑭ 切换至"监视器"面板，然后单击▶播放按钮预览影片，可以观察影片的最终效果，如图8-101所示。

图8-101 影片最终效果

# 8.7 本章小结

　　本章通过6个实例的详细讲解，介绍了EDIUS软件的动画设置方法，在实例过程中对位置动画设置、角度动画设置、缩放动画设置及三维空间动画设置进行了细致的演示讲解，通过本章的学习，用户可以更熟练地对EDIUS软件进行应用。

# 第9章
# 文字实例

本章主要通过实例基础文字、金属文字、字幕混合设置、岁月之声、爆炸文字、滚动字幕和中国味道，介绍EDIUS中的文字设计方法。

# 9.1 实例——基础文字

| 素材文件 | 配套光盘→范例文件→Chapter9→素材 | 难易程度 | ★☆☆☆☆ |
|---|---|---|---|
| 效果文件 | 无 | 重要程度 | ★★★★☆ |
| 实例重点 | 创建字幕并调整位置、大小、字体及颜色后将其添加至字幕轨道中 | | |

"基础文字"实例的制作流程主要分为3部分，包括：（1）字幕背景设置；（2）添加字幕；（3）文字设置。如图9-1所示。

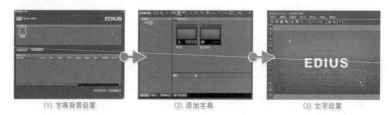

（1）字幕背景设置　　　（2）添加字幕　　　（3）文字设置

图9-1　制作流程

## 9.1.1 字幕背景设置

**01** 启动EDIUS软件在弹出的"初始化工程"的欢迎界面中单击"新建工程"按钮建立新的预设场景，如图9-2所示。

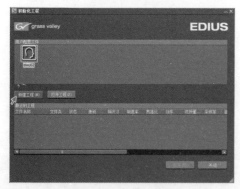

图9-2　新建工程

**02** 在弹出的"工程设置"对话框中会显示以往所设置的项目预设，然后在"预设列表"中选择"HD 1280×720 25P 16：9 8bit"项目，再设置工程的名称为"基础文字"，如图9-3所示。

**03** 在"素材库"面板的空白位置单击鼠标"右"键，然后在弹出的浮动菜单中选择"添加文件"命令，如图9-4所示。

图9-3　选择预设

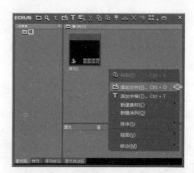

图9-4　添加文件

**04** 选择"添加文件"命令后将自动弹出"打开"对话框，然后在本书配套光盘中选择【范例文件】→【Chapter9】→【素材】文件中的"蓝色底纹"图片素材，再单击对话框中的"打开"按钮完成添加素材操作，如图9-5所示。

图9-5　添加文件

05 在"素材库"面板中选择"蓝色底纹"
图片素材文件，然后将其拖拽至"时间
线"面板的1VA（视音频）轨道中，作
为编辑影片的背景层，如图9-6所示。

图9-6　添加底纹素材

## 9.1.2　添加字幕

01 在"素材库"面板中选择 T 添加字幕工
具，准备创建新的字幕，如图9-7所示。

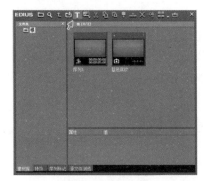

图9-7　创建字幕

专家课堂

在制作过程中，可以通过两种方法来
启动QuickTitler系统。方法1单击"素材
库"面板中的 T 按钮来进行字幕的创建，
以这种方式创建的字幕会被保存到素材库
中，但并不会直接在"时间线"中出现，
需要选择"素材库"中的字幕拖拽至"时
间线"中才能使用字幕效果。

方法2单击"时间线"上方的 T 按钮
进行字幕的创建，并且还可以对字幕轨进
行选择。这种方式创建的字幕在被保存到
"素材库"中的同时，会直接出现在"时
间线"中，而不需要拖拽就能在"监视
器"中预览到字幕的效果。

02 在弹出的"Quick Titler"对话框中选择
T 横向字幕工具，然后在视图中输入所
需的文字内容，如图9-8所示。

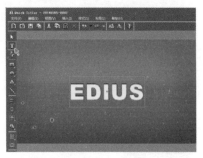

图9-8　输入文字

03 在"Quick Titler"对话框的菜单栏中选
择【文件】→【保存】命令，保存当前
的字幕效果，如图9-9所示。

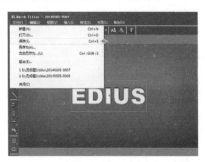

图9-9　保存字幕

04 完成字幕保存后，将在"素材库"面
板中显示创建出的字幕素材，如图9-10
所示。

图9-10　字幕素材

## 9.1.3　文字设置

**01** 在"Quick Titler"对话框中单击▶选择对象工具，然后通过拖拽调整文字的位置，如图9-11所示。

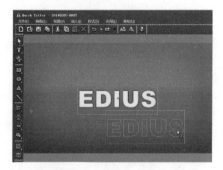

图9-11　调节文字位置

**专家课堂**

在改变文字位置时还需要修改文字内容，可以再切换至"添加字幕"工具，然后在所需修改的文字上拖拽即可。

**02** 可以通过拖拽文字边缘框来调节文字大小，如图9-12所示。

**专家课堂**

在改变文字属性时，可以在"变换"项目中通过设置X、Y轴的值来调整字幕的位置，通过"宽度"与"高度"的设置对字幕进行拉伸，如果想调整文字之间的距离，可以通过"字距"的设置来完成，"行距"则可以控制多行文字的行间距。

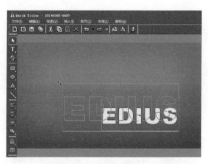

图9-12　调节文字大小

**03** 切换至"文本属性"面板，可以在"字体"卷展栏中选择所需的字体，如图9-13所示。

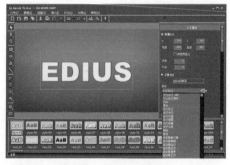

图9-13　设置文字字体

**04** 完成"字体"设置后，文字的效果如图9-14所示。

图9-14　字体效果

**05** 在"填充颜色"卷展栏中可以单击颜色块，然后在弹出的"色彩选择"对话框中设置文字颜色，如图9-15所示。

**专家课堂**

如果需要设置多种颜色的渐变颜色，可以设置"填充颜色"栏中的"颜色"项目值，然后设置渐变颜色即可。

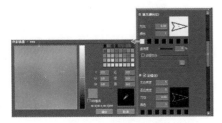

图9-15 设置文字颜色

**06** 设置完成后，文字的颜色效果如图9-16所示。

图9-16 文字颜色效果

**07** 在"Quick Titler"对话框的菜单栏中选择【文件】→【保存】命令，保存当前的字幕效果，如图9-17所示。

图9-17 保存文字效果

专家课堂

保存字幕效果后，系统将自动关闭"Quick Titler"对话框。

**08** 在"素材库"面板中将创建的"字幕"素材拖拽到1T（字幕）轨道中，完成添加字幕的操作，如图9-18所示。

**09** 切换至"时间线"面板，然后通过拖拽"时间滑块"播放影片，观察字幕效

果，如图9-19所示。

图9-18 添加字幕素材

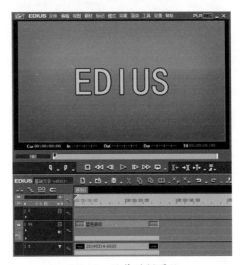

图9-19 拖拽时间滑块

**10** 播放影片，可以观察"基础文字"案例的最终动画效果，在"字幕"轨道中将自动为字幕素材的入点与出点位置添加溶化的转场效果，如图9-20所示。

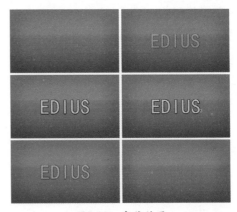

图9-20 字幕效果

# 9.2 实例——金属文字

| 素材文件 | 配套光盘→范例文件→Chapter9→素材 | 难易程度 | ★★☆☆☆ |
|---|---|---|---|
| 效果文件 | 无 | 重要程度 | ★★★★★ |
| 实例重点 | 通过对文字添加纹理、浮雕及阴影的操作来制作金属文字效果 | | |

"金属文字"实例的制作流程主要分为3部分，包括：（1）字幕背景设置；（2）添加字幕；（3）文字设置。如图9-21所示。

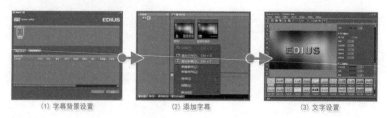

(1) 字幕背景设置　　　　　(2) 添加字幕　　　　　(3) 文字设置

图9-21　制作流程

## 9.2.1　字幕背景设置

**01** 启动EDIUS软件后单击"新建工程"按钮，在弹出的"工程设置"对话框中会显示以往所设置的项目预设，然后在"预设列表"中选择"HD 1280×720 25P 16：9 8bit"项目，再设置工程的名称为"金属文字"，如图9-22所示。

图9-22　选择预设

**02** 在"素材库"面板的空白位置单击鼠标"右"键，然后在弹出的浮动菜单中选择"添加文件"命令，如图9-23所示。

**03** 选择"添加文件"命令后将自动弹出"打开"对话框，然后在本书配套光盘中选择【范例文件】→【Chapter9】→【素材】文件中的"蓝渐变底纹"图片

素材，再单击对话框中的"打开"按钮完成添加素材操作，如图9-24所示。

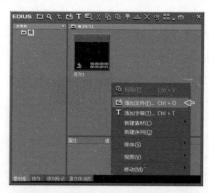

图9-23　添加文件

图9-24　选择文件并打开

**04** 在"素材库"面板中将"蓝渐变底纹"图片素材添加到1VA"视音频"轨道中,如图9-25所示。

图9-25 导入素材

## 9.2.2 添加字幕

**01** 切换至"素材库"面板的空白位置单击鼠标"右"键,然后在弹出的浮动菜单中选择"添加字幕"命令,如图9-26所示。

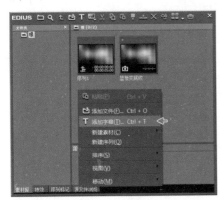

图9-26 添加字幕

▶ **专家课堂**

通过鼠标"右"键添加字幕,与使用 T 添加字幕工具的作用相同。

**02** 在弹出的"Quick Titler"对话框中选择 T 横向字幕工具,然后在视图中输入所需的文字内容,如图9-27所示。

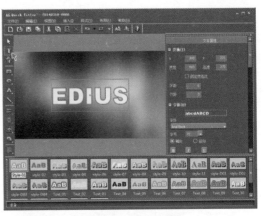

图9-27 输入文字

**03** 切换至"文本属性"面板,可以在"填充颜色"卷展栏中勾选启用"纹理文件"项,然后单击后方的"选择文件"按钮准备添加纹理文件,如图9-28所示。

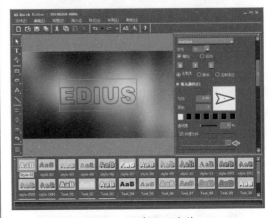

图9-28 开启纹理文件

▶ **专家课堂**

"颜色填充"项目可以设置文字表面的颜色渐变效果,在"方向"中可以设置颜色渐变的角度,在"颜色"中可以设置由几种颜色产生渐变;单击色标项目可以手动添加颜色,使渐变效果更加绚丽。

如果有特殊需要,还可以为字幕添加纹理图片,可以开启"纹理"项目对文字进行贴图,从而丰富文字的效果。

**04** 在弹出的"选择纹理文件"对话框中选择"金属纹理"图片素材,作为文字的纹理素材,如图9-29所示。

图9-29 选择纹理文件

**05** 在视图中可以预览到纹理素材的效果，如图9-30所示。

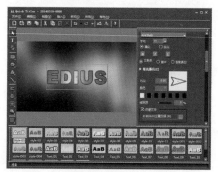

图9-30 纹理效果

### 9.2.3 文字设置

**01** 切换至"文本属性"面板并勾选启动"浮雕"项，再设置角度值为10、边缘高度值为10，调节出文字的凸起效果，如图9-31所示。

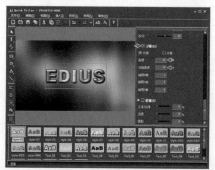

图9-31 设置浮雕效果

**专家课堂**

"浮雕"选项可以设置文字的立体效果。通过"角度"可以设置倒角的宽度，"边缘高度"可以设置倒角的高度，"照明"项目可以设置灯光照射的方向。

**02** 切换至"文本属性"面板并勾选启动"阴影"项，再设置实边宽度值为3、柔边宽度值为5，透明度值为30，为文字添加阴影效果，如图9-32所示。

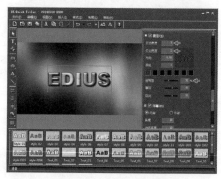

图9-32 设置阴影效果

**专家课堂**

为文字在"Quick Titler"对话框添加"阴影"与"视图布局"中添加的"阴影"效果相同。

**03** 在"Quick Titler"对话框的菜单栏中选择【文件】→【保存】命令，保存当前的字幕效果，如图9-33所示。

图9-33 保存文字

**04** 在"素材库"面板中将字幕文件拖拽到"时间线"面板中，然后在"监视器"面板中观察文字效果，如图9-34所示。

图9-34 金属文字效果

## 9.3 实例——字幕混合设置

| 素材文件 | 配套光盘→范例文件→Chapter9→素材 | 难易程度 | ★★★☆☆ |
|---|---|---|---|
| 效果文件 | 无 | 重要程度 | ★★★★★ |
| 实例重点 | 创建字幕并设置浮雕效果，通过添加向右软划像特效完成字幕混合效果 | | |

"字幕混合设置"实例的制作流程主要分为3部分，包括：（1）字幕背景设置；（2）添加字幕；（3）字幕混合设置。如图9-35所示。

（1）字幕背景设置　　　　（2）添加字幕　　　　（3）字幕混合设置

图9-35　制作流程

### 9.3.1　字幕背景设置

**01** 启动EDIUS软件后单击"新建工程"按钮，在弹出的"工程设置"对话框中会显示以往所设置的项目预设，然后在"预设列表"中选择"HD 1280×720 25P 16：9 8bit"项目，再设置工程的名称为"字幕混合设置"，如图9-36所示。

图9-36　选择预设

**02** 在"素材库"面板的空白位置单击鼠标"右"键，然后在弹出的浮动菜单中选择"添加文件"命令，如图9-37所示。

**03** 选择"添加文件"命令后将自动弹出"打开"对话框，然后在本书配套光盘中选择【范例文件】→【Chapter9】→

【素材】文件中的"底纹背景"图片素材，再单击对话框中的"打开"按钮完成添加素材操作，如图9-38所示。

图9-37　选择预设

图9-38　选择文件并打开

**04** 在"素材库"面板中将"底纹背景"图片素材添加到1VA（视音频）轨道中，如图9-39所示。

图9-39　导入素材

## 9.3.2　添加字幕

**01** 切换至"素材库"面板的空白位置，单击鼠标"右"键，然后在弹出的浮动菜单中选择"添加字幕"命令，如图9-40所示。

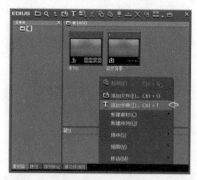

图9-40　添加字幕

**02** 在弹出的"Quick Titler"对话框中选择 **T** 横向字幕工具，然后在视图中输入所需的文字内容，如图9-41所示。

**专家课堂**

　　"Quick Titler"对话框中的▦显示网格工具可以为字幕或图像对象提供背景参考。它以点格或线格的方式显示参考网格，可以辅助判断字幕在屏幕中的准确位置。

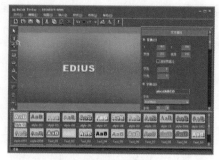

图9-41　输入文字

**03** 切换至"文本属性"面板，在"变换"卷展栏中设置宽度值为537、高度值为200，然后在"字体"卷展栏中设置字体为"方正大黑简体"，如图9-42所示。

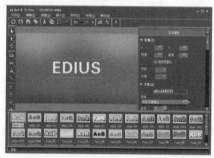

图9-42　输入文字

**专家课堂**

　　"Quick Titler"对话框中的□居中方式工具可以调整文字在屏幕中的位置，分为水平与垂直两种方式。当字幕对象不在屏幕中心时，可以通过居中方式工具使字幕居于屏幕的中心。

**04** 切换至"文本属性"面板并勾选启动"浮雕"项，设置角度值为10、边缘高度值为8，调节出文字的凸起效果，如图9-43所示。

图9-43　设置浮雕效果

**05** 在"Quick Titler"对话框的菜单栏中选择【文件】→【保存】命令，保存当前的字幕效果，如图9-44所示。

图9-44 保存字幕

**06** 在"素材库"面板中将刚创建的"字幕"素材拖拽到1T（字幕）轨道中，完成添加字幕的操作，如图9-45所示。

图9-45 导入字幕

## 9.3.3 字幕混合设置

**01** 切换至"特效"面板，然后选择【特效】→【字幕混合】→【柔化飞入】→【向右软划像】项，再将其拖拽至"时间线"面板中的"字幕"素材上，完成添加特效的操作，如图9-46所示。

专家课堂

"转场"不仅可以对素材进行转换，还可以应用于文字，产生动画显示效果。

图9-46 添加向右软划像

**02** 切换至"时间线"面板，然后拖拽调节转场特效的出点位置到3秒24帧位置，使"转场"的时间变长，如图9-47所示。

图9-47 调节转场出点

**03** 播放影片，可以观察"字幕混合设置"案例最终的动画效果，如图9-48所示。

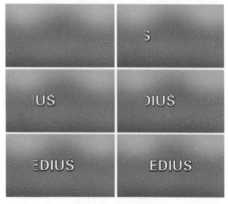

图9-48 影片效果

# 9.4 实例——岁月之声

| 素材文件 | 配套光盘→范例文件→Chapter9→素材 | 难易程度 | ★★☆☆☆ |
|---|---|---|---|
| 效果文件 | 无 | 重要程度 | ★★★★☆ |
| 实例重点 | 创建纵向字幕并记录其位置动画，为字幕添加高斯模糊特效并记录其参数动画 | | |

　　"岁月之声"实例的制作流程主要分为3部分，包括：（1）添加字幕与背景；（2）文字设置；（3）文字动画设置。如图9-49所示。

（1）添加字幕与背景　　　　　（2）文字设置　　　　　（3）文字动画设置

图9-49　制作流程

## 9.4.1　添加字幕与背景

**01** 启动EDIUS软件后单击"新建工程"按钮，在弹出的"工程设置"对话框中会显示以往所设置的项目预设，然后在"预设列表"中选择"HD 1280×720 25P 16：9 8bit"项目，再设置工程的名称为"岁月之声"，如图9-50所示。

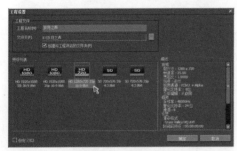

图9-50　选择预设

**02** 在"素材库"面板的空白位置单击鼠标"右"键，然后在弹出的浮动菜单中选择"添加文件"命令，如图9-51所示。

**03** 选择"添加文件"命令后将自动弹出"打开"对话框，然后在本书配套光盘中选择【范例文件】→【Chapter9】→【素材】文件中的"背景图片1"图片

素材，再单击对话框中的"打开"按钮完成添加素材的操作，如图9-52所示。

图9-51　添加文件

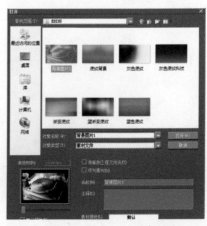

图9-52　选择文件并打开

**04** 在"素材库"面板中将"背景图片1"图片素材添加到1VA（视音频）轨道中，如图9-53所示。

图9-53 导入素材

**05** 在"素材库"面板选择"创建字幕"工具，准备创建新字幕，如图9-54所示。

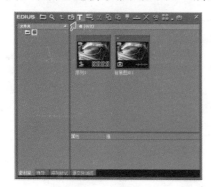

图9-54 创建字幕

**06** 在弹出的"Quick Titler"对话框中选择 **T** 纵向文本工具，准备添加竖立方向的文字，如图9-55所示。

图9-55 纵向文字

**07** 在视图的右侧位置输入"岁月之声"文字，如图9-56所示。

图9-56 添加背景与字幕

## 9.4.2 文字设置

**01** 切换至"文本属性"面板，可以在"字体"卷展栏中选择"方正魏碑简体"字体类型，如图9-57所示。

图9-57 选择字体

**专家课堂**

在"字体"项目中，可以根据画面的需求对字幕的字体、字号做相应的设置；还可以通过激活"横向"与"纵向"切换横向文字或纵向文字；通过单击 **B**、**I**、**U**按钮可以分别对字幕做加粗、倾斜及下划线效果；当字幕为多行文字时还可以通过激活"左制表"、"居中"或"右制表位"来调整字幕的对齐方式。

**02** 在视图中使用"选择"工具选择文字，然后通过拖拽文字边缘框来调节文字大小，如图9-58所示。

图9-58 调整文字大小

专家课堂

直接拖拽边缘框可以调节文字大小，如果需要得到准确的尺寸设置，可以在"文本属性"栏中通过"字号"项目进行设置。

**03** 完成文字大小调节后，可以在视图中观察到文字的效果，如图9-59所示。

图9-59 文字效果

**04** 切换至"文本属性"面板，勾选启动"浮雕"项并设置为外部类型，再设置角度值为5、边缘高度值为10，调节出文字的三维凸起效果，如图9-60所示。

图9-60 设置浮雕效果

**05** 在"Quick Titler"对话框的菜单栏中选择【文件】→【保存】命令，保存当前的字幕效果，如图9-61所示。

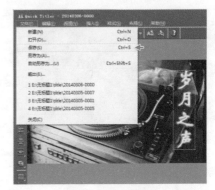

图9-61 保存字幕效果

**06** 在"素材库"面板中将创建的"字幕"素材拖拽到2V（视频）轨道中，完成添加字幕的操作，如图9-62所示。

图9-62 导入字幕

## 9.4.3 文字动画设置

**01** 保持"字幕"素材的选择状态并切换至"信息"面板，然后选择"视频布局"项并单击鼠标"右"键，在弹出的菜单中选择"打开设置对话框"命令，如图9-63所示。

**02** 在弹出的"视频布局"对话框中调节"时间滑块"到第1秒的位置，然后勾选"位置"项并单击添加/删除关键帧按钮，记录当前字幕素材的结束动画关键帧，如图9-64所示。

图9-63 打开设置对话框

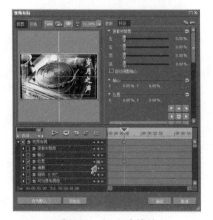

图9-64 记录关键帧

**专家课堂**

对素材进行动画设置时，不只是先设置开始帧，再设置结束帧，也可以按需反向进行设置。

**03** 将"时间滑块"调节至第0秒的位置，然后设置位置的X轴值为−25，记录文字水平移动的起始动画关键帧，如图9-65所示。

图9-65 记录关键帧

**04** 保持"字幕"的选择状态，切换至"特效"面板，选择【特效】→【视频滤镜】→【高斯模糊】项，然后单击鼠标"右"键，在弹出的菜单中选择"添加到时间线"命令，将"高斯模糊"特效添加到字幕素材上，如图9-66所示。

图9-66 添加到时间线

**05** 保持"字幕"素材的选择状态并切换至"信息"面板，然后选择"高斯模糊"特效并单击鼠标"右"键，在弹出的菜单中选择"打开设置对话框"项，如图9-67所示。

图9-67 打开设置对话框

**06** 在弹出的"高斯模糊"对话框中勾选"高斯模糊"项，然后单击■添加/删除关键帧按钮添加动画关键帧，如图9-68所示。

图9-68 添加关键帧

**07** 添加动画关键帧后，设置模糊的水平模糊值为50、垂直模糊值为50，如图9-69所示。

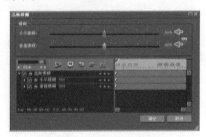

图9-69 设置模糊值

**08** 在"高斯模糊"对话框中将"时间滑块"拖拽到第1秒的位置，然后调节水平模糊值为0、垂直模糊值为0，记录第1秒位置的动画关键帧，如图9-70所示。

**专家课堂**

特效不只是提升素材视觉效果，还可以通过关键帧记录特效产生的动画，使影片的效果更加丰富。

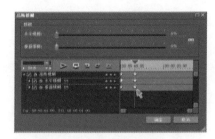

图9-70 设置模糊值

**09** 播放影片，可以观察到"岁月之声"实例最终的动画效果，如图9-71所示。

图9-71 影片效果

# 9.5 实例——爆炸文字

| 素材文件 | 配套光盘→范例文件→Chapter9→素材 | 难易程度 | ★★★☆☆ |
|---|---|---|---|
| 效果文件 | 无 | 重要程度 | ★★★★★ |
| 实例重点 | 创建字幕并添加纹理制作金属字效果，再为金属字添加爆炸转入转场及高斯模糊特效 | | |

"爆炸文字"实例的制作流程主要分为3部分，包括：（1）创建字幕；（2）字幕效果设置；（3）设置新序列效果。如图9-72所示。

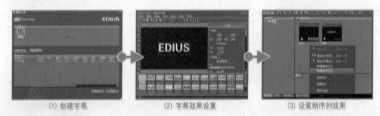

（1）创建字幕　　　　（2）字幕效果设置　　　　（3）设置新序列效果

图9-72 制作流程

## 9.5.1 创建字幕

**01** 启动EDIUS软件后单击"新建工程"按钮，在弹出的"工程设置"对话框中会显示以往所设置的项目预设，然后在"预设列表"中选择"HD 1280×720 25P 16∶9 8bit"项目，设置工程的名称为"爆炸文字"，如图9-73所示。

图9-73　选择预设

**02** 在"素材库"面板的空白位置单击鼠标"右"键，然后在弹出的浮动菜单中选择"添加字幕"命令，如图9-74所示。

图9-74　添加字幕

**03** 在弹出的Quick Titler对话框中选择 **T** 横向字幕工具，然后在视图中输入所需文字，如图9-75所示。

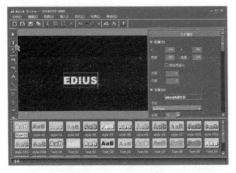

图9-75　输入文字

## 9.5.2　字幕效果设置

**01** 在"Quick Titler"对话框下方选择字幕

预设效果，然后在"文本属性"面板的"字体"卷展栏中选择"方正大黑简体"字体类型，如图9-76所示。

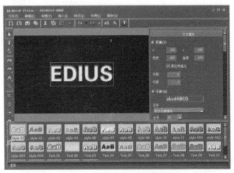

图9-76　文字设置

**02** 在"文本属性"面板中勾选启动"浮雕"项并设置为外部类型，再设置角度值为10、边缘高度值为3，调节出文字的凸起效果，如图9-77所示。

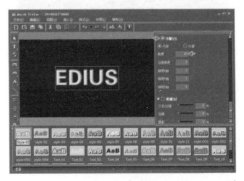

图9-77　浮雕设置

**03** 切换至"文本属性"面板，可以在"填充颜色"卷展栏中勾选启用"纹理文件"项，然后单击后方的"选择文件"按钮准备添加纹理文件，如图9-78所示。

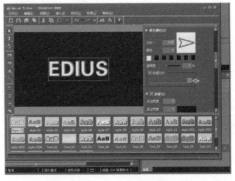

图9-78　开启纹理文件

**04** 在弹出的"选择纹理文件"对话框中选择"金属纹理"图片素材，作为文字纹理，如图9-79所示。

图9-79 选择纹理文件

**05** 完成纹理文件的添加后，可以在视图中预览到纹理的效果，如图9-80所示。

图9-80 文字效果

**06** 在"Quick Titler"对话框的菜单栏中选择【文件】→【保存】命令，保存当前的字幕效果，如图9-81所示。

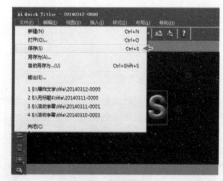

图9-81 保存字幕

**07** 切换至"素材库"面板并选择字幕素材，单击鼠标"右"键，在弹出的菜单中选择"重命名"命令，然后更改素材名称为"字幕"，如图9-82所示。

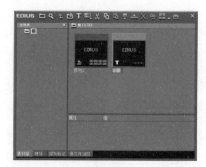

图9-82 重命名

**08** 在"素材库"面板中将创建的"字幕"素材拖拽到1VA（视音频）轨道中，完成添加字幕的操作，如图9-83所示。

图9-83 添加素材

**09** 切换至"特效"面板，选择【特效】→【转场】→【GPU】→【爆炸】→【小碎片】→【爆炸转入】项，选择后将自动预览转场的效果，如图9-84所示。

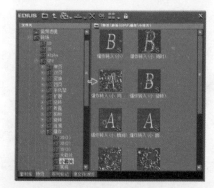

图9-84 选择转场特效

**10** 将选择的特效拖拽至"时间线"面板中的"字幕"素材上，完成添加转场特效的操作，使文字产生爆炸的过渡显示，如图9-85所示。

图9-85　添加转场特效

⑪　切换至"时间线"面板，然后拖拽调节转场特效长度，使爆炸的效果持续时间更长，如图9-86所示。

图9-86　调节转场长度

⑫　播放影片，可以观察到"字幕"素材的爆炸转场效果，如图9-87所示。

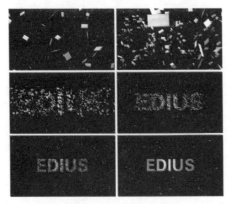

图9-87　爆炸转场效果

## 9.5.3 设置新序列效果

①　在"素材库"面板的空白位置单击鼠标"右"键，然后在弹出的浮动菜单中选择"新建序列"命令，添加新的序列文件，如图9-88所示。

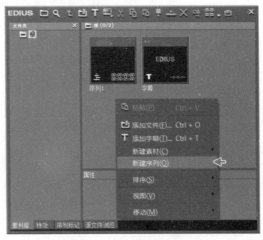

图9-88　新建序列

②　在"素材库"面板的空白位置单击鼠标"右"键，然后在弹出的浮动菜单中选择"添加文件"命令，如图9-89所示。

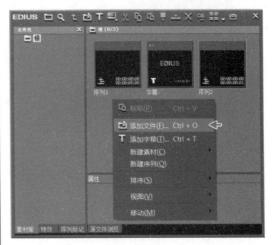

图9-89　添加文件

③　选择"添加文件"命令后将自动弹出"打开"对话框，然后在本书配套光盘中选择【范例文件】→【Chapter9】→【素材】文件中的"灰色底纹"图片素材，再单击对话框中的"打开"按钮完

成添加素材的操作，如图9-90所示。

图9-90　选择文件并打开

**04** 在"素材库"面板中将"灰色底纹"图片素材与"序列1"分别添加到1VA（视音频）轨道与2V（视频）轨道中，如图9-91所示。

图9-91　添加素材

**05** 保持"序列1"的选择状态，切换至"特效"面板，选择【特效】→【视频滤镜】→【高斯模糊】项，然后单击鼠标"右"键，在弹出的菜单中选择"添加到时间线"命令，将"高斯模糊"特效添加到字幕素材上，如图9-92所示。

**06** 切换至"监视器"面板，然后单击▶播放按钮，预览"高斯模糊"特效产生的效果，如图9-93所示。

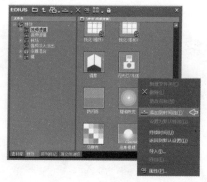

图9-92　添加到时间线

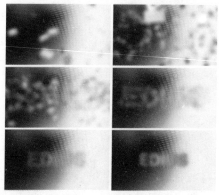

图9-93　影片效果

**07** 保持"序列1"的选择状态并切换至"信息"面板，然后选择"高斯模糊"项并单击鼠标"右"键，在弹出的菜单中选择"打开设置对话框"命令，如图9-94所示。

图9-94　打开设置对话框

**专家课堂**

除了通过单击鼠标"右"键打开设置对话框以外，还可以直接双击鼠标"左"键进入。

**08** 在弹出的"高斯模糊"对话框中勾选"高斯模糊"项，然后调节水平模糊值为15、垂直模糊值为15，再单击▣添加关键帧按钮，如图9-95所示。

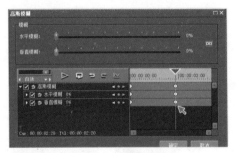

图9-96 记录关键帧

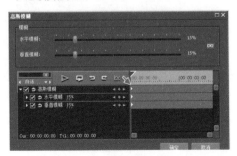

图9-95 设置模糊值

**09** 将"时间滑块"拖拽调节到第2秒20帧的位置，然后调节水平模糊值为0、垂直模糊值为0，记录特效由模糊至清晰的动画，如图9-96所示。

**10** 切换至"监视器"面板，然后单击▶播放按钮，预览影片最终的效果，如图9-97所示。

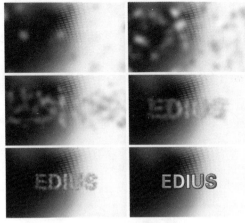

图9-97 影片效果

## 9.6 实例——滚动字幕

| 素材文件 | 配套光盘→范例文件→Chapter9→素材 | 难易程度 | ★★★☆☆ |
|---|---|---|---|
| 效果文件 | 无 | 重要程度 | ★★★★☆ |
| 实例重点 | 通过爬动（从右）字幕类型制作底部字幕滚动效果 | | |

"滚动字幕"实例的制作流程主要分为3部分，包括：（1）背景板设置；（2）添加静态字幕；（3）添加滚动字幕。如图9-98所示。

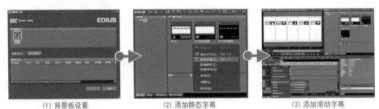

图9-98 制作流程

### 9.6.1 背景板设置

**01** 启动EDIUS软件后单击"新建工程"按钮，在弹出的"工程设置"对话框中会显示以往所设置的项目预设，然后在"预设列表"中选择"HD 1280×720 25P 16：9 8bit"项目，设置工程的名称为"滚动字幕"，如图9-99所示。

图9-99 制作流程

**02** 在"素材库"面板的空白位置单击鼠标"右"键，然后在弹出的浮动菜单中选择"添加文件"命令，如图9-100所示。

图9-100 添加文件

**03** 选择"添加文件"命令后将自动弹出"打开"对话框，然后在本书配套光盘中选择【范例文件】→【Chapter9】→【素材】文件中"天气预报底图"和"天气预报图标"图片素材，再单击对话框中的"打开"按钮完成添加素材操作，如图9-101所示。

**04** 在"素材库"面板中将"天气预报底图"和"天气预报图标"图片素材分别添加到1VA（视音频）轨道与2V（视频）轨道中，如图9-102所示。

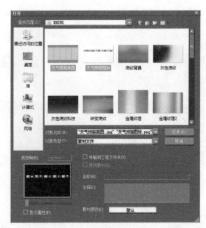

图9-101 选择文件并打开

图9-102 导入素材

## 9.6.2 添加静态字幕

**01** 在"素材库"面板的空白位置单击鼠标"右"键，然后在弹出的浮动菜单中选择"添加字幕"命令，如图9-103所示。

图9-103 添加字幕

**02** 在弹出的"Quick Titler"对话框中选择 **T** 横向字幕工具，然后在视图左上角位置输入"天气预报"文字，再设置字体为"方正隶书简体"类型并调节字体的大小，如图9-104所示。

图9-104　输入文字

 **专家课堂** ||||||||||||||||||||||||||||||||

　　如果所需的文字版式内容较多，可以使用Photoshop制作PNG格式的文字，再导入至EDIUS软件中编辑使用。

**03** 在"文本属性"面板中取消勾选"边缘"项，取消文字边缘的颜色，如图9-105所示。

图9-105　设置文字属性

**04** 在视图上方位置输入日期文字并设置字体为"方正黑体简体"，然后调节字体的大小，如图9-106所示。

**05** 在视图右上角位置输入"天气图例"文字并设置字体为"方正隶书简体"，然后调节字体的大小，如图9-107所示。

图9-106　输入日期文字

图9-107　输入文字

**06** 在视图中输入日期文字并调节字体的大小，如图9-108所示。

图9-108　输入文字

**07** 在视图中继续输入天气信息的文字并调节字体的大小，如图9-109所示。

 **专家课堂** ||||||||||||||||||||||||||||||||

　　"Quick Titler"对话框中的 ▤ 文字对齐工具可以将多行文字进行位置的调整。当同时选择多个文字时，可以通过文字对齐工具来切换对齐的方式。

图9-109　输入文字

**08** 在视图中间位置输入温度信息文字并调节字体大小与位置，如图9-110所示。

图9-110　输入温度文字

**专家课堂**

　　"Quick Titler"对话框中的行距对齐工具可以对多行文字的行距进行调整。其中可以切换对横向文字对齐或对纵向文字对齐。

**09** 在视图下方位置输入风向信息文字并调节字体的大小与位置，如图9-111所示。

图9-111　输入风向文字

**专家课堂**

　　"Quick Titler"对话框中的文字叠加次序工具可以调整字幕或图像对象的前后遮挡关系。当字幕对象与图像对象重叠时，可以通过文字叠加次序工具决定字幕元素在图层的最前端或是图像元素在最前端。

**10** 在"Quick Titler"对话框的菜单栏中选择【文件】→【保存】命令，保存当前的字幕效果，如图9-112所示。

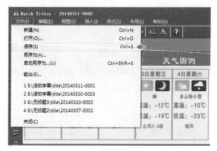

图9-112　保存字幕

## 9.6.3　添加滚动字幕

**01** 在2V（视频）轨道前端的空白处单击鼠标"右"键，在弹出的浮动菜单中选择【添加】→【在上方添加视频轨道】命令，如图9-113所示。

图9-113　添加视频轨道

**专家课堂**

　　添加的轨道会自动排列在"时间线"面板的最顶部位置，如果需要删除多余的轨道，可以在轨道前端的空白处单击鼠标"右"键，在弹出的浮动菜单中选择"删除"命令。

**02** 在弹出的"添加轨道"对话框中设置数量值为2，为时间线添加两条新轨道，如图9-114所示。

图9-114 设置轨道数量

**03** 在"素材库"面板中将创建的"字幕"素材拖拽到3V（视频）轨道中，完成添加字幕的操作，如图9-115所示。

图9-115 添加素材文件

**04** 在"素材库"面板的空白位置单击鼠标"右"键，然后在弹出的浮动菜单中选择"添加字幕"命令，如图9-116所示。

图9-116 添加字幕

**05** 在弹出的"Quick Titler"对话框中的"背景属性"面板中设置字幕类型为"爬动（从右）"，使文字产生滚动的效果，如图9-117所示。

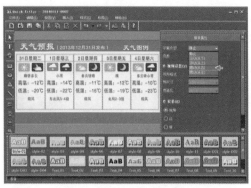

图9-117 设置字幕类型

**06** 在"Quick Titler"对话框中选择 T 横向字幕工具，然后在视图底部输入提示的文字内容，如图9-118所示。

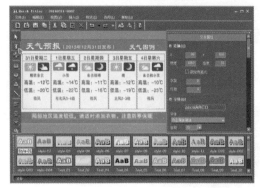

图9-118 输入提示文字

**07** 在"Quick Titler"对话框的菜单栏中选择【文件】→【保存】命令，保存当前的字幕效果，如图9-119所示。

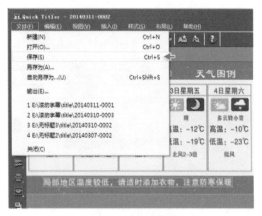

图9-119 保存字幕

**08** 在"素材库"面板中将创建的提示"字幕"素材拖拽到4V（视频）轨道

中，完成添加字幕的操作，如图9-120
所示。

图9-120　导入字幕

图9-121　拖拽预览播放

09 切换至"时间线"面板，然后拖拽
"时间滑块"预览制作的动画效果，
如图9-121所示。

10 最终的滚动字幕动画效果，如图9-122
所示。

图9-122　滚动字幕效果

# 9.7 实例——中国味道

| 素材文件 | 配套光盘→范例文件→Chapter9→素材 | 难易程度 | ★★☆☆☆ |
|---|---|---|---|
| 效果文件 | 无 | 重要程度 | ★★★★☆ |
| 实例重点 | 通过对位置、伸展及可见度项的参数动画控制完成字幕及茶元素的显示效果 | | |

"中国味道"实例的制作流程主要分为3部分，包括：（1）添加字幕与背景；（2）茶杯
层动画设置；（3）文字动画设置。如图9-123所示。

（1）添加字幕与背景　　　（2）茶杯层动画设置　　　（3）文字动画设置

图9-123　制作流程

## 9.7.1　添加字幕与背景

01 启动EDIUS软件后单击"新建工程"按钮，在弹出的"工程设置"对话框中会显示以
往所设置的项目预设，然后在"预设列表"中选择"HD 1280×720 25P 16：9 8bit"项

目，设置工程的名称为"中国味道"，如图9-124所示。

图9-124 选择预设

**02** 在"素材库"面板的空白位置单击鼠标"右"键，然后在弹出的浮动菜单中选择"添加文件"命令，如图9-125所示。

图9-125 添加文件

**03** 选择"添加文件"命令后将自动弹出"打开"对话框，然后在本书配套光盘中选择【范例文件】→【Chapter9】→【素材】文件中"茶杯"和"云雾背景"图片素材，再单击对话框中的"打开"按钮完成添加素材的操作，如图9-126所示。

图9-126 选择文件并打开

**04** 在"素材库"面板中将"茶杯"图片素

材与"云雾背景"图片素材分别添加到2V（视频）轨道与1VA（视音频）轨道中，如图9-127所示。

图9-127 导入素材

**05** 在"素材库"面板的空白位置单击鼠标"右"键，然后在弹出的浮动菜单中选择"添加字幕"命令，如图9-128所示。

图9-128 添加字幕

**06** 在弹出的"Quick Titler"对话框中选择纵向字幕工具，在视图左上角位置输入文字"中国"并设置字体为"方正隶书简体"，然后调节字体的大小，如图9-129所示。

图9-129 输入文字

**07** 在"Quick Titler"对话框的菜单栏中选择【文件】→【保存】命令，保存当前的字幕效果，如图9-130所示。

图9-130　保存字幕

**08** 在"素材库"面板的空白位置单击鼠标"右"键，然后在弹出的浮动菜单中选择"添加字幕"命令，如图9-131所示。

图9-131　添加字幕

**09** 在弹出的"Quick Titler"对话框中选择纵向字幕工具，在视图偏左侧位置输入文字"味道"并设置字体为"方正行楷简体"，然后调节字体的大小，如图9-132所示。

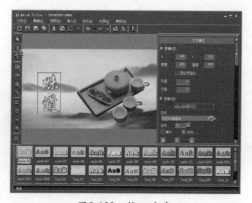

图9-132　输入文字

**10** 在"Quick Titler"对话框的菜单栏中选择【文件】→【保存】命令，保存当前的字幕效果，如图9-133所示。

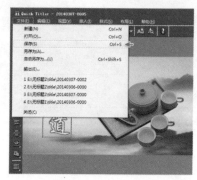

图9-133　保存字幕

**11** 在"素材库"面板将字幕素材拖拽添加到"时间线"面板中，完成的效果如图9-134所示。

图9-134　导入字幕

**专家课堂**

如果添加字幕过于靠近画面，可以在"Quick Titler"对话框中开启字幕安全框工具，为字幕或图像对象提供安全框参考。

通过显示安全框的方式可以判断字幕在屏幕中的位置，为制作人员设计字幕或特技位置提供参照，避免因过度扫描的存在而使观众看到的电视画面不完整。安全边框一般呈"回"字形，由与画面边缘距离不同的内外两个方框组成，它不会被记录或输出。

## 9.7.2　茶杯层动画设置

**01** 在"时间线"面板中选择2V（视频）

轨道中的"茶杯"素材，切换至"信息"面板并选择"视频布局"项，然后单击鼠标"右"键在弹出的浮动菜单中选择"打开设置对话框"，如图9-135所示。

图9-135　打开设置对话框

02 在弹出的"视频布局"对话框中将"时间滑块"拖拽到第1秒的位置，然后勾选"可见度和颜色"项并单击 添加/删除关键帧按钮，添加当前透明度效果关键帧，如图9-136所示。

图9-136　添加关键帧

 专家课堂

"视频布局"面板中的"可见度和颜色"设置，与在"时间线"面板中控制视频素材"混合器"的透明设置效果相同。

03 将"时间滑块"拖拽到第0秒的位置，在"参数"面板中展开"可见度和颜色"卷展栏，在其中调节源素材值为

0，记录透明度效果关键帧，如图9-137所示。

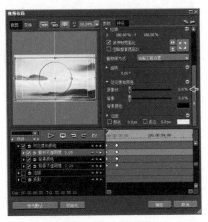

图9-137　设置透明度动画

04 在"视频布局"对话框中将"时间滑块"拖拽到第2秒的位置，然后勾选"位置"项并单击 添加/删除关键帧按钮，添加当前位置动画关键帧，如图9-138所示。

图9-138　添加关键帧

05 将"时间滑块"拖拽到第0秒的位置，在"参数"面板中展开"位置"卷展栏，在其中调节位置的X轴值为30、位置的Y轴值为70，记录位置动画关键帧，如图9-139所示。

06 在"视频布局"对话框中将"时间滑块"拖拽到第2秒的位置，然后勾选"伸展"项并单击 添加/删除关键帧按钮，添加当前伸展动画关键帧，如

图9-140所示。

图9-139 设置位置动画

图9-140 添加关键帧

**07** 将"时间滑块"拖拽到第0秒的位置，在"参数"面板中展开"拉伸"卷展栏，在其中调节拉伸的X轴值为300、拉伸的Y轴值为300，记录当前伸展动画关键帧，如图9-141所示。

图9-141 设置伸展动画

**08** 动画设置完成后可以切换至"监视器"面板，通过播放观察茶杯层的动画效果，如图9-142所示。

图9-142 动画效果

## 9.7.3 文字动画设置

**01** 在"时间线"面板中选择3V（视频）轨道中的"中国"字幕素材，切换至"信息"面板并选择"视频布局"项，然后单击鼠标"右"键在弹出的浮动菜单中选择"打开设置对话框"项，如图9-143所示。

图9-143 打开设置对话框

**02** 在弹出的"视频布局"对话框中将"时间滑块"拖拽到第4秒的位置，然后勾选"位置"项并单击■添加/删除关键帧按钮，添加当前位置动画关键帧，如图9-144所示。

**03** 将"时间滑块"拖拽到第2秒的位置，在"参数"面板中展开"位置"卷展栏，在其中调节位置的Y轴值为−60，记录位置动画关键帧，如图9-145所示。

图9-144　添加关键帧

图9-145　设置位置动画

04 在"时间线"面板中选择4V（视频）轨道中的"味道"素材，切换至"信息"面板并选择"视频布局"项，然后单击鼠标"右"键在弹出的浮动菜单中选择"打开设置对话框"项，如图9-146所示。

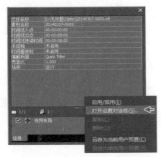

图9-146　打开设置对话框

05 在弹出的"视频布局"对话框中将"时间滑块"拖拽到第5秒的位置，然后勾选

"位置"项并单击■添加/删除关键帧按钮，添加当前位置动画关键帧，如图9-147所示。

图9-147　添加关键帧

06 将"时间滑块"拖拽到第3秒的位置，在"参数"面板中展开"位置"卷展栏，在其中调节位置的Y轴值为90，记录位置动画关键帧，如图9-148所示。

图9-148　设置位置动画

07 在"时间线"面板中选择4V（视频）轨道中的"味道"字幕素材，并在"信息"面板中打开"视频布局"对话框，然后将"时间滑块"拖拽调节到第5秒的位置，勾选开启"伸展"项并单击■添加/删除关键帧按钮，添加当前伸展动画关键帧，如图9-149所示。

08 将"时间滑块"拖拽到第3秒的位置，设置伸展的X轴值为300、伸展的Y轴值为300，记录伸展动画效果，如图9-150所示。

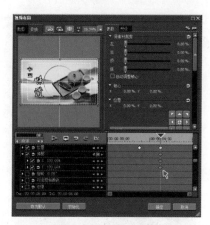

图9-149　添加关键帧

图9-150　设置伸展动画

**09** 将"时间滑块"拖拽调节到第5秒的位置，勾选开启"可见度和颜色"项并单击▣添加/删除关键帧按钮，添加当前的透明动画关键帧，如图9-151所示。

**10** 将"时间滑块"拖拽到第3秒的位置，在"参数"面板中展开"可见度和颜色"卷展栏，在其中调节源素材值为0，记录当前透明度效果关键帧，如图9-152所示。

**11** 动画设置完成后，切换至"监视器"面

板，可以播放影片观察最终的影片效果，如图9-153所示。

图9-151　添加关键帧

图9-152　设置透明度动画

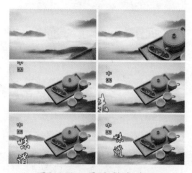

图9-153　最终影片效果

# 9.8　本章小结

　　本章通过7个文字实例对EDIUS中的文字应用进行讲解，在创建字幕时有横向与纵向两种方式，通过对文字基础的位置、伸展、可见度进行设置即可得到动画效果，也可对文字添加字幕混合、高斯模糊、爆炸转场及字幕类型的滚动效果，得到更理想的文字动画效果。

# 第10章
# 抠像实例

　　本章主要通过实例雄狮抠像、战争抠像和遮罩混合抠像，介绍EDIUS中的抠像技巧。

# 10.1 实例——雄狮抠像

| 素材文件 | 配套光盘→范例文件→Chapter10→素材 | 难易程度 | ★★★☆☆ |
|---|---|---|---|
| 效果文件 | 无 | 重要程度 | ★★★★☆ |
| 实例重点 | 使用色度键命令配合手绘遮罩工具完成抠像操作 | | |

　　"雄狮抠像"实例的制作流程主要分为3部分，包括：（1）导入素材；（2）添加键控特效；（3）底层遮罩设置。如图10-1所示。

(1) 导入素材　　　　(2) 添加键控特效　　　　(3) 底层遮罩设置

图10-1　制作流程

## 10.1.1　导入素材

**01** 启动EDIUS软件，在弹出的"初始化工程"欢迎界面中单击"新建工程"按钮建立新的预设场景，如图10-2所示。

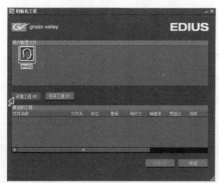

图10-2　新建工程

**02** 在弹出的"工程设置"对话框中会显示以往所设置的项目预设，然后在"预设列表"中选择"HD 1280×720 25P 16：9 8bit"项目，再设置工程的名称为"抠像特效"，如图10-3所示。

**03** 在"素材库"面板的空白位置单击鼠标"右"键，然后在弹出的浮动菜单中选择"添加文件"命令，如图10-4所示。

图10-3　选择预设

图10-4　添加文件

## 10.1.2　添加键控特效

**01** 选择"添加文件"命令后将自动弹出"打开"对话框，在本书配套光盘中选择【范例文件】→【Chapter10】→【素材】文件中的所需素材，再单击对话框中的"打开"按钮完成添加素材操作。在"素材库"面板中选择"云素材"文件，然后按住鼠标"左"键，将其拖拽至"时间线"面板的1VA（视音频）轨道中，如图10-5所示。

图10-7 素材罗列效果

图10-5 添加文件

**02** 在"素材库"面板中选择"狮子素材"文件，然后按住鼠标"左"键，将其拖拽至"时间线"面板的2V（视频）轨道中，如图10-6所示。

图10-8 添加键特效

**专家课堂**

在拖拽添加"键"特效时，要将特效放置在素材"混合器"轨道中，因为需要控制素材的透明信息。

"色度键"是应用于抠像的工具，但它是"混合器"键控工具，所以只能加载在"混合器"中。

图10-6 添加文件

**03** 在"时间线"面板中观察素材罗列的层次与效果，如图10-7所示。

**04** 切换至"特效"面板，选择【特效】→【键】→【色度键】项，然后将其拖拽至"时间线"面板中"狮子素材"的透明"混合器"层上，如图10-8所示。

**05** 添加"色度键"命令后，会自动将画面中的"蓝色"区域去除，可以直接观察到背景的素材，如图10-9所示。

**专家课堂**

"抠像"是指吸取画面中的某一种颜色作为透明色，将它从画面中抠去，从而使背景透出来，形成二层画面的叠加合成。

图10-9　键特效效果

### 10.1.3　底层遮罩设置

**01** 在2V（视频）轨道前端的空白处单击鼠标"右"键，在弹出的浮动菜单中选择【添加】→【在上方添加视频轨道】命令，为"序列"中添加一条新的视频轨道，如图10-10所示。

图10-10　添加视频轨道

**02** 在2V（视频）轨道中选择"狮子素材"文件，然后使用"Ctrl+C"快捷键进行复制操作，在3V（视频）轨道中使用"Ctrl+V"快捷键进行粘贴操作。切换至"特效"面板中，选择【特效】→【视频滤镜】→【手绘遮罩】特效项，再将其拖拽至"时间线"面板中2V（视频）轨道的"狮子素材"文件上，完成添加特效的操作，如图10-11所示。

**03** 保持2V（视频）轨道中"狮子素材"的选择状态，切换至"信息"面板，然后单击"右"键选择"手绘遮罩"特效，在弹出的菜单中选择"打开设置对话框"项，如图10-12所示。

图10-11　添加遮罩特效

图10-12　打开设置对话框

**04** 在弹出的"手绘遮罩"对话框中选择绘制路径工具，准备绘制遮罩的区域，如图10-13所示。

图10-13　选择钢笔工具

专家课堂

　　在"抠像"操作时难免产生"镂空"的效果，也就是"抠除"区域过多，可以通过"手绘遮罩"解决"镂空"的问题。

**05** 使用 ![] 绘制路径工具在视图"镂空"的位置绘制遮罩区域，如图10-14所示。

图10-14　绘制遮罩

图10-15　边缘设置

**06** 在"手绘遮罩"对话框中勾选"边缘"卷展栏的"软"项，再设置其宽度值为20，如图10-15所示。

**07** 在"监视器"面板中可以观察到雄狮素材抠像的最终效果，如图10-16所示。

图10-16　雄狮抠像效果

# 10.2　实例——战争抠像

| 素材文件 | 配套光盘→范例文件→Chapter10→素材 | 难易程度 | ★★☆☆☆ |
|---|---|---|---|
| 效果文件 | 无 | 重要程度 | ★★★★☆ |
| 实例重点 | 通过"三路色彩校正"对抠像素材进行校色，再使用"色度键"完成抠像操作，最后通过色彩平衡将前后背景统一 | | |

　　"战争抠像"实例的制作流程主要分为3部分，包括：（1）添加编辑素材；（2）素材颜色调整；（3）色度键设置。如图10-17所示。

(1) 添加编辑素材　　　　(2) 素材颜色调整　　　　(3) 色度键设置

图10-17　制作流程

## 10.2.1　添加编辑素材

**01** 新建工程完成后，在"素材库"面板的空白位置单击鼠标"右"键，在弹出的浮动菜单中选择"添加文件"命令。选择"添加文件"命令后将自动弹出"打开"对话框，在本书配套光盘中选择【范例文件】→【Chapter10】→【素材】文件中的"抠像1"与"战争"素材，再单击对话框中的"打开"按钮完成添加素材操作，如图10-18所示。

图10-18 添加素材

**02** 在"素材库"面板中选择"战争"素材文件，按住鼠标"左"键，将其拖拽至"时间线"面板的1VA（视音频）轨道中，继续在"素材库"面板中选择"抠像1"素材文件，按住鼠标"左"键将其拖拽至"时间线"面板的2V（视频）轨道中，如图10-19所示。

图10-19 添加文件

## 10.2.2 素材颜色调整

**01** 切换至"特效"面板，选择【特效】→【视频滤镜】→【色彩校正】→【三路色彩校正】项，然后将其拖拽至"时间线"面板中2V（视频）轨道的"抠像1"素材上，如图10-20所示。

 **专家课堂**

对素材先"调色"再"抠像"，可以解决前期拍摄色温不准确的问题，从而降低"抠像"的难度。

图10-20 添加色彩校正特效

**02** 保持2V（视频）轨道中"抠像1"素材的选择状态，切换至"信息"面板，然后单击"右"键选择"三路色彩校正"特效，在弹出的菜单中选择"打开设置对话框"项，如图10-21所示。

图10-21 打开设置对话框

**03** 在弹出的"三路色彩校正"对话框的"黑平衡"项中设置Cb值为10、Cr值为−10及对比度值为−15，在"白平衡"项中设置Cb值为10、Cr值为−10，如图10-22所示。

图10-22 设置三路色彩校正

**04** 观察添加"三路色彩校正"特效的前后对比效果，如图10-23所示。

图10-23 对比效果

## 10.2.3 色度键设置

**01** 在"特效"面板展开【特效】→【键】项，其中默认提供了3种"抠像"方案，如图10-24所示。

图10-24 选择键命令

**02** 在"特效"面板中选择【特效】→【键】→【色度键】项，然后将其拖拽至"时间线"面板中"抠像1"素材的"混合器"轨道上，如图10-25所示。

图10-25 添加色度键特效

**03** 在"监视器"面板中观察添加"色度键"特效产生的效果，发现已经将人物背景的"绿色"去除，可以直接观察到下面的战争素材，如图10-26所示。

图10-26 键特效效果

**04** 保持"抠像1"素材的选择状态，切换至"信息"面板并双击选择色度键特效，在弹出的"色度键"对话框中设置取消颜色的范围及强度，如图10-27所示。

图10-27 色度键特效设置

**05** 由于"抠像"操作改变了素材的颜色，切换至"特效"面板，选择【特效】→【视频滤镜】→【色彩校正】→【色彩平衡】项，然后将其拖拽至"时间线"面板中2V（视频）轨道的"抠像1"素材上，使人物与战争背景的色调统一，如图10-28所示。

图10-28 战争抠像

"色度键"抠像的面板较为丰富，其操作并不烦琐。

- 预览区：为当前画面的预览，当选用吸管工具选取颜色时，可以直接在预览框中选择。
- 键显示：勾选"键显示"复选框可以更清晰地看到保留和扣除的部分。白色代表保留部分，黑色代表键出部分，灰色则是过渡的半透明部分。
- 直方图显示：选择其他拾取颜色方式时，可以看到直方图显示，这实际上就是画面中亮度和色彩的分布。
- 键色拾取方式：可以使用吸管工具直接在预览区中选取。
- CG模式：为计算机生成图像（CG）应用色度键时开启。
- 柔边：在键色的边缘添加平滑过渡。
- 线性取消颜色：改善蓝色屏幕或绿色屏幕的色彩溢出或者反光造成的变色。
- 自适应：对所选的键出颜色自动进行匹配和修饰。
- 矩形选择：将色度键应用到一个特定的矩形范围。矩形范围以外的部分，系统将认为是全透明的。
- 取消颜色：在图像上添加（或减少）键出色的补色，做色彩补偿。
- 自适应跟踪：在一定程度上自动修整抠像器键色的变化。

# 10.3 实例——遮罩混合抠像

| 素材文件 | 配套光盘→范例文件→Chapter10→素材 | 难易程度 | ★★☆☆☆ |
| --- | --- | --- | --- |
| 效果文件 | 无 | 重要程度 | ★★★★★ |
| 实例重点 | 先通过轨道遮罩进行抠像操作再通过变亮模式将抠像素材与背景进行混合处理 | | |

"遮罩混合抠像"实例的制作流程主要分为3部分，包括：（1）添加编辑素材；（2）轨道遮罩设置；（3）混合模式设置。如图10-29所示。

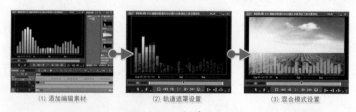

(1) 添加编辑素材　　(2) 轨道遮罩设置　　(3) 混合模式设置

图10-29　制作流程

## 10.3.1 添加编辑素材

**01** 新建工程完成后，在"素材库"面板的空白位置单击鼠标"右"键，然后在弹出的浮动菜单中选择"添加文件"命令。选择"添加文件"命令后将自动弹出"打开"对话框，在本书配套光盘中选择【范例文件】→【Chapter10】→【素材】文件中的"绿地"与"波纹条"素材，再单击对话框中的"打开"按钮完成添加素材的操作。在"素材库"面板中选择"绿地"素材文件，并按住鼠标"左"键，将其拖拽至"时间线"面板的1VA（视音频）轨道中，如图10-30所示。

图10-30 添加绿地素材

02 在"素材库"面板中选择"波纹条"素材文件，然后按住鼠标"左"键，将其拖拽至"时间线"面板的2V（视频）轨道中，如图10-31所示。

图10-31 添加波纹条素材

## 10.3.2 轨道遮罩设置

01 切换至"特效"面板并选择【特效】→【键】→【轨道遮罩】项，然后将其拖拽至"时间线"面板中"波纹条"素材的"混合器"轨道上，如图10-32所示。

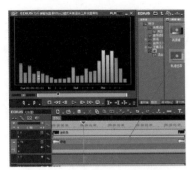

图10-32 添加轨道遮罩特效

02 在"监视器"面板中观察添加"轨道遮罩"特效后产生的效果，如图10-33所示。

图10-33 添加特效效果

**专家课堂**

在后期制作时常会需要将某些黑白素材作为蒙版（遮罩）来对原始画面做一些处理，有时某些动态素材本身就带有这样的黑白色彩遮罩。

在EDIUS 5以前的版本中，用户必须使用Alpha通道遮罩命令来处理这样的效果，需要额外生成一段合成素材。不过从EDIUS 6开始，这个合成工作变得简单明了，直接在轨道上添加"轨道遮罩"即可完成。

03 选择素材的"混合器"轨道，在"信息"面板将显示添加的"轨道遮罩"项目，可以通过关闭该项目预览制作的效果，如图10-34所示。

图10-34 选择轨道遮罩

04 在"轨道遮罩"特效上单击鼠标"右"键，可以在弹出的菜单中选择"删除"命令，清除已经添加的效果，如图10-35所示。

图10-35 删除命令

### 10.3.3 混合模式设置

**01** 在"特效"面板展开【特效】→【键】→
【混合】项，其中提供了16种混合叠加
模式预设，可以直接应用在素材的"混
合器"轨道中，如图10-36所示。

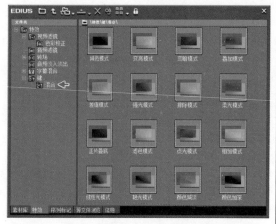

图10-36 选择混合命令

**02** 在"特效"面板中选择【特效】→
【键】→【混合】→【变亮模式】项，
然后将其拖拽至"时间线"面板中"波
纹条"素材的"混合器"轨道上，如
图10-37所示。

**03** 在"监视器"面板中观察添加"变亮模
式"特效后产生的效果，完成遮罩混合
特效处理，如图10-38所示。

**专家课堂**

如果需要应用混合叠加模式预设，
必须将预设拖拽到素材的"混合器"轨道
中，控制素材的"镂空"与透明信息。

"变亮模式"可以查看每个通道中的
颜色信息，并选择基色或混合色中较亮的
颜色作为结果色。比混合色暗的像素被替
换，比混合色亮的像素保持不变，与"变
暗"刚好相反。

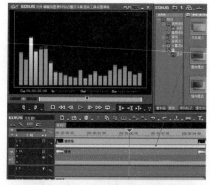

图10-37 添加变亮模式特效

图10-38 遮罩混合特效效果

## 10.4 本章小结

本章通过雄狮抠像、战争抠像和遮罩混合抠像3个案例介绍了EDIUS中的抠像技巧，在
实例制作过程中，主要通过手绘遮罩、色度键、轨道遮罩项完成素材的抠像操作，再使用
色彩平衡、三路色彩校正、变亮模式对抠像素材的前背景融合进行整合处理，使抠像素材
更符合画面需求。

# 第11章
# 第三方插件

　　本章主要通过实例PluralEyes多机位同步、Looks高级调色插件和CINEMA SUITE调色插件，介绍EDIUS中的插件应用技巧。

# 11.1 实例——PluralEyes多机位同步

| 素材文件 | 无 | 难易程度 | ★★☆☆☆ |
|---|---|---|---|
| 效果文件 | 无 | 重要程度 | ★★★★★ |
| 实例重点 | 通过分析音频信息快速与视频进行匹配，主要应用于多机位拍摄素材的影片编辑 | | |

"PluralEyes多机位同步"实例的制作流程主要分为3部分，包括：（1）添加编辑素材；（2）素材轨道设置；（3）多机位同步设置。如图11-1所示。

(1) 添加编辑素材　　　(2) 素材轨道设置　　　(3) 多机位同步设置

图11-1　制作流程

## 11.1.1　添加编辑素材

**01** 打开EDIUS软件并按拍摄素材的尺寸"新建工程"，在"素材库"面板的空白位置单击鼠标"右"键，然后在弹出的浮动菜单中选择"新建文件夹"命令，再按素材的机位进行排列，如图11-2所示。

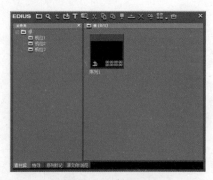

图11-2　新建文件夹

**02** 在"素材库"面板选择"机位1"文件夹并在空白位置单击鼠标"右"键，然后在弹出的浮动菜单中选择"添加文件"命令并选择所需素材，再单击对话框中的"打开"按钮完成添加素材的操作，如图11-3所示。

图11-3　添加机位1素材

专家课堂

　　按文件夹添加每机位的拍摄素材，更加便于快速查找素材。

**03** 在"素材库"面板选择"机位2"文件夹并在空白位置单击鼠标"右"键，然后在弹出的浮动菜单中选择"添加文件"命令并选择所需素材，再单击对话框中的"打开"按钮完成添加素材的操作，如图11-4所示。

**04** 在"素材库"面板选择"机位3"文件夹并在空白位置单击鼠标"右"键，然后在弹出的浮动菜单中选择"添加文件"命令并选择所需素材，再单击对话框中的"打开"按钮完成添加素材的操作，如图11-5所示。

图11-4 添加机位2素材

图11-5 添加机位3素材

## 11.1.2 素材轨道设置

**01** 在"时间线"面板中的轨道上单击鼠标"右"键，在弹出的浮动菜单中选择【添加】→【在上方添加视音频轨道】命令，在弹出的"添加轨道"对话框中设置数量参数值为2，如图11-6所示。

图11-6 添加视音频轨道

**02** 在"素材库"面板中选择"机位1"文件夹中的所有素材，按住鼠标"左"键将其拖拽至"时间线"面板，放置在1VA（视音频）轨道的开始位置，如图11-7所示。

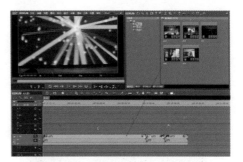

图11-7 拖拽素材至时间线

**03** 在"素材库"面板中选择"机位2"文件夹中的所有素材，按住鼠标"左"键将其拖拽至"时间线"面板，放置在2VA（视音频）轨道的开始位置，如图11-8所示。

图11-8 拖拽素材至时间线

**04** 在"素材库"面板中选择"机位3"文件夹中的所有素材，按住鼠标"左"键将其拖拽至"时间线"面板，放置在3VA（视音频）轨道的开始位置，如图11-9所示。

图11-9 拖拽素材至时间线

## 11.1.3 多机位同步设置

**01** 正确安装EDIUS版的PluralEyes插件

后，在EDIUS菜单中选择【工具】→
【PluralEyes】命令进入视音频同步插
件，如图11-10所示。

图11-10　选择插件命令

**专家课堂**

　　PluralEyes是一款视音频同步插件，
它通过分析音频信息快速与视频进行匹
配，主要应用于多机位拍摄中视频素材与
独立录制音频的快速匹配，目前此插件支
持Premicre、EDIUS、Vegas等多款剪辑软
件。PluralEyes已被RedGiant收购，目前
Mac和Windows版均已更新。

**02** 执行插件命令后将会弹出控制对话框，
　　在视音频同步设置时需开启Clips are
　　Chronological（将素材按照时间顺序排
　　列）项目，然后单击对话框左下位置的
　　Sync（同步）按钮，如图11-11所示。

图11-11　同步操作

**03** 单击Sync（同步）按钮后，在Analyzing
　　（分析）栏会显示当前同步匹配的进
　　度，如图11-12所示。

图11-12　分析进度提示

**专家课堂**

　　在同步分析时会要求计算机的配置，如
机位与编辑素材过多，分析的时间会较长，
可以先使用少量的素材进行同步练习，当完
全掌握应用后再进行实际工程的同步分析。

**04** 同步分析完成后，在"素材库"面板
　　中将自动生成synced（同步的）序列
　　文件，双击此"序列"后，在"时间
　　线"面板中将显示同步素材的分布，
　　如图11-13所示。

图11-13　同步素材分布

**专家课堂**

　　PluralEyes同步分析的结果会自动按
时间排列在"时间线"面板中，其中每机
位中相同时间点的位置将在轨道中垂直排
列，如在每个机位中没有同一时间内容，
将独立地排列在轨道中，

**05** PluralEyes插件的同步分析主要按照每
　　机位素材的"音频"信息进行匹配，将
　　多轨道中相同音节的时间位置进行同步
　　排列，如图11-14所示。

图11-14　同步排列

**06** 不同机位的内容将同步排列在“时间线”的轨道中，然后可以进行多机位的影片编辑操作，如图11-15所示。

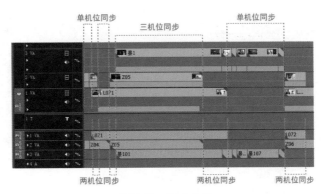

图11-15　同步位置

单机位同步　三机位同步　单机位同步

两机位同步　两机位同步　两机位同步

# 11.2 实例——Looks高级调色插件

| 素材文件 | 配套光盘→范例文件→Chapter11→素材 | 难易程度 | ★★★★☆ |
|---|---|---|---|
| 效果文件 | 无 | 重要程度 | ★★★★★ |
| 实例重点 | Magic Bullet Looks调色插件的后期处理应用 | | |

“Looks高级调色插件”实例的制作流程主要分为3部分，包括：（1）电影色调设置；（2）小清新色调设置；（3）柔光色调设置。如图11-16所示。

（1）电影色调设置　　　（2）小清新色调设置　　　（3）柔光色调设置

图11-16　制作流程

## 11.2.1 电影色调设置

**01** Magic Bullet Looks还没有推出直接安装于EDIUS软件的版本，但可以通过桥接的方式作为EDIUS的视频调色插件。启动EDIUS的软件图标并导入需要调色的视频素材，Magic Bullet Looks调色插件正确安装与桥接后，在“时间线”中先添加视频素材，然后在特效面板中选择【特效】→【视频滤镜】→【After Effects插件】→【Magic Bullet】→【Looks】命令并拖拽至编辑素材上，

如图11-17所示。

图11-17　添加调色插件

Magic Bullet Looks调色插件针对电视、电影、MV、广告等各种常见调色预设置，并且可以在预设置上再次进行修改，包括色调、色相、曲线、蒙版、摄像机、阴影等调色工具，深受大家的喜爱。

　　Magic Bullet Looks调色插件支持多款非线剪辑与特性合成软件，主要包括After Effects、Premiere、Avid、Vegas、EDIUS等，虽然插件的使用方法相同，但安装版本与方式会略有不同。

　　在一般情况下，购买Magic Bullet Looks调色插件的After Effects版本后运行安装程序，安装过程没有任何复杂的程序操作，也没有什么选项用于设置，只要正确输入序列号和默认安装路径至完成即可。

　　所谓EDIUS桥接After Effects的特效插件，就是使用EDIUS桥接器读取这些AEX文件并调取使用，所以，一定要定位好这个文件所在的目录。如果没有自定义设置并按默认路径进行安装Windows 7的32位系统，则这个文件一般所在目录为：C:\Program Files (x86)\MBLooks，按路径打开此目录便能够看到Looks3.aex这个文件。

　　正确安装后便可以进行桥接操作。先启动EDIUS软件，随便打开或者新建一个工程，然后在菜单中选择【设置】→【系统设置】命令，在弹出面板的右侧区域选择【特效】→【After Effects插件桥接】命令，再单击"添加"按钮拾取Magic Bullet Looks调色插件的安装路径即可。

**02** 在弹出的"Looks"对话框中可以单击"Edit"按钮进行调色的设置，除此之外还可以对Mask（遮罩）、View Mode（查看模式）、Draw Outline（描绘轮廓）等设置，如图11-18所示。

**03** 完成Magic Bullet Looks插件的添加工作后，将EDIUS的面板切换至"信息"面板，然后双击"Looks"项目进行插件的设置。在弹出的"Looks"对话框中可以单击"Edit"按钮进行调色的设置。

图11-18　Looks对话框

**04** 进入"Looks"的调色界面后，实拍的视频曝光基本准确，但色温略显不够准确，角色皮肤上带有绿色信息，如图11-19所示。

图11-19　界面分布

　　Looks的工作界面主要包含了菜单栏、状态提示栏、效果预设浮动面板、预览视图、工具浮动面板、项目设置面板。

**05** 浓重的色彩层次是模拟电影色调最重要的特点之一。在工具浮动面板中选择"Warm/Cool（暖色调/冷色调）"命令块，然后将其拖拽至预览视图的Matte（遮挡）项目中，为拍摄的画面添加摄影机的染色滤片，如图11-20所示。

　　Looks的工具浮动面板默认停靠在屏幕右侧，当鼠标掠过时将弹出面板，其中Matte（遮挡）项目中主要提供了雾化工具、模仿过滤器和现实世界中的磨砂效果，还包括了扩散、颜色和星过滤器等。

图11-20 添加暖色调/冷色调

06 设置Warm/Cool（暖色调/冷色调）模块的Warm/Cool（暖色调/冷色调）值为-0.34，使画面的颜色偏向暖粉色，然后设置Tint（色泽）值为-0.2、Exposure Compensation（曝光补偿）值为-2.5，如图11-21所示。

图11-21 设置暖色调/冷色调

07 在工具浮动面板中选择"Saturation（饱和度）"命令块，然后将其拖拽至预览视图的Post（快速）项目中，控制画面中的颜色饱和程度，如图11-22所示。

图11-22 添加饱和度

专家课堂

　　Post（快速）项目中提供了快速调节画面颜色的设置，主要有伽马设置、色彩校正、饱和度、颜色范围、曲线、曝光、对比度等。

08 设置Saturation（饱和度）模块的Saturation（饱和度）值为80%、Exposure Compensation（曝光补偿）值为0.5，使画面的饱和度降低并提升画面亮度，如图11-23所示。

图11-23 设置饱和度

09 在工具浮动面板中选择"Diffusion（扩散）"命令块，然后将其拖拽至预览视图的Matte（遮挡）项目中，控制画面中的柔和程度，如图11-24所示。

图11-24 添加扩散

10 设置Diffusion（扩散）模块的Size（尺寸）值为1%、Grade（等级）值为2、Glow（发光）值为88%、Highlights Only（只有强光）值为37%、Highlight Bias（偏移强光）值为-0.25、Exposure Compensation（曝光补偿）值为0.88，使画面的高光区域产生柔光效果，如图11-25所示。

11 在工具浮动面板中选择"3-Strip Process（三次过程）"命令块，然后将其拖拽至预览视图的Camera（摄影机）项目中，控制画面中的层次效果，如图11-26所示。

图11-25　设置扩散

图11-26　添加三次过程

12 设置3-Strip Process（三次过程）模块的 Strength（强度）值为－2%、Exposure Compensation（曝光补偿）值为0.45，增强画面的对比程度，如图11-27所示。

图11-27　设置三次过程

13 在工具浮动面板中选择"Curves（曲线）"命令块，然后将其拖拽至预览视图的Post（快速）项目中，控制画面中的亮部与暗部程度，如图11-28所示。

图11-28　添加曲线

14 设置Curves（曲线）模块的Contrast（对比度）值为0、Shadows（阴影）值为－0.4、Midtones（中间调）值为0.4、Highlights（强光）值为0.6，增强画面的对比程度，如图11-29所示。

图11-29　设置曲线

15 "电影色调"类型的画面构图大胆并略微过曝，带有小情节、小情绪和生活气息的温情柔和感觉，其中的浅景深效果、每一个小细节都透着摄影的魅力，如图11-30所示。

图11-30　电影色调效果

## 11.2.2　小清新色调设置

专家课堂

"小清新"最初指的是一种以清新唯美、随意创作风格见长的作品，这种起初颇为小众的风格，现在已逐步形成一种文化现象，受到众多年轻人的追捧。

01 在工具浮动面板选择"2-Strip Process（二次过程）"命令块，然后将其拖拽至预览视图的Camera（摄影机）项目中，设置Green Sensitivity（绿色敏感度）值为60%、Exposure Compensation（曝光补偿）值为0，控制画面中只使用红色与绿色两种颜色层次，如图11-31所示。

图11-31　添加二次过程

02 在工具浮动面板选择"Diffusion（扩散）"命令块，然后将其拖拽至预览视图的Matte（遮挡）项目中，再设置Diffusion（扩散）模块的Size（尺寸）值为3.5%、Grade（等级）值为0.5、Glow（发光）值为50%、Highlights Only（只有强光）值为0%、Highlight Bias（偏移强光）值为0、Exposure Compensation（曝光补偿）值为0，控制画面中的柔和程度，如图11-32所示。

图11-32　添加扩散

03 在工具浮动面板中选择"Warm/Cool（暖色调/冷色调）"命令块，然后将其拖拽至预览视图的Subject（主题）项目中，设置Warm/Cool（暖色调/冷色调）模块的Warm/Cool（暖色调/冷色调）值为0.95，使画面的颜色偏向蓝紫色，再设置Tint（色泽）值为-0.65、Exposure Compensation（曝光补偿）值为-0.2，如图11-33所示。

04 在工具浮动面板中选择"Curves（曲线）"命令块，然后将其拖拽至预览视

图的Camera（摄影机）项目中，控制画面中的亮部与暗部程度。设置Curves（曲线）模块的Contrast（对比度）值为0.66、Shadows（阴影）值为-0.06、Midtones（中间调）值为0.26、Highlights（强光）值为0.53、Gamma Space（伽马空间）值为2.2，增强画面的对比程度，如图11-34所示。

图11-33　添加暖色调/冷色调

图11-34　添加曲线

05 在工具浮动面板中选择"Saturation（饱和度）"命令块，然后将其拖拽至预览视图的Post（快速）项目中，设置Saturation（饱和度）值为80%，降低画面中的颜色饱和程度，使整体效果更加自然，如图11-35所示。

图11-35　添加饱和度

## 11.2.3　柔光色调设置

01 在工具浮动面板中选择"Saturation（饱

和度）"命令块，然后将其拖拽至预览视图的Post（快速）项目中，再设置Saturation（饱和度）值为90%，降低画面中的颜色饱和程度，如图11-36所示。

图11-36　添加饱和度

02 在工具浮动面板中选择"Contrast（对比度）"命令块，然后将其拖拽至预览视图的Post（快速）项目中，再设置Contrast（对比度）值为0.3、Pivot（轴点）值为0.12、Exposure Compensation（曝光补偿）值为−0.3，增强画面中颜色的对比程度，如图11-37所示。

图11-37　添加对比度

03 在工具浮动面板中选择"Contrast（对比度）"命令块，然后将其拖拽至预览视图的Subject（主题）项目中，再设置Contrast（对比度）值为−0.2、Pivot（轴点）值为0.18、Exposure Compensation（曝光补偿）值为0，控制画面中过曝的颜色区域表现正确，如图11-38所示。

04 在工具浮动面板中选择"Lift Gamma Gain（提升伽玛增益）"命令块，然后将其拖拽至预览视图的Post（快速）项目中。先设置Gamma Space（伽玛空间）值为2.2、Strength（强度）值为100%、Exposure Compensation（曝光补偿）值为0，再分别调节Lift（提升）、Gamma（伽玛）、Gain（增益）的颜色值，使画面中的亮度整体提高，如图11-39所示。

图11-38　添加对比度

图11-39　添加提升伽玛增益

05 在工具浮动面板中选择"Diffusion（扩散）"命令块，然后将其拖拽至预览视图的Matte（遮挡）项目中，再设置Diffusion（扩散）模块的Size（尺寸）值为20%、Grade（等级）值为1.5、Glow（发光）值为40%、Highlights Only（只有强光）值为0%、Highlight Bias（偏移强光）值为−0.98、Exposure Compensation（曝光补偿）值为−0.1，控制画面的整体柔和程度，如图11-40所示。

图11-40　添加扩散

除了自定义调节影片颜色外，还可以将所调节的颜色存储为"预设"，便于在其他素材上快速应用。

图11-41　效果预设浮动面板

**06** Looks的效果预设浮动面板默认停靠在屏幕左侧，当鼠标掠过时将弹出面板，其中提供了百余种效果预设，可以根据画面的需要选择使用，还可以将自定义设置的调色文件存储，方便再次使用，如图11-41所示。

# 11.3 实例——CINEMA SUITE调色插件

| 素材文件 | 配套光盘→范例文件→Chapter11→素材 | 难易程度 | ★★★☆☆ |
|---|---|---|---|
| 效果文件 | 无 | 重要程度 | ★★★★☆ |
| 实例重点 | 用于配合非线剪辑软件进行高要求的调色处理 | | |

"CINEMA SUITE调色插件"实例的制作流程主要分为3部分，包括：（1）调色插件安装；（2）调色插件添加；（3）调色插件预设。如图11-42所示。

（1）调色插件安装　　　　（2）调色插件添加　　　　（3）调色插件预设

图11-42　制作流程

## 11.3.1 调色插件安装

**01** CINEMA SUITE调色插件的安装较为简单，首先保持EDIUS软件在开启状态，在"特效"面板中的空白位置单击鼠标"右"键，然后在弹出的浮动菜单中旋转"导入"命令，如图11-43所示。

**02** 执行导入操作后，在弹出的"打开"对话框中拾取CINEMA SUITE调色插件的文件，如图11-44所示。

CINEMA SUITE插件主要用于配合非线剪辑软件进行高要求的调色处理，其中默认的预设效果使用方便，提供了标清与高清的强大处理，是纪录片、电视广告、短片电影等行业的强劲调色工具。

图11-43　导入插件

图11-44　拾取插件

**03** 拾取插件文件后，"特效"面板中将自动添加出一组新的插件项目卷展栏，用于视频素材的调色操作，如图11-45所示。

图11-45　新项目卷展栏

## 11.3.2　调色插件添加

**01** CINEMA SUITE调色插件安装后，在"特效"面板的插件项目卷展栏提供了多种调色预设，可以直接使用。

**02** CINEMA SUITE调色插件正确导入后，在"时间线"中先添加视频素材，然后在特效面板中选择【特效】→【STEREOVISION】→【Cinema Suite】卷展栏中的命令，再将其中的命令拖拽至时间线中的素材上，完成CINEMA SUITE插件的添加工作，如图11-46所示。

图11-46　添加插件

## 11.3.3　调色插件预设

**01** CINEMA SUITE调色插件中默认提供了65种预设，可以直接调取使用，如图11-47所示。

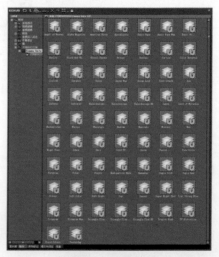

图11-47　插件预设

**02** 其中的视频效果使调色工作更加简便，插件的所有预设效果如图11-48所示。

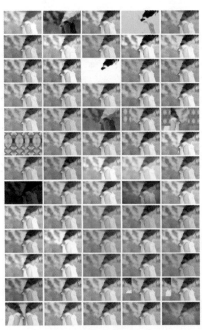

图11-48　插件效果

# 11.4　本章小结

　　插件是一种遵循一定规范应用程序接口编写出来的程序，主要目的是弥补EDIUS软件自身的不足和功能提升。

　　EDIUS的第三方插件数不胜数。其中的Sound Soap插件是一个强大的音频素材处理方案，它能方便及时地删除视频素材和音频文件中的噪声；Boris是一款动画特效插件，其中整合了20多个非线性编辑系统和多种预置的自然效果，如雪、雨、火、云、火花、彗星等，并且提供了强大的实景光线效果和颜色修正等功能；Prodad Vitascene插件是基于GPU的特效，主要用于制作电视节目中的扫光效果，还提供了超过400多种酷炫的滤镜及转场效果，可以配合软件设置轻松完成艺术效果；Adorage插件可以弥补EDIUS的很多不足，其中提供了一系列惊人的效果和主题，主要有爱情婚礼、家庭回忆、假日旅游、体育事件等，适合SD和HD的广泛素材；TMpcanopus字幕软件是非常实用的一款插件，被广泛地用于制作广播级的文字；Vitascene插件是制作扫光字幕效果的必备插件；Photo Ablum的主要特性满足了用于Xplode Professional的照片簿插件，对于任何希望展示一系列静止图像或者简单地制作一个视频相册的工作者来说是完全足够的；Robusky是一款强大的色键抠像软件，而且为EDIUS提供了插件接口，从而解决了高质量的抠像插件；NewBlue Paint Blends插件不仅可以作为EDIUS的绘画混合转场效果，还支持Premiere、会声会影等系列非编软件的插件，从而使转场效果更加丰富。

　　通过整理与学习会发现，EDIUS真正实用的插件就那么几种，大家也不必盲目地去下载插件和追捧。虽然插件可能会比较方便地实现一些需要的效果，但有的时候也不一定会比你手动调节的优秀。

# 第12章
# 影片输出

　　本章主要通过实例项目优化整理、高清MPEG2格式输出、标清MPEG2格式输出、指定输出范围、多序列批量输出、AVI格式输出、MOV格式输出、音频格式输出、图像序列输出、WMV格式输出、刻录光盘和磁带与导出工程，介绍了EDIUS中的影片输出技巧。

# 12.1 实例——项目优化整理

| 素材文件 | 配套光盘→范例文件→Chapter12→素材 | 难易程度 | ★★★☆☆ |
|---|---|---|---|
| 效果文件 | 无 | 重要程度 | ★★★★★ |
| 实例重点 | 将编辑项目所使用的"素材"和"编辑文件"进行打包备份整理 | | |

"项目优化整理"实例的制作流程主要分为3部分，包括：（1）删除未使用素材；（2）优化工程设置；（3）查看整理文件。如图12-1所示。

(1) 删除未使用素材　　(2) 优化工程设置　　(3) 查看整理文件

图12-1　制作流程

## 12.1.1　删除未使用素材

**01** 启动EDIUS软件并进行影片编辑，当编辑操作完成后，准备进行项目的优化管理，如图12-2所示。

图12-2　编辑项目

**02** 在"素材库"面板中不同的素材会以图表和是否使用进行提示，如图12-3所示。

图12-3　新建文件夹

**专家课堂**

在影片编辑序列的"时间线"面板中，被编辑使用的素材缩略图左上角位置会显示"绿色"圆点，未被编辑使用的素材缩略图左上角位置将无显示。

**03** 在"素材库"面板未被编辑使用的素材缩略图上单击鼠标"右"键，然后在菜单中选择"删除"命令，可以将与项目无关的素材进行整理，如图12-3所示。

图12-4　删除素材操作

## 12.1.2　优化工程设置

**01** 除了手工进行素材的删除与整理操作

外，还可以在EDIUS软件的菜单栏中
选择【文件】→【优化工程】命令，
如图12-5所示。

图12-5 优化工程选择

02 执行命令后会弹出"优化工程"对话
框，在其中可以对工程的备份位置、优
化设置和代理素材进行设置，如图12-6
所示。

图12-6 优化工程对话框

03 在"优化工程"对话框的"工程文件位
置"栏中开启"保存工程至文件夹"项
目，然后单击"浏览"按钮，设置编辑
工程的备份存储位置，如图12-7所示。

图12-7 备份存储位置

04 在"优化工程"对话框的"设置"栏中
可以通过"优化设置"项目选择"优化
工程"的类型，如图12-8所示。

图12-8 选择优化设置

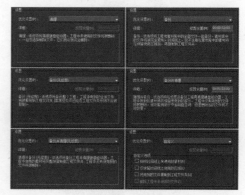

图12-9 优化设置类型

- "清理"类型：将清理硬盘驱动器，可应用工程中未使用的文件将删除，一旦选择删除文件，它们将会被完全删除。
- "备份"类型：将工程和素材库中的全部文件一起备份，也就是将所有素材完全复制。
- "备份（无修剪）"类型：将工程中使用到的全部文件复制到工程文件夹，若某些文件已经在工程文件夹中则不会被复制。
- "备份并清理"选项：将在修剪后备份工程再清理硬盘驱动器，工程中使用到的素材将仅保留使用到的部分，工程中没有使用到的文件将被删除，有助于节省磁盘空间，但被删除后文件将不可再被恢复。
- "备份并清理（无修剪）"选项：可以将工程中使用的素材完整地复制到工程文件夹，工程中没有使用到的文件将被删除。
- "自定义"类型：可以根据所需设置是否移除未使用的素材、仅保留使用区域、将使用素材复制等。

**05** 在"优化设置"项目中选择"自定义"类型，再开启"自定义选项"中的项目，将影片编辑未使用的素材删除并进行备份处理，如图12-10所示。

图12-10 自定义设置

**06** 完成"自定义选项"设置后，单击"优化工程"对话框的"确定"按钮，系统将弹出警告对话框，其中提示"原始文件可能已删除。是否要继续？"，确认无误便可以单击"是"按钮，如图12-11所示。

图12-11 警告对话框

**07** 系统将EDIUS影片编辑所使用的素材复制到指定的硬盘位置，此过程中"正在优化工程"对话框将显示复制备份的进度，如图12-12所示。

图12-12 复制备份进度

## 12.1.3 查看整理文件

**01** 备份进度完成后，影片编辑所使用的素材将自动复制到指定硬盘的文件夹位置，如图12-13所示。

图12-13 文件夹

**02** 进入备份素材的文件夹，其中包含了EDIUS影片编辑所使用的所有素材，如图12-14所示。

专家课堂 |||||||||||||||||

　　备份的内容主要包含4部分，分别为EDIUS项目文件、备份的锁定文件、项目使用素材、编辑效果缓存。

图12-14　文件夹内容

**03** Consolidate（合并）文件夹的CopyFiles（复制文件）子文件夹中将显示出影片编辑所需的备份素材，如图12-15所示。

专家课堂 |||||||||||||||||

　　备份的素材名称EDIUS将自动进行设置，不影响影片的再次编辑使用。

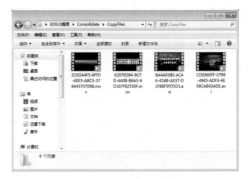

图12-15　复制文件夹

**04** Project（项目）文件夹中包含了AutoSave（自动保存）和Backup（备份）子文件夹，主要用于EDIUS影片编辑时"时间线"中缓存的内容，如图12-16所示。

图12-16　项目文件夹

# 12.2 实例——高清MPEG2格式输出

| 素材文件 | 配套光盘→范例文件→Chapter12→素材 | 难易程度 | ★★☆☆☆ |
|---|---|---|---|
| 效果文件 | 无 | 重要程度 | ★★★★★ |
| 实例重点 | 高清MPEG格式的输出更加便于预览与影像交互 | | |

　　"高清MPEG2格式输出"实例的制作流程主要分为3部分，包括：（1）选择文件输出；（2）程序流设置；（3）基本流设置。如图12-17所示。

（1）选择文件输出　　　　（2）程序流设置　　　　（3）基本流设置

图12-17　制作流程

## 12.2.1 选择文件输出

**01** 启动EDIUS软件并进行影片编辑，当编辑操作完成后，准备进行高清文件的输出操作，如图12-18所示。

图12-18 影片编辑

**02** 在EDIUS软件的菜单栏中选择【文件】→【输出】→【输出到文件】命令，如图12-19所示。

图12-19 输出到文件

**专家课堂**

"输出到文件"命令可以将EDIUS的编辑项目生成为可独立预览的文件，用于影片的成品使用。

**03** 执行"输出到文件"命令后，系统将弹出EDIUS所支持的输出文件格式类型，如图12-20所示。

**专家课堂**

"输出到文件"对话框主要包含3个区域，左侧为输出格式的选择，右侧为系统输出的预设，下侧为输出的辅助设置。

图12-20 输出格式类型

## 12.2.2 程序流设置

**01** 在EDIUS中编辑的高清影片格式，一般都输出为"MPEG2"格式，在"输出到文件"对话框的左侧区域选择"MPEG"项目，然后在右侧区域选择"MPEG2程序流"预设，如图12-21所示。

图12-21 选择程序流

**专家课堂**

视频压缩标准是由国际标准化组织和国际电工技术委员会制定，具有广泛应用价值的技术标准。在该标准中，将系统编码层主要分为"基本流"、"传送流"和"程序流"，分别适用于不同场合的应用。

"程序流"只包含一个MPEG2内容通道和其相关的音频，是一个不容易出错的传输方式，主要适用于交互式多媒体这样的一些涉及软件处理系统信息的应用。

**02** 在"输出到文件"对话框中单击"输出"按钮，然后在"MPEG2程序流"对话框中设置输出的文件名称，如图12-22所示。

图12-22 设置文件名称

专家课堂

除了"MPEG2"的高清输出之外，高清影片也常被输出为"H264"的"MPEG4"格式，其优势是具有很高的数据压缩比率，在同等图像质量的条件下，"H264"的压缩比是"MPEG2"的2倍以上，但压缩码率较高，针对一些播放器和设备"MPEG2"格式的适应性更强。

03 在"MPEG2程序流"对话框的"基本设置"卷展栏中可以设置"大小"项目，其中的"当前设置"即为当前EDIUS编辑工程的高清尺寸，除此之外，还可以降低输出的分辨率大小，如图12-23所示。

图12-23 输出大小设置

04 在"基本设置"卷展栏中可以设置"比特率"项目，一般高清MPEG2格式多设置平均码率为15M，如图12-24所示。

图12-24 比特率设置

专家课堂

"比特率"是指每秒传送的比特(bit)数。单位为bps(Bit Per Second)，比特率越高，传送的数据越大。声音中的比特率是指将数字声音由模拟格式转化成数字格式的采样率，采样率越高，还原后的音质就越好。视频中的比特率（码率）原理与声音中的相同，都是指由模拟信号转换为数字信号的采样率。

05 切换至"MPEG2程序流"对话框的"扩展设置"卷展栏，再设置视频的"场序"项目，由于新建EDIUS的项目为"逐行"类型，所以输出使用"当前设置"类型也就同为"逐行"扫描类型，如图12-25所示。

图12-25 场序设置

06 设置完成后，单击"MPEG2程序流"对话框中的"保存"按钮，系统将通过"渲染"对话框显示输出的时间进度，如图12-26所示。

图12-26 渲染输出进度

**07** 完成渲染输出后，"MPEG2程序流"将输出成为一个集合"视频"与"音频"的预览文件，如图12-27所示。

图12-27 输出预览文件

专家课堂

当在EDIUS中添加素材或输出文件时，除所设置的输出文件外，还会自动生成"ESE"和"EWC"的缓存文件。

"ESE"格式为EDIUS在调用或访问信息的文件，而"EWC"格式为EDIUS的音频波形缓冲文件，这两个文件的作用是在EDIUS调用素材时，不用每次都重新提取素材信息，这样便可以缩短素材的调用时间。这两个文件可以删除，但在EDIUS下一次调用时仍然会产生。

## 12.2.3 基本流设置

**01** 在"输出到文件"对话框的左侧区域选择"MPEG"项目，然后在右侧区域选择"MPEG2基本流"预设，如图12-2所示。

图12-28 选择基本流

专家课堂

"基本流"只包含单独的MPEG2内容通道，分别将"视频"与"音频"信息进行分离存储。

**02** 在"输出到文件"对话框中单击"输出"按钮，然后在"MPEG2基本流"对话框中分别设置输出"视频"和"音频"的名称与目标位置，再单击"确定"按钮进行输出操作，如图12-29所示。

图12-29 名称与目标设置

**03** 完成渲染输出后，"MPEG2基本流"将"视频"输出为"m2v"格式，将"音频"输出为"mpa"格式，主要用于特种行业的应用，如图12-30所示。

图12-30 输出预览文件

专家课堂

"m2v"是视频格式MPEG2文件格式的一种，"m2v"格式文件只包含视频文件，不包含音频文件；"mpa"是不包含视频的一种音频格式，是MPEG的变种，同样属于MPEG级别的压缩格式。

241

# 12.3 实例——标清MPEG2格式输出

| 素材文件 | 配套光盘→范例文件→Chapter12→素材 | 难易程度 | ★☆☆☆☆ |
|---|---|---|---|
| 效果文件 | 无 | 重要程度 | ★★★★☆ |
| 实例重点 | 标清MPEG格式影片的输出质量与文件容量设置 | | |

"标清MPEG2格式输出"实例的制作流程主要分为3部分，包括：（1）高质量设置；（2）中质量设置；（3）低质量设置。如图12-31所示。

(1) 高质量设置　　(2) 中质量设置　　(3) 低质量设置

图12-31　制作流程

## 12.3.1 高质量设置

**01** 启动EDIUS软件并进行影片编辑，进行标清MPEG2格式的输出操作，在软件菜单栏中选择【文件】→【输出】→【输出到文件】命令，如图12-32所示。

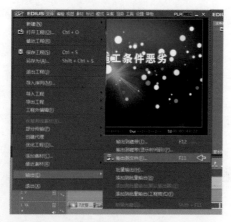

图12-32　输出到文件

**02** 执行"输出到文件"命令后，系统将弹出EDIUS所支持的输出文件格式类型，然后在"输出到文件"对话框的左侧区域选择"MPEG"项目，在右侧区域选择"MPEG2程序流"预设，如图12-33所示。

图12-33　选择MPEG程序流

**03** 在"输出到文件"对话框中单击"输出"按钮，然后在"MPEG2程序流"对话框中设置输出的文件名称，如图12-34所示。

图12-34　设置文件名称

**04** 在"MPEG2程序流"对话框的"基本设置"卷展栏中设置"大小"项目为720×576分辨率，再设置标清格式的比特率"平均"值为8M，如图12-35所示。

图12-35 基本设置

**05** 完成渲染输出后，"MPEG2标清高质量"将输出成为一个集合"视频"与"音频"的预览文件，如图12-36所示。

图12-36 输出预览文件

**专家课堂**

标清MPEG格式的比特率"平均"值设置为8M，完全符合标清影片的"高质量"要求，不必一味追求过大的"比特率"设置。

## 12.3.2 中质量设置

**01** 如果要输出"中质量"的标清MPEG格式，在"输出到文件"对话框的左侧区域选择"MPEG"项目，然后在右侧

区域选择"MPEG2程序流"预设，再次进行输出"比特率"的设置，如图12-37所示。

图12-37 选择MPEG程序流

**02** 在"MPEG2程序流"对话框的"基本设置"卷展栏中设置"大小"项目为720×576分辨率，再设置标清格式的比特率"平均"值为6M，如图12-38所示。

图12-38 基本设置

**专家课堂**

标清MPEG质量的高低，主要通过设置"比特率"的数值大小来完成。

**03** 完成渲染输出后，"MPEG2标清中质量"将输出成为一个集合"视频"与"音频"的预览文件，如图12-39所示。

**专家课堂**

以同一个影片编辑工程输出为例，标清MPEG格式的"高质量"文件容量为50.8MB，而"中质量"文件容量为38.7MB。

图12-39 输出预览文件

## 12.3.3 低质量设置

**01** 如果要输出"低质量"的标清MPEG格式，在"输出到文件"对话框的左侧区域选择"MPEG"项目，然后在右侧区域选择"MPEG2程序流"预设，再次进行输出"比特率"的设置，如图12-40所示。

图12-40 选择MPEG2程序流

**02** 在"MPEG2程序流"对话框的"基本设置"卷展栏中设置"大小"项目为720×576分辨率，再设置标清格式的比特率"平均"值为2M，如图12-41所示。

 专家课堂

将"比特率"值设置为2M，即为文件容量最低的MPEG格式，"低质量"文件容量为14.6MB，但输出影片效果与"高质量"和"中质量"的MPEG格式相差甚远，仅适合临时预览和网络传输使用。

**03** 完成渲染输出后，"MPEG2标清低质量"将输出成为一个集合"视频"与

"音频"的预览文件，如图12-42所示。

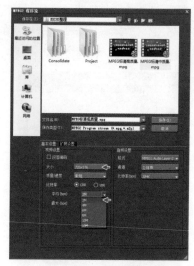

图12-41 基本设置

图12-42 输出预览文件

**04** 对MPEG格式"比特率"值的设置，不管在文件容量还是影片画质上均有所不同，文件容量越大输出影片的效果也就越好，文件容量越小输出影片的效果也就越差，可以根据所需自定义进行设置，如图12-43所示。

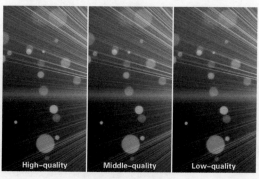

图12-43 效果对比

# 12.4 实例——指定输出范围

| 素材文件 | 配套光盘→范例文件→Chapter12→素材 | 难易程度 | ★☆☆☆☆ |
|---|---|---|---|
| 效果文件 | 无 | 重要程度 | ★★☆☆☆ |
| 实例重点 | 素材文件夹的建立与添加编辑素材操作 | | |

"指定输出范围"实例的制作流程主要分为3部分,包括:(1)入点与出点设置;(2)编辑入点与出点;(3)指定区域输出。如图12-44所示。

(1)入点与出点设置　　　(2)编辑入点与出点　　　(3)指定区域输出

图12-44　制作流程

## 12.4.1 入点与出点设置

**01** 启动EDIUS软件并进行影片编辑操作,如果需要对"时间线"面板中的局部某段素材进行输出,可以通过设置"入点"与"出点"完成,如图12-45所示。

图12-45　编辑工程

**02** 将"时间线"面板中的"时间指针"放置到轨道所需指定输出范围的开始位置,然后在"时间线"的时间提示位置单击鼠标"右"键,在弹出的浮动菜单中选择"设置入点"命令,如图12-46所示。

专家课堂

还可以通过执行"I"键快捷执行"设置入点"操作。

图12-46　右键设置入点

**03** 在"监视器"面板中单击 设置入点按钮,也可以执行指定输出范围的设置,如图12-47所示。

图12-47　设置入点按钮

**04** 完成"设置入点"操作后,在"时间线"面板中的"时间指针"放置处建立指定输出范围的开始图标,如图12-48所示。

图12-48　已建立入点图标

**05** 将"时间线"面板中的"时间指针"放置到轨道所需指定输出范围的结束位置，然后在"时间线"的时间提示位置单击鼠标"右"键，在弹出的浮动菜单中选择"设置出点"命令，如图12-49所示。

图12-49　右键设置出点

**06** 在"监视器"面板中单击 **P** 设置出点按钮，也可以执行指定输出范围的设置，如图12-50所示。

图12-50　设置出点按钮

**07** 完成"设置出点"操作后，在"时间线"面板中的"时间指针"放置处建立指定输出范围的结束图标，如图12-51所示。

图12-51　已建立出点图标

## 12.4.2　编辑入点与出点

**01** 将鼠标放置到所设置的"入点"位置，会显示出"入点"的时间信息，如果需要对所设置的"入点"再次进行调整，可以通过按住鼠标"左"键拖拽"入点"的图标调整，如图12-52所示。

图12-52　调整入点图标

**02** 如果需要查看"入点"与"出点"的位置，可以单击"监视器"面板中的 **▼** 设置图标，然后在弹出的浮动菜单中切换"转到入点"命令，完成在"入点"与"出点"间的切换，如图12-53所示。

图12-53　转到入点设置

通过执行 "Q" 键可以快捷执行 "转到入点" 操作。

**03** 如果需要清除 "入点" 与 "出点" 的位置图标，可以单击 "监视器" 面板中的 ■ 设置图标，然后在弹出的浮动菜单中切换 "清除入点" 命令，完成 "入点" 图标的清除操作，如图12-54所示。

图12-54 清除入点设置

通过执行 "Alt+I" 键快捷也可以执行 "清除入点" 操作，但须在英文输入法状态下方可使用。

**04** 如果需要同时清除 "入点" 与 "出点" 的位置图标，可以在 "时间线" 面板的时间提示位置单击鼠标 "右" 键，在弹出的浮动菜单中选择 "清除入点/出点" 命令，系统将同时清除掉已经设置的 "入点" 和 "出点"，如图12-55所示。

图12-55 清除入点/出点命令

## 12.4.3 指定区域输出

**01** 在菜单栏中选择【文件】→【输出】→

【输出到文件】命令，准备进行指定区域的输出操作，如图12-56所示。

图12-56 输出到文件

**02** 执行 "输出到文件" 命令后系统将弹出对话框，正确设置输出文件的格式类型，其中最重要的是需要开启 "在入出点之间输出" 项目，如图12-57所示。

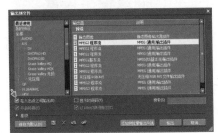

图12-57 开启在入出点之间输出

**03** 在 "输出到文件" 对话框中单击 "输出" 按钮，然后在 "MPEG2程序流" 对话框中设置输出的文件名称，再单击 "保存" 按钮，系统将在所设置的 "入点" 与 "出点" 图标间进行指定区域输出操作，如图12-58所示。

图12-58 设置文件名称

# 12.5 实例——多序列批量输出

| 素材文件 | 配套光盘→范例文件→Chapter12→素材 | 难易程度 | ★★☆☆☆ |
|---|---|---|---|
| 效果文件 | 无 | 重要程度 | ★★★★★ |
| 实例重点 | 将"时间线"面板中的多个序列进行批量输出操作 | | |

"多序列批量输出"实例的制作流程主要分为3部分，包括：（1）批量输出设置；（2）再次添加序列；（3）多次添加序列。如图12-59所示。

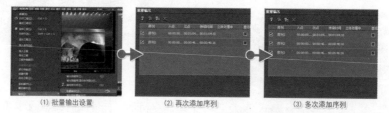

（1）批量输出设置　　　　　（2）再次添加序列　　　　　（3）多次添加序列

图12-59　制作流程

## 12.5.1　批量输出设置

**01** 启动EDIUS软件并进行多"序列"的影片编辑操作，如果需要将"序列1"、"序列2"和"序列3"的编辑内容同时进行输出，可执行"批量输出"的操作，如图12-60所示。

图12-60　影片编辑

**02** 在软件的菜单栏中选择【文件】→【输出】→【批量输出】命令，如图12-61所示。

**03** 执行"批量输出"命令会弹出对话框，其中可以添加到批量输出列表，如图12-62所示。

图12-61　选择批量输出

图12-62　批量输出对话框

**04** 单击 添加到批量输出列表（渲染格式）按钮，系统自动将"序列1"添加到列表中，如图12-63所示。

**专家课堂**

"批量输出"对话框中的"添加到批量输出列表（渲染格式）"命令可以自动设置格式与文件名称，可以通过设置"输出器"和"文件名"项目进行更改。

图12-63 添加到批量输出列表

**05** 将"序列1"添加到列表后,可以单击"输出器"的🔲按钮设置输出格式,单击"文件名"的🔲按钮设置输出路径与名称,如图12-64所示。

图12-64 输出器与文件名

**06** 如果需要将添加到列表的"序列1"删除掉,可以单击🗙删除批量输出项目按钮,系统将会进行清除操作,如图12-65所示。

图12-65 删除批量输出项目

专家课堂

除了将错误设置或不需要再批量输出的"序列1"清除掉外,通过关闭列表中项目的"对号"开关按钮,也可以使系统不再对此关闭的项目进行"批量输出"操作。

**07** 除了执行🔲添加到批量输出列表(渲染格式)按钮外,也可以执行🔲添加到批量输出列表按钮,系统将自动弹出"输出到文件"对话框,在其中可以设置输出格式与文件名称,如图12-66所示。

图12-66 添加到批量输出列表

**08** 正确添加到批量输出列表后,列表中会显示批量输出的"序列"名称,还有"入点"、"出点"的时间和其他信息提示,如图12-67所示。

图12-67 批量输出项目

## 12.5.2 再次添加序列

**01** 如果要再次添加其他"序列"进行批量渲染,可以切换至"时间线"面板的"序列2",如图12-68所示。

图12-68 切换其他序列

**02** 在软件的菜单栏中选择【文件】→【输出】→【批量输出】命令,然后单击🔲添加到批量输出列表按钮,再设置"弹出到文件"对话框的输出格式与文件名称,如图12-69所示。

**03** 添加到批量输出列表后,系统将自动排列先后添加"序列"的顺序,完成再次批量输出的设置,如图12-70所示。

图12-69　添加到批量输出列表

图12-70　批量输出项目

## 12.5.3　多次添加序列

**01** 在"时间线"面板拥有多个影片编辑的"序列"，如果要再次添加其他"序列"进行批量渲染，可以切换至"时间线"面板的"序列3"，如图12-71所示。

图12-71　切换其他序列

**02** 在"时间线"面板的空白位置单击鼠标"右"键，然后在弹出的浮动菜单中选择"添加到批量输出列表"命令，如图12-72所示。

**03** 添加到批量输出列表后，系统将自动

排列先后添加"序列3"的顺序，如图12-73所示。

图12-72　添加到批量输出列表

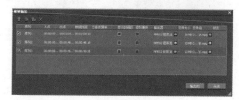

图12-73　批量输出项目

**04** 确保将多个"序列"正确添加到批量输出列表后，可单击"输出"按钮完成批量输出操作，如图12-74所示。

图12-74　输出操作

**专家课堂**

在"输出"操作时，会按"序列"的先后顺序逐一执行输出，系统还会提供每个"序列"的渲染时间与进度提示，便于管理批量输出操作。

# 12.6 实例——AVI格式输出

| 素材文件 | 配套光盘→范例文件→Chapter12→素材 | 难易程度 | ★☆☆☆☆ |
|---|---|---|---|
| 效果文件 | 无 | 重要程度 | ★★★★☆ |
| 实例重点 | 对AVI格式的两种常用解码进行讲解 | | |

"AVI格式输出"实例的制作流程主要分为3部分，包括：（1）选择文件输出；（2）HQ AVI格式设置；（3）无压缩AVI格式设置。如图12-75所示。

（1）选择文件输出　　　　（2）HQ AVI 格式设置　　　　（3）无压缩 AVI 格式设置

图12-75　制作流程

## 12.6.1　选择文件输出

**01** 如果要进行高清AVI格式的输出操作，可以在EDIUS软件的菜单栏中选择【文件】→【输出】→【输出到文件】命令，如图12-76所示。

图12-76　输出到文件

**02** 执行"输出到文件"命令后，系统将弹出EDIUS所支持的输出文件格式类型，然后在"输出到文件"对话框的左侧区域选择"AVI"项目，如图12-77所示。

图12-77　选择AVI项目

**专家课堂**

　　EDIUS中的AVI格式包括了DV、DVCPRO HD、DVCPRO 50、Grass Valley HQ、Grass Valley HQX、Grass Valley无损和无压缩类型。

## 12.6.2　HQ AVI格式设置

**01** 在"输出到文件"对话框的左侧区域选择"Grass Valley HQ"项目，其中提供了两类预设类型，主要为无通道信息和有通道信息，如图12-78所示。

图12-78　预设类型

**专家课堂**

　　Grass Valley HQ为EDIUS公司开发的高压缩解码程序，压缩的效果非常好，支持高分辨率的视频文件，适合影片编辑的响应时间和实时编辑操作。

**02** 在"输出到文件"对话框的"输出器"中选择Grass Valley HQ AVI预设，然后单击"输出"按钮继续进行设置，如图12-79所示。

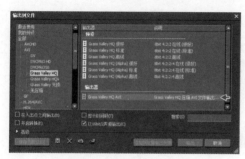

图12-79 选择预设并输出

**03** 在弹出的"输出到文件"对话框中设置
Grass Valley HQ AVI输出路径和文件名
称,其中的"编解码器设置"还可以根
据需要更改输出画面的品质,如图12-80
所示。

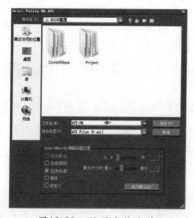

图12-80 设置文件名称

> **专家课堂**
>
> Grass Valley HQ AVI格式输出的影片只
> 允许在安装EDIUS解码的计算机中预览与
> 使用。

## 12.6.3 无压缩AVI格式设置

**01** 在"输出到文件"对话框的左侧区域选
择"无压缩"项目,其中提供了按照
RGB、RGBA、UYVY、YUY2、V210颜
色的分类信息预设,如图12-81所示。

**02** 在"输出器"中选择"无压缩RGB
AVI"预设,然后单击"输出"按钮继
续进行设置,如图12-82所示。

> **专家课堂**
>
> 使用"无压缩"方式输出的AVI格式
> 文件品质非常高,其缺点是文件容量非常
> 大,比较适合片头、广告、特效等短小镜
> 头的影片使用。

图12-81 预设类型

图12-82 选择预设并输出

**03** 在弹出的对话框中设置无压缩AVI输出
路径和文件名称,如图12-83所示。

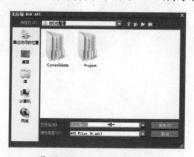

图12-83 设置文件名称

> **专家课堂**
>
> "无压缩AVI"文件的输出路径尽量
> 设置在"NTFS"格式的磁盘中,避免输出
> 文件容量过大,磁盘不支持输出操作。
>
> "NTFS"格式支持最大分区2TB、最
> 大文件64GB,"FAT16"格式支持最大分
> 区2GB、最大文件2GB,"FAT32"格式支
> 持最大分区128GB、最大文件4GB。

# 12.7 实例——MOV格式输出

| 素材文件 | 配套光盘→范例文件→Chapter12→素材 | 难易程度 | ★☆☆☆☆ |
|---|---|---|---|
| 效果文件 | 无 | 重要程度 | ★★★★☆ |
| 实例重点 | 将编辑影片输出为QuickTime的MOV格式 | | |

"MOV格式输出"实例的制作流程主要分为3部分,包括:(1)选择文件输出;(2)MOV视频设置;(3)MOV其他设置。如图12-84所示。

（1）选择文件输出　（2）MOV 视频设置　（3）MOV 其他设置

图12-84　制作流程

## 12.7.1 选择文件输出

① 在EDIUS软件的菜单栏中选择【文件】→【输出】→【输出到文件】命令,如图12-85所示。

图12-85　输出到文件

② 执行"输出到文件"命令后,系统将弹出EDIUS支持的输出文件格式类型,在"输出到文件"对话框的左侧区域选择"QuickTime"项目,如图12-86所示。

专家课堂

在右侧的"输出器"中提供了平板电脑、手机和电视等预设。

图12-86　选择QuickTime项目

③ 在"输出到文件"对话框的"输出器"中选择"QuickTime输出插件"预设,然后单击"输出"按钮继续进行设置,如图12-87所示。

专家课堂

QuickTime具有跨平台、存储空间要求小的技术特点,而采用了有损压缩方式的MOV格式文件,画面效果较AVI格式要稍微好一些。

图12-87 选择预设并输出

**04** 在弹出的"QuickTime"对话框中设置QuickTime输出的路径和文件名称，然后单击"设置"按钮进行视频、音频等参数设置，如图12-88所示。

图12-88 设置文件名称

**05** 单击"设置"按钮会弹出QuickTime的"影片"设置对话框，如图12-89所示。

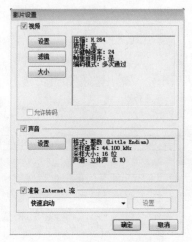

图12-89 影片设置对话框

**专家课堂**

如果计算机正确安装了QuickTime播放器，在设置时会弹出第三方插件的对话框，与EDIUS的界面风格明显不同。

## 12.7.2 MOV视频设置

**01** 单击"视频"卷展栏中的"设置"按钮，准备进行视频压缩的选择，如图12-90所示。

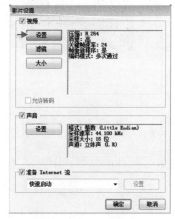

图12-90 单击视频设置

**专家课堂**

对MOV格式的视频压缩、滤镜、大小等设置均需要在QuickTime中设置。

**02** 在弹出的"标准视频压缩设置"对话框中选择"压缩类型"，在其中可以选择具有压缩优势的"H264"类型，如图12-91所示。

图12-91 压缩类型设置

**专家课堂**

　　由于"H264"出色的编码效率，使其很快就被以视频设备为主体的编码设备市场所接受。"H264"高效的编码效率，对相同视频节目占用较小的网络带宽和存储空间，"H264"压缩技术将大大节省用户的下载时间和数据流量效率。尤其值得一提的是，"H264"在具有高压缩比的同时还拥有高质量流畅的图像，正因为如此，经过"H264"压缩的视频数据，在传输过程中所需要的资源更少，也更加经济。

**03** 在"运动"项目中可以设置"帧速率"，以常见的影片为例，可以设置为"25fps"，如图12-92所示。

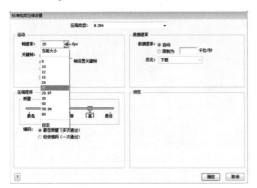

图12-92　帧速率

**04** 在"压缩程序"项目中可以拖拽"质量"的滑块，其中包括了"最低"、"低"、"中等"、"高"和"最佳"5种类型，将直接影响输出影片的文件容量和画面质量，如图12-93所示。

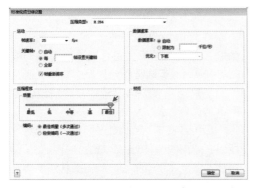

图12-93　设置压缩程序

**05** 单击"视频"卷展栏中的"滤镜"按钮，可以再次对输出影片的"滤镜"进行调整，如图12-94所示。

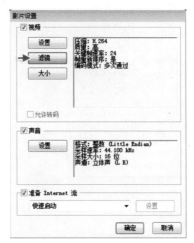

图12-94　单击滤镜

**06** 在弹出的"选择视频滤镜"对话框中可以添加所需的"滤镜"，如图12-95所示。

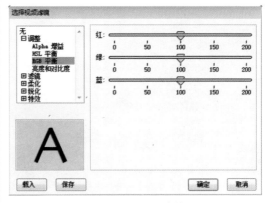

图12-95　添加滤镜

**专家课堂**

　　如果需要输出的MOV影片整体明度更高，可以设置"亮度和对比度"滤镜；如果需要输出的MOV影片整体细节更强烈，可以设置"锐化"滤镜。

**07** 单击"视频"卷展栏中的"大小"按钮，可以对输出的影片尺寸进行调整，如图12-96所示。

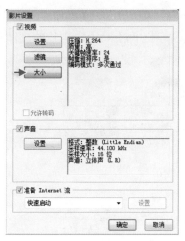

图12-96　单击大小

**08** 在弹出的"导出大小设置"对话框中可单击"尺寸"项目，在弹出的选项中可以设置输出分辨率的大小尺寸，如图12-97所示。

图12-97　设置分辨率尺寸

**09** 如果需要设置特定的"尺寸"，可以选择使用"自定"类型，然后手动设置长、宽分辨率，如图12-98所示。

图12-98　自定分辨率设置

**10** 如果使用原始的长和宽的分辨率，可开启"保留宽高比，使用"项目，其中包含"信箱"、"裁剪"和"适合尺寸"，如图12-99所示。

图12-99　保留宽高比设置

专家课堂

例如，原始的影片工程为16∶9的高清工程，而在MOV输出时需要4∶3的标清格式，便需要进行设置。"信箱"类型可将画面比缺失的分辨率自动添加上下两侧黑条，"裁剪"类型可将画面比多余的分辨率自动进行裁剪删除，"适合尺寸"类型可将输出内容进行比例适应变形。

**11** 在输出MOV格式时，还可以开启"去除交错源视频"项目，如图12-100所示。

图12-100　去除交错源视频

专家课堂

"NTSC"和"PAL"视频是"交错"视频，这意味着视频的每一帧由两个场组成（相隔1/50秒），其中一个场包括奇数广播行，而另一个场包括图像的偶数行，这两个场之间的差异会产生运动的效果。

在标准清晰度的电视机中，我们的眼睛会将这两幅图像组合成一个完整的帧（在30 fps时运动画面连贯而逼真），而且因为场刷新速度快（1/50秒），所以就看不出"交错"。

因为"交错"会为每一帧产生两个场，所以在场内快速移动的区域会分开成交叉锯齿线。如果发现有条纹，就需要将源媒体去除"交错"，将它转换为基于帧的格式。

## 12.7.3 MOV其他设置

**01** 单击"影片设置"对话框"声音"卷展栏中的"设置"按钮,准备进行音频压缩的选择,如图12-101所示。

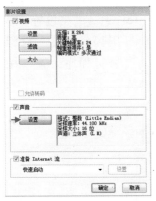

图12-101 单击声音设置

**02** 在弹出的"声音设置"对话框中可以选择输出影片中所使用音频的压缩格式,如图12-102所示。

图12-102 声音格式设置

 专家课堂

"线性PCM"可以将模拟信号的声音以一定的周期取样,再以数字信号的形式保存,最大限度忠实于原音,能获得等同于CD的优美音质。

"AAC"高级音频编码基于MPEG2的音频编码技术,是一种专为声音数据设计的文件压缩格式,与MP3不同,它采用了全新的算法进行编码,可以使人感觉声音质量没有明显降低的前提下,文件容量更加小巧。

**03** 在"声音设置"对话框中单击"声道"项目,可以设置使用单声道、立体声或四声道等,如图12-103所示。

图12-103 声道设置

**04** 在"声音设置"对话框中单击"速率"项目,可以设置影片输出使用的音频率,如图12-104所示。

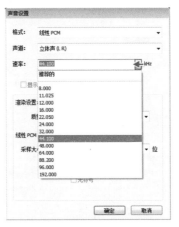

图12-104 速率设置

 专家课堂

"速率"即为音频的频率范围,"速率"大小的设置将直接影响音频质量和文件容量。

**05** 在"声音设置"对话框的"渲染设置"卷展栏中,单击"质量"项目可以快速设置输出音频的质量,如图12-105所示。

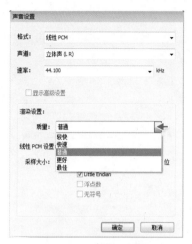

图12-105 渲染质量设置

**06** 在"影片设置"对话框的"准备Internet流"卷展栏中，可以通过 Internet传输影片并通过HTTP下载方式或实时流方式传输影片，如图12-106所示。

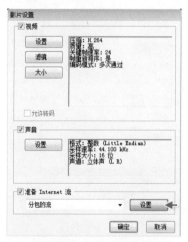

图12-106 Internet流设置

专家课堂

如果要设置影片以通过Internet进行流传输，需要压缩影片，使其数据速率适于用户连接所用的带宽。在使用QuickTime Streaming Server或Darwin Streaming Server时可以使用分包流传输格式。分包轨道与视频、音频和其他轨道一起存储在影片中，为QuickTime Streaming Server软件提供了关于服务器、传输包大小和待用协议的信息。

选择分包流传输时，"分包轨道"

（通过流传输影片所需的信息）会添加到影片中。如果影片已经是所要的格式，可以通过在QuickTime Player中打开影片，从文件菜单中选择导出，然后选择影片到分包影片，准备影片以进行流传输。

**07** 单击Internet流的"设置"按钮将弹出"分包导出程序设置"对话框，再单击"轨道分包程序设置"按钮可以对Internet流进行设置，如图12-107所示。

图12-107 分包导出程序设置

**08** 在弹出的"RTP轨道设置"对话框中对Internet流的网络传输进行设置，如图12-108所示。

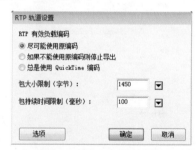

图12-108 RTP轨道设置

**09** 完成渲染输出后，QuickTime将输出成为一个集合"视频"与"音频"的MOV预览文件，如图12-109所示。

图12-109 输出预览文件

## 12.8 实例——音频格式输出

| 素材文件 | 配套光盘→范例文件→Chapter12→素材 | 难易程度 | ★☆☆☆☆ |
|---|---|---|---|
| 效果文件 | 无 | 重要程度 | ★★★☆☆ |
| 实例重点 | WAV和AC3两种音频格式的输出操作 | | |

"音频格式输出"实例的制作流程主要分为3部分，包括：（1）选择文件输出；（2）WAV格式设置；（3）AC3格式设置。如图12-1所示。

(1) 选择文件输出　　(2) WAV 格式设置　　(3) AC3 格式设置

图12-110　制作流程

### 12.8.1 选择文件输出

**01** 在EDIUS软件的菜单栏中选择【文件】→【输出】→【输出到文件】命令，如图12-111所示。

图12-111　输出到文件

**02** 执行"输出到文件"命令后，系统将弹出EDIUS支持的输出文件格式类型，然后在"输出到文件"对话框的左侧区域选择"音频"项目，如图12-112所示。

图12-112　选择音频项目

### 12.8.2 WAV格式设置

**01** 在"输出到文件"对话框的右侧区域选择"PCM WAVE"项目，使用无压缩的WAVE文件输出器插件，如图12-113所示。

图12-113　选择WAVE输出

专家课堂

WAVE是录音时用的标准的Windows文件格式，文件的扩展名为"WAV"，数据本身的格式为PCM或压缩型。

**02** 在弹出的"PCM WAVE"对话框中设置输出路径和文件名称，再单击"保存"按钮进行输出，如图12-114所示。

图12-114 设置文件名称

**03** 完成渲染输出后，将输出成WAVE音频预览文件，如图12-115所示。

图12-115 输出预览文件

## 12.8.3 AC3格式设置

**01** 在"输出到文件"对话框的右侧区域选择"Dolby Digital（AC-3）"项目，使用无压缩的WAVE文件输出器插件，如图12-113所示。

**02** 在弹出的对话框设置输出路径和文件名称，再单击"保存"按钮进行输出，可以得到高压缩的音频素材，如图12-117所示。

图12-116 选择AC-3输出

专家课堂

AC-3又称为Dolby Digital，杜比数码AC-3是风靡世界的数字立体环绕声，是美国杜比实验室开发的一种全数字音频压缩编码系统，由5个完全独立的整声道和1个超重低频声道（简称5.1声道）构成。采用12∶1的压缩比，6个声道的信息在编码的过程完全数字化，细节丰富，使声音的重现更加纯净，表现更逼真，效果更震撼。

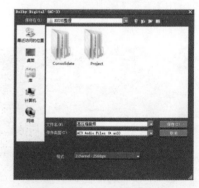

图12-117 设置文件名称

**03** 完成渲染输出后，将输出成AC3音频预览文件，如图12-118所示。

图12-118 输出预览文件

## 12.9 实例——图像序列输出

| 素材文件 | 配套光盘→范例文件→Chapter12→素材 | 难易程度 | ★☆☆☆☆ |
|---|---|---|---|
| 效果文件 | 无 | 重要程度 | ★★★★★ |
| 实例重点 | 将编辑影片输出为图像序列格式 | | |

"图像序列输出"实例的制作流程主要分为3部分，包括：（1）选择图像输出；（2）图像序列尺寸设置；（3）图像序列存储设置。如图12-119所示。

（1）选择图像输出　　　　（2）图像序列尺寸设置　　　　（3）图像序列存储设置

图12-119　制作流程

### 12.9.1　选择图像输出

**01** 在软件菜单栏中选择【文件】→【输出】→【输出到文件】命令，如图12-120所示。

图12-120　输出到文件

**02** 执行"输出到文件"命令后，系统将弹出EDIUS支持的输出文件格式类型，然后在"输出到文件"对话框的左侧区域选择"其他"项目，在右侧区域再选择"静态图像"预设，如图12-121所示。

图12-121　选择静态图像

### 12.9.2　图像序列尺寸设置

**01** 在"输出到文件"对话框中单击"开启转换"项目按钮，在"高级"卷展栏中可以更改视频格式的尺寸，如图12-122所示。

图12-122　更改视频尺寸

**02** 在"输出到文件"对话框中单击"输出"按钮,准备进行图像序列的输出操作,如图12-123所示。

图12-123 输出操作

## 12.9.3 图像序列存储设置

**01** 图像序列因文件数量过多,所以常通过建立"文件夹"进行文件管理,如图12-124所示。

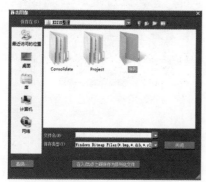

图12-124 新建文件夹

**02** 在建立的"文件夹"中设置存储图像序列文件的名称,如图12-125所示。

图12-125 设置文件名称

> **专家课堂**
>
> "图像序列"由号码连续的图片串组成,所以在设置文件名称时只需设置"名称"即可,不必设置"号码"。

**03** 单击"高级"按钮弹出"静态图像保存高级设置"对话框,在其中可以对采集场、滤镜和宽高比进行设置,如图12-126所示。

图12-126 高级设置

**04** 在"静态图像"对话框中可以设置"保存类型",不含有透明"通道"的影片可保存为BMP图像序列格式,便于其他编辑软件的交互和使用,如图12-127所示。

图12-127 保存类型设置

**05** 单击"在入/出点之间保存为序列化文件"按钮,如图12-128所示。

> **专家课堂**
>
> 如果编辑影片的"时间线"中未设置入点与出点,系统将对"时间线"内的素材进行全部输出图像序列操作。

图12-128 在入/出点之间保存为序列化文件

图12-129 渲染对话框

**06** 设置完成后，系统将弹出"渲染"的进度提示对话框，如图12-129所示。

**07** 完成渲染输出后，"图像序列"操作将输出成为一组号码连续的"图像串"，如图12-130所示。

图12-130 输出预览文件

# 12.10 实例——WMV格式输出

| 素材文件 | 配套光盘→范例文件→Chapter12→素材 | 难易程度 | ★☆☆☆☆ |
|---|---|---|---|
| 效果文件 | 无 | 重要程度 | ★★★★☆ |
| 实例重点 | 根据所需自定义和使用预设输出WMV影音格式 | | |

　　"WMV格式输出"实例的制作流程主要分为3部分，包括：（1）选择文件输出；（2）自定义设置；（3）预设压缩设置。如图12-132所示。

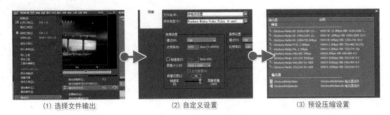

（1）选择文件输出　　　　（2）自定义设置　　　　（3）预设压缩设置

图12-131 制作流程

## 12.10.1 选择文件输出

**01** 启动EDIUS软件并进行影片编辑，进行WMV格式的输出操作，在软件菜单栏中选择【文件】→【输出】→【输出到文件】命令，如图12-132所示。

**02** 执行"输出到文件"命令后，系统将弹出EDIUS支持的输出文件格式类型，然后在"输出到文件"对话框的左侧区域选择"Windows Media"项目，还可以在右侧区域选择"输出器"预设，如图12-133所示。

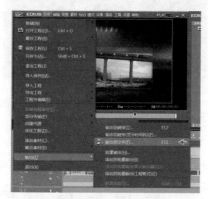

图12-132　输出到文件

图12-133　选择Windows Media

## 12.10.2　自定义设置

**01** 在"输出到文件"对话框的右侧区域选择"Windows Media Video"项目，然后单击"输出"按钮，使用输出器插件进行自定义操作，如图12-134所示。

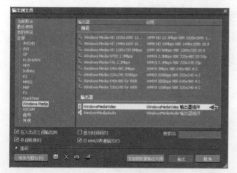

图12-134　选择输出项目

**02** 在弹出的"Windows Media Video"对话框中设置输出路径和文件名称，然后在对话框底部"视频设置"和"音频设置"项目中设置WMV格式的压缩，如图12-135所示。

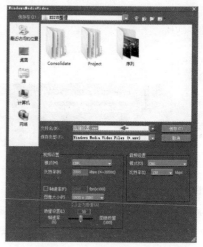

图12-135　设置文件名称

**03** 在"视频设置"中设置"比特率"值为3000，然后将输出的"质量设置"为90，再单击"保存"按钮进行输出，如图12-136所示。

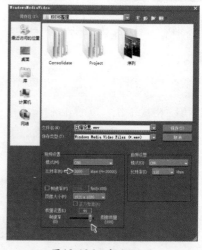

图12-136　视频设置

## 12.10.3　预设压缩设置

**01** 除了"自定义"设置WMV格式的输出，还可以在右侧"输出器"中选择"Windows Media HD 1280×720"小高清项目，得到质量较高、文件容量较小的文件，如图12-137所示。

图12-137 小高清输出

WMV-HD是由软件业的巨头微软公司所创立的一种视频压缩格式,一般采用WMV为文件后缀名。其压缩率甚至高于MPEG-2标准,同样是2小时的HDTV节目,如果使用MPEG-2最多只能压缩至30GB,而使用WMV-HD这样的高压缩率编码器,在画质丝毫不降的前提下可压缩到15GB以下。

本例使用的"Windows Media HD 1280×720"项目使用6Mbps进行压缩,所以小高清文件容量得到很好的控制。

**02** 在"输出到文件"对话框右侧"输出器"中还可以选择"Windows Media PAL 2.3Mbps"标清项目,将输出"720×576"项目使用2.3Mbps进行压缩,所以标清文件容量比较小,但画面

质量略差,如图12-138所示。

图12-138 标清输出

**03** 在"输出到文件"对话框右侧"输出器"中还可以选择"Windows Media 320×240"项目,将使用2.3Mbps进行压缩输出的4:3项目,输出的影片文件容量非常小,画面质量也非常差,所以只适合临时预览或网络传输使用,如图12-139所示。

图12-139 低质量输出

# 12.11 实例——刻录光盘

| 素材文件 | 配套光盘→范例文件→Chapter12→素材 | 难易程度 | ★★★☆☆ |
|---|---|---|---|
| 效果文件 | 无 | 重要程度 | ★★★★★ |
| 实例重点 | 将编辑的影片通过输出操作刻录为光盘 | | |

"刻录光盘"实例的制作流程主要分为3部分,包括:(1)选择刻录光盘;(2)类型与段落设置;(3)菜单与刻录设置。如图12-140所示。

(1) 选择刻录光盘　　(2) 类型与段落设置　　(3) 菜单与刻录设置

图12-140 制作流程

## 12.11.1 选择刻录光盘

**01** 启动EDIUS软件并在弹出的对话框中单击"新建工程"按钮建立新工程文件，在弹出的"工程设置"对话框中会显示以往所设置的项目预设，如需进行"刻录光盘"操作，必须按照"DVD"或"蓝光"的要求设置，如图12-141所示。

图12-141　新建工程

专家课堂

如果新建的工程预设为25P，在进行"刻录光盘"时不允许开启此操作，因为DVD是"隔行扫描"类型，只有新建50i的工程预设才会开启"刻录光盘"命令。

**02** 使用EDIUS软件完成影片编辑后，在软件菜单栏中选择【文件】→【输出】→【刻录光盘】命令，如图12-142所示。

图12-142　输出到文件

**03** 执行"刻录光盘"操作后，系统将开始载入"刻录"的程序，如图12-143所示。

图12-143　载入刻录程序

## 12.11.2 类型与段落设置

**01** 在弹出的"刻录光盘"对话框中提供了开始、影片、样式、编辑、刻录等选项，可以根据需要进行设置，如图12-144所示。

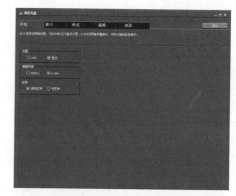

图12-144　刻录光盘对话框

**02** 以标清光盘为例，在"开始"选项中将光盘类型由"蓝光"切换至"DVD"类型，如图12-145所示。

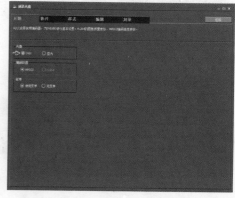

图12-145　设置光盘类型

蓝光，也称蓝光光碟，英文翻译为Blu-ray Disc，经常被简称为BD。是DVD之后下一时代的高画质影音储存光盘媒体（可支持Full HD影像与高音质规格）。

DVD的画面分辨率是720×576（PAL制式）或720×480（NTSC制式），每幅画面的有效像素数量为35万；BD碟机播放时的分辨率则是1920×1080，有效像素是207万，是DVD的5倍多。

BD画面的色彩饱和度和亮度远远高于DVD，色彩还原能力比DVD高出数倍，画面非常细腻逼真。例如，画面上5个挨得很近的小黑点如果使用BD观看，是清楚可见的，而如果使用DVD观看，就是一个大黑斑。

BD音频压缩采用EXAC技术，可以同时实现高保真和环绕声，在信产部的评测中，BD音响效果是4.7分（满分5分），比杜比高出0.2分。因此，BD在听觉上带来的绝对是发烧级的享受。

**03** 切换至"影片"选项，其中首栏将显示磁盘的信息，次栏将显示刻录光盘的段落内容，如图12-146所示。

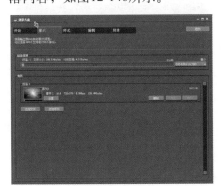

图12-146 影片选项

**04** 在"电影"卷展栏中可以单击"添加文件"或"添加序列"按钮，继续添加刻录光盘的内容。因本编辑项目中还包括了"序列2"和"序列3"时间，所以单击"添加序列"按钮，然后在弹出的"选择序列"对话框中开启所需添加的"序列"，如图12-147所示。

图12-147 添加序列

**05** 完成"添加序列"操作后，"影片"选项中的"磁盘信息"栏中将会显示所刻录的容量，还有"电影"栏中将提示所刻录的3个段落，如图12-148所示。

图12-148 磁盘信息提示

刻录DVD光盘时要注意磁盘容量的限制，其中"DVD-R DL"格式支持8.5GB，而"DVD-R/RW"格式支持4.7GB，目前国内市场较为常见的有DVD-R、DVD+R、DVD-RW、DVD+RW、DVD-R DL、DVD+R DL、DVD-ROM这几类以及国内市场不太常见的DVD-RAM格式。

而EDIUS支持的DVD+/-R DL是相对于普通单面单层4.7G来说的单面双层刻录（DVD+/-Recordable Double layer），具有两个存储层，相比普通的单面单层刻录盘存储容量扩充到了8.5G，不过由于技术问题，生产这类盘片的厂商很少，所以价格也偏贵。

## 12.11.3 菜单与刻录设置

**01** 将"刻录光盘"对话框切换至"样式"选项栏，在其中可以设置光盘的启动选择菜单，如图12-149所示。

图12-149 样式选项

**专家课堂**

由于在"影片"选项中添加了三个序列，所有"样式"中也同样自动建立了三个段落的缩略图。

**02** 如果不需要开启"样式"项目，可以将"刻录光盘"对话框切换回"开始"选项栏，再关闭"菜单"卷展栏中的"无菜单"选项即可，如图12-150所示。

图12-150 关闭菜单

**03** 如果需要开启"样式"项目，可以在对话框的底部选择"界面"排列的样式预设，系统将自动排列缩略图的分布方式，如图12-151所示。

图12-151 界面预设

**专家课堂**

在"样式"项目中可以设置是否使用自动布局项目控制光盘菜单的行和列，而宽高比项目中提供了4：3和16：9的选择，其中还有帧速率、章节按钮、章节菜单、段落菜单和光标风格。

**04** 将"刻录光盘"对话框切换至"编辑"选项栏，可以对光盘菜单的标题和"序列"缩略图的标题进行自定义修改，还可以对标题和缩略图的位置再次手工排列，如图12-152所示。

图12-152 编辑光盘菜单

**05** 将"刻录光盘"对话框切换至"刻录"选项栏，"磁盘信息"栏中将提示所刻录的容量等信息，在"输出"栏的"设置"选项中可以设置刻录光盘的名称和数量，然后在"光驱1"栏中选择计算机的刻录光驱盘符，再将刻录光驱弹出并放置一张空白的光盘，便可以单击面板右下侧位置的"刻录"按钮进行刻录光盘操作，如图12-153所示。

图12-153 刻录光驱操作

**专家课堂**

在光盘的刻录过程中，尽量关闭EDIUS以外的其他程序，避免影响到刻录程序的缓存调配。

**06** 除了直接使用EDIUS进行光盘的刻录操作以外，还可以将输出的"刻录文件"存储到本机硬盘之中，再利用第三方刻录程序进行光盘刻录操作，如图12-154所示。

图12-154 启用细节设置

**专家课堂**

使用EDIUS软件直接进行光盘刻录工作，不如先输出"刻录文件"至本机，再通过第三方刻录软件进行刻录操作稳定。

因为，使用EDIUS软件直接进行光盘刻录时，系统需先将编辑的影片进行渲染，方可进行EDIUS刻录操作。而将输出的"启用细节设置"项目开启，EDIUS将生产可以被刻录的程序，再利用Nero等第三方刻录软件进行刻录，既可作为刻录的程序文件，又可以起到输出备份，真正做到两全其美。

**07** 只有将"输出光盘镜像到文件夹"选项开启，面板中的"刻录"按钮才会由灰色变为蓝色被激活，然后单击"刻录"按钮进行输出"刻录文件"操作，如图12-155所示。

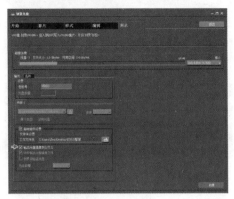

图12-155 输出刻录文件

**08** 在"DVD输出"对话框中将显示三类信息提示，其中顶部的"输出"项目将提示输出位置，在中部输出的进度条则分为"现在编码"和"整体进度"提示，而在底部位置将显示"已用时间"和"声音时间"的提示信息，如图12-156所示。

图12-156 DVD输出对话框

**09** 当输出完成后，将弹出"编码完成"的对话框，此时只需单击"确定"按钮即可完成操作，如图12-157所示。

图12-157 编码完成对话框

**10** 在进行"刻录光盘"操作时会载入EDIUS的附属程序进行操作，所以当关闭"刻录光盘"对话框时会弹出系统"询问"的对话框，确认"是否保存并返回EDIUS"，如图12-158所示。

图12-158 关闭刻录光盘

⑪ 完成渲染输出后，"刻录光盘"操作将输出为两个文件，分别为"图像"与"临时"文件夹，如图12-159所示。其中的"DVD Temp"文件夹为刻录光盘的临时文件，如图12-160所示。

图12-159 输出文件夹

图12-160 临时文件夹

 **专家课堂**

虽然执行的是"刻录光盘"操作，而"DVD Temp"文件夹则提供了MPEG格式的"临时"文件。

虽然MPEG同样为"DVD光盘"的格式，但不支持刻录软件直接刻录使用，而需要进行转码操作。所以在支持"刻录光盘"操作时，"DVD Temp"文件夹的内容仅起到了"备份"的作用。

⑫ "DVD Image"文件夹为刻录软件所使用的文件，而此文件夹中又包含了"AUDIO TS"和"VIDEO TS"分类，如图12-161所示。

图12-161 图像文件夹

 **专家课堂**

通常情况下，DVD影片光盘上会有两个文件夹，分别为"AUDIO TS"和"VIDEO TS"，由于"AUDIO TS"是保留给DVD版的激光唱片DVD-AUDIO使用的，所以在DVD影片光盘中，此文件夹是空。而"VIDEO TS"中则保存着影片所有的视频、音频和字幕信息。

⑬ 在图像文件夹中提供"DVD光盘"所需的刻录程序，而其中的VOB格式文件才是输出的影片，如图12-162所示。

专家课堂

依照DVD影片光盘（DVD-VIDEO）标准的规定，一个标准的"VIDEO TS"文件夹中应该包含三种类型的文件，分别为VOB、IFO、BUP。

VOB（Video OBjects视频目标文件），用来保存DVD影片中的视频数据流、音频数据流、多语言字幕数据流以及供菜单和按钮使用的画面数据。由于一个VOB文件中最多可以保存1个视频数据流、9个音频数据流和32个字幕数据流，所以DVD影片也就可以拥有最多9种语言的伴音和32种语言的字幕。

IFO（InFOrmation信息文件）用来控制VOB文件的播放。文件中保存有怎样以及何时播放VOB文件中数据的控制信息，比如段落的起始时间、音频数据流的位置、字幕数据流的位置等信息。DVD驱动器或者播放软件通过读取IFO文件，才能把组成DVD影片的各种数据有机地结合起来进行播放。

BUP（BackUP备份文件）和IFO文件的内容完全相同，是IFO文件的备份。由于IFO文件对于保证影片的正常播放非常重要，所以需要保留一个副本，以备在IFO文件的读取发生错误时仍然可以通过读取BUP文件来得到相应的信息。

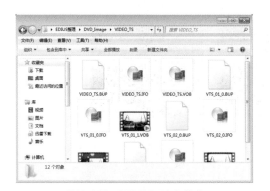

图12-162 VIDEO TS文件夹

⑭ 启动Nero刻录软件，然后在刻录类型中选择【视频】→【DVD视频文件】选项，准备进行"DVD光盘"的刻录，如图12-163所示。

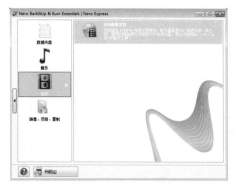

图12-163 选项设置

专家课堂

因为在输出"刻录光盘"操作时开启了"输出光盘镜像到文件夹"选项，所以需要使用第三方刻录软件进行操作。当今的刻录软件有很多，主要涵盖了数据刻录、影音光盘、音乐光盘、光盘备份与复制、音视频提取、光盘擦拭等多种功能的多媒体软件合集，而在众多刻录软件中，Nero刻录软件一直占据着"霸主"位置。

⑮ 选择"DVD视频文件"选项后，将EDIUS输出的"VIDEO TS"所有内容拖拽至刻录软件中，然后单击"下一步"按钮，如图12-164所示。

图12-164 拖拽程序

⑯ 在"最终刻录设置"栏中需要先选择"当前刻录机"的盘符和设置"光盘名称"与"刻录份数"，然后将刻录光驱弹出并放置一张空白刻录光盘，再单击"刻录"按钮进行最终刻录操作，如图12-165所示。

图12-165 最终刻录设置

**专家课堂**

如果开启刻录项目中的"刻录后检验光盘数据"项目，则在刻录光盘操作完成后，自动检查所刻录光盘的数据是否有误，确保所刻录的光盘成功。

⑰ 在"刻录过程"栏中会显示刻录光盘所使用的时间和进度，当"过程状态"栏达到100%时，将完成刻录DVD光盘的操作，如图12-166所示。

图12-166 刻录过程

# 12.12 实例——磁带与导出工程

| 素材文件 | 配套光盘→范例文件→Chapter12→素材 | 难易程度 | ★★★☆☆ |
|---|---|---|---|
| 效果文件 | 无 | 重要程度 | ★★★☆☆ |
| 实例重点 | 对剪辑项目的磁带、AAF工程和EDL工程进行导出操作 | | |

"磁带与导出工程"实例的制作流程主要分为3部分，包括：（1）输出到磁带；（2）导出AAF工程；（3）导出EDL工程。如图12-167所示。

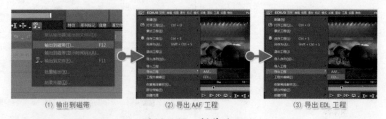

(1) 输出到磁带　　　　(2) 导出 AAF 工程　　　　(3) 导出 EDL 工程

图12-167 制作流程

## 12.12.1 输出到磁带

① 在菜单中选择【文件】→【输出】→【输出到磁带】命令，其命令的快捷键是"F12"，如图12-168所示。

② 在"监视器"面板中单击 输出按钮，然后在弹出的菜单中选择"输出到磁带"命令，也可以将"时间线"的内容输出到磁带，如图12-169所示。

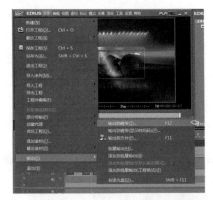

图12-168 输出到磁带命令

图12-169 输出到磁带命令

**03** 如果正确连接了DV摄像机或录像机，EDIUS会弹出"磁带输出向导"对话框，如果希望精确设置输出位置，可以在"录制入点时间码"中指定DV录像带上输出的入点，然后单击"下一步"按钮，如图12-170所示。

图12-170 磁带输出向导对话框

**04** 在确认输出信息后，单击"输出"按钮开始向磁带进行写入操作，如图12-171所示。

图12-171 输出操作

## 12.12.2 导出AAF工程

**01** 如果要将"时间线"中的所有影片编辑进行导出操作，可以在菜单中选择【文件】→【导出工程】→【AAF】命令，如图12-172所示。

图12-172 导出工程命令

 **专家课堂**

AAF是Advanced Authoring Format的缩写，意为"高级制作格式"，是一种用于多媒体创作及后期制作并面向企业界的开放式标准，其中主要包括实体（Essence）和元数据（Metadata）两方面内容。AAF是自非线性编辑系统之后电视制作领域最重要的新进展之一，它解决了多用户、跨平台以及多台电脑协同进行数字创作的问题，给后期制作带来了极大的方便。

EDIUS进行导出工程操作时，等待软件计算导出完成后，将产生AAF格式文件和缓存附属文件，从而可以在Premiere、Vegas或After Effects等软件中导入使用。

虽然AAF格式可以与其他软件进行交互使用，但毕竟是不同开发公司的软件，所以部分内容不会被完全兼容。

**02** 选择【导出工程】→【AAF】命令后，在弹出的"工程导出器"对话框中先设置存储的路径和文件名称，然后设置是否开启"导出入点和出点之间的内容"项目，再单击"详细信息"按钮进行

AAF导出的详细设置，如图12-173所示。

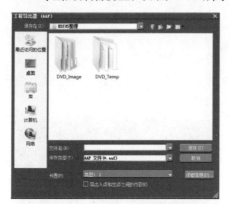

图12-173 工程导出器对话框

**03** 在弹出的"AAF导出详细设置"对话框中主要有三部分，分别是视频素材、音频素材和复制选项。"视频素材"卷展栏中的"导出AAF"项目在导出的AAF文件中将包含视频信息，"素材"项目中有复制素材、压缩并复制素材和使用原始素材用于选择；"音频素材"卷展栏中的"导出AAF"项目在导出的AAF文件中包含音频信息，"素材"项目中有复制素材、压缩并复制素材和使用原始素材用于选择，"启用声相设置"项目可以控制以单独通道的非立体声轨道导出立体声轨道；"复制选项"卷展栏中可以控制复制使用中的素材、将使用的素材部分导出到文件、输出文件夹、导出器等项目，如图12-174所示。

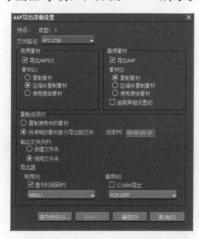

图12-174 导出设置

**04** 在EDIUS软件中完成导出后，启动After Effects软件并导入EDIUS软件导出的AAF格式文件，在After Effects软件的"时间线"中将重建EDIUS软件在中粗剪的工程，可以进行下一步的特效与精致调色等工作，如图12-175所示。

图12-175 导出与导入对比

## 12.12.3 导出EDL工程

**01** 如果要将"时间线"中的所有影片编辑进行导出操作，可以在菜单中选择【文件】→【导出工程】→【EDL】命令，如图12-176所示。

图12-176 导出工程命令

EDL（Editorial Determination List）是一个表格形式的列表，由时间码值形式的电影剪辑数据组成。EDL是在编辑时由很多编辑系统自动生成的，也可保存到磁盘中。

图12-177　导出设置

**02** 当在脱机/联机模式下工作时，编辑决策列表极为重要，脱机编辑下生成的EDL被读入到联机系统中，作为最终剪辑的基础。此过程中固有的问题是，虽然EDL包含编辑所需的所有时间码值，但其并不包含关于特技效果、颜色校正、音量设置等项目的信息，如图12-177所示。

将包含EDL的磁盘插入联机编辑控制中，通常并未提供联机编辑所需的全部信息，而是必须重新生成特技效果和画面校正，格式之间可通过适当的软件工具来相互转换。

## 12.13 本章小结

本章通过大量实例详细介绍了输出与渲染视频文件的各种操作方法，并将影片输出的技巧逐一展示，帮助用户在完成影片编辑后，称心如意地进行输出操作。

# 第13章
# "二维动画"
# 影片定板

| 素材文件 | 配套光盘→范例文件→Chapter13 | 难易程度 | ★★★☆☆ |
|---|---|---|---|
| 效果文件 | 配套光盘→范例文件→Chapter13→二维动画成品.mpg | 重要程度 | ★★★★☆ |
| 实例重点 | 将平面素材进行动画组合设置 | | |

在制作"二维动画"影片定板实例时，先对Photoshop软件绘制的分层素材进行动画组合设置，完成在蓝色渐变的背景中逐一显示地面、松树、房子和雪人素材的效果，然后设置风车转动效果与飘落雪花效果，再丰富动画效果和文字内容，如图13-1所示。

图13-1 二维动画影片定板整体实战效果

"二维动画"影片定板实例的制作流程主要分为6部分，包括：（1）制作平面素材；（2）视频素材排列；（3）风车动画设置；（4）素材动画设置；（5）雪花与文字设置；（6）最终项目整理。如图13-2所示。

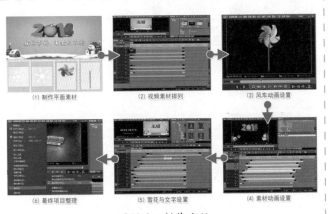

图13-2 制作流程

# 13.1 制作平面素材

## 13.1.1 主体素材制作

**01** 在Photoshop中新建一个分辨率为1280×720的文件，先将前景色设置为"蓝色"、背景色设置为"淡蓝色"，再使用工具箱中的■径向渐变工具在"背景"层绘制原形渐变效果，完成影片背景的制作，如图13-3所示。

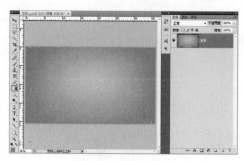

图13-3 径向渐变

**02** 单击"图层"面板中的▣创建新图层按钮，然后双击"图层1"文字为其重命名为"左树"，再使用工具箱中的◈钢笔工具制作主体树形及五角星形，完成画面左侧树元素的制作，如图13-4所示。

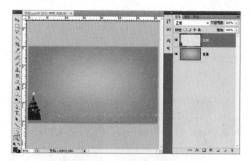

图13-4 绘制左侧树

专家课堂

在绘制图像时，可以在网络中使用搜索引擎下载参考图像，为绘制工作起到参考作用。

**03** 在"图层"面板选择"左树"层，将其拖拽至下方的▣创建新图层按钮上，完成复制图层操作，再将其移动至画面右侧并重命名为"右树"层，如图13-5所示。

图13-5 制作右侧树

**04** 在"图层"面板中新建"地"层，使用工具箱中的◈钢笔工具完成地面及覆盖在地面上的雪的效果制作，如图13-6所示。

图13-6 地面制作

**05** 在"图层"面板中新建"房子"层，使用工具箱中的◈钢笔工具及◯椭圆选框工具完成房子的制作效果，如图13-7所示。

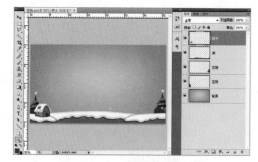

图13-7 房子制作

**06** 在"图层"面板中新建"雪人"层，使用工具箱中的◯椭圆选框工具绘制身体与头部，再使用◈钢笔工具丰富雪人效果的制作，如图13-8所示。

图13-8 雪人制作

**07** 在工具箱中选择**T**横排文字工具，创建"炫乐节拍，有爱大不同"文字效果，如图13-9所示。

图13-9 添加文字

**08** 在"图层"面板中新建"2014"层，使用工具箱中的 **T** 横排文字工具及 🖋 钢笔工具完成"2014"的数字效果，如图13-10所示。

图13-10 数字效果

**专家课堂**

通过对主体文字的艺术处理，可以增强影片的观看点，丰富创作影片的编辑元素。

**09** 在存储操作时，先将所需层以外的所有层暂时关闭，然后在菜单中选择【文件】→【存储为】命令将文件进行分层保存，在弹出的"存储为"对话框中设置每层的文件名及"PNG"文件格式，如图13-11所示。

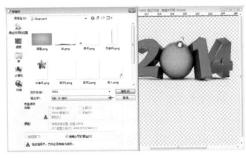

图13-11 分层保存

**专家课堂**

"PNG"文件格式在添加至EDIUS软件中时可以支持透明信息。

**10** 存储"2014"图层为"PNG"格式后，其显示效果如图13-12所示。

图13-12 图层效果

**11** 将所有图层均独立存储为"PNG"格式后，完成主体素材的制作，如图13-13所示。

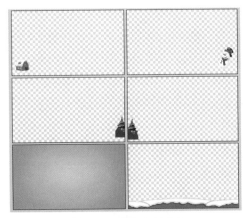

图13-13 主体素材效果

## 13.1.2 雪花素材制作

**01** 在Photoshop软件中新建一个分辨率为200×200的文件，将"背景"层填充为"蓝色"，目的是衬托"白色"的雪花素材。在"图层"面板中单击下方的 🔲 创建新图层按钮并双击"图层1"文字，为其重命名为"雪花1"层，然后使用工具箱中的 🖋 钢笔工具绘制雪花一角的元素，再复制此元素并利用菜单中【编辑】→【变换】→【旋转】命令完成每角旋转60°的操作，最终得到六角雪花图案，如图13-14所示。

图13-14　制作雪花1

专家课堂

在Photoshop新建200×200分辨率的图像文件的作用是使图像的长宽比相等，便于在EDIUS中进行选择操作。

**02** 在"图层"面板单击下方的█创建新图层按钮，并双击"图层1"文字，为其重命名为"雪花2"层，再使用 █钢笔工具配合旋转操作完成雪花2图案的制作，丰富影片编辑的效果，如图13-15所示。

图13-15　制作雪花2

**03** 在菜单中选择【文件】→【存储为】命令，将雪花文件逐一进行分层储存，保存为"PNG"格式文件，如图13-16所示。

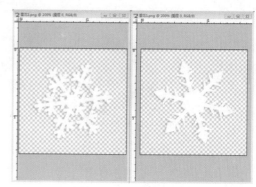

图13-16　雪花素材制作

### 13.1.3　风车素材制作

**01** 新建一个分辨率为125×230的文件，在"图层"面板中单击下方的█创建新图层按钮并双击"图层1"文字，为其重命名为"风车杆"层，使用工具箱中的█矩形选框工具及█线性渐变工具制作风车杆元素，如图13-17所示。

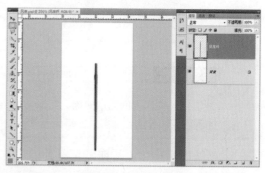

图13-17　风车杆制作

专家课堂

影片编辑的分辨率为1280×720，此风车元素只为影片中的局部，所以在设置分辨率时不必过大。

**02** 在"图层"面板中单击下方的█创建新图层按钮并双击"图层1"文字，为其重命名为"风车"层，使用工具箱中 █钢笔工具绘制风车的一个叶片元素，然后复制元素，利用菜单中【编辑】→【变换】→【旋转】命令完成每片旋转72°的操作，最终得到五叶片风车图案，如图13-18所示。

令，将风车文件逐一进行分层存储为"PNG"格式文件，如图13-19所示。

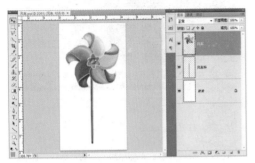

图13-18 风车叶片制作

**03** 在菜单中选择【文件】→【存储为】命

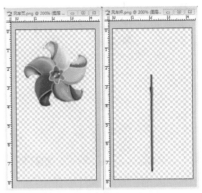

图13-19 风车素材制作

# 13.2 视频素材排列

## 13.2.1 新建工程

**01** 启动EDIUS软件，准备进行影片的编辑操作，如图13-20所示。

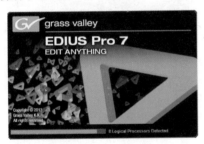

图13-20 EDIUS软件

**02** 在"初始化工程"对话框中单击"新建工程"按钮，建立新的预设场景，如图13-21所示。

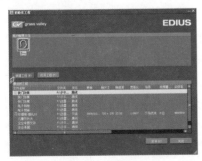

图13-21 新建工程

**03** 在弹出的"工程设置"对话框中会显示以往所设置的项目预设，然后在"预设列表"中选择"HD 1280×720 25P 16：9 8bit"项目，再设置工程的名称为"二维动画"，如图13-22所示。

图13-22 选择预设

## 13.2.2 添加素材

**01** 在"素材库"面板的空白位置单击鼠标"右"键，然后在弹出的浮动菜单中选择"添加文件"命令，如图13-23所示。

**02** 选择"添加文件"命令后将自动弹出"打开"对话框，然后在本书配套光盘中选择【范例文件】→【Chapter13】→【素材】文件中的所需素材，再单击对话框中的"打开"按钮完成添加素材操作，如图13-24所示。

图13-23　添加文件

图13-24　选择素材并打开

**03** 在"素材库"面板中显示了添加的所有素材，如图13-25所示。

图13-25　添加素材

## 13.2.3　添加工程轨道

**01** 在"素材库"面板中选择"背景"素材文件，将其拖拽至"时间线"面板中1VA（视音频）轨道的起始位置，如

图13-26所示。

图13-26　添加背景素材

**02** 在"时间线"面板中的轨道上单击鼠标"右"键，在弹出的浮动菜单中选择【添加】→【在上方添加视频轨道】命令，并在弹出的"添加轨道"对话框中设置数量参数值为6，如图13-27所示。

图13-27　添加轨道

专家课堂

　　EDIUS中的轨道与Photoshop的层功能相同，永远是顶部的轨道会遮挡住底部的轨道信息。

## 13.2.4　轨道涟漪设置

**01** 在"素材库"面板中选择"左树"素材文件，将其拖拽至"时间线"面板中2V（视频）轨道的起始位置，如图13-28所示。

**02** 由于当前EDIUS中的"时间线"具有"波纹模式"，所以在添加"左树"素材时，1VA（视音频）轨道中"背景"素材自动向后侧位移，在1VA（视音频)轨道前侧空白位置单击鼠标"右"键,在弹出的浮动菜单中选择"删除间隙"命令,如图13-29所示。

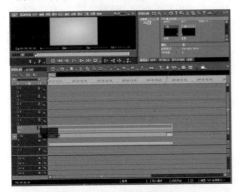

图13-28　添加左树素材

图13-29　删除间隙

专家课堂

　　"波纹模式"在删除或添加片段后,后续片段会进行前移或后移操作,使"时间线"上下不留空隙,编辑范围仅限于正在编辑的轨道之内。

**03** 单击设置波纹模式按钮,将"时间线"面板中的波纹模式关闭,如图13-30所示。

图13-30　设置波纹模式

## 13.2.5　整理工程轨道

**01** 在"素材库"面板中选择"右树"素材文件,将其拖拽至"时间线"面板中3 V(视频)轨道的起始位置;在"素材库"面板中选择"地"素材文件,将其拖拽至"时间线"面板中5 V(视频)轨道的起始位置;在"素材库"面板中选择"房子"素材文件,将其拖拽至"时间线"面板中6 V(视频)轨道的起始位置;在"素材库"面板中选择"雪人"素材文件,将其拖拽至"时间线"面板中7 V(视频)轨道的起始位置,如图13-31所示。

图13-31　添加素材

**02** 选择2 A(音频)轨道并单击鼠标"右"键,然后在弹出的浮动菜单中选择"删除"命令,如图13-32所示。

图13-32　删除轨道

由于过多的视频轨道会挤占屏幕位置，所以可以将多余的轨道进行删除。

**03** 在"素材库"面板中选择"2014"素材文件，将其拖拽至"时间线"面板中8V（视频）轨道的起始位置，完成编辑工程素材的基本排列，如图13-33所示。

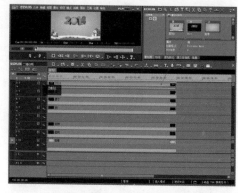

图13-33　整理工程轨道

# 13.3　风车动画设置

## 13.3.1　新建风车序列

**01** 在菜单中选择【文件】→【新建】→【序列】命令，准备进行风车动画的设置，如图13-34所示。

图13-35　序列设置

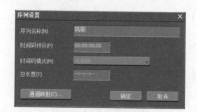

图13-36　新建风车序列

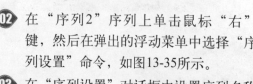

图13-34　新建序列

**02** 在"序列2"序列上单击鼠标"右"键，然后在弹出的浮动菜单中选择"序列设置"命令，如图13-35所示。

**03** 在"序列设置"对话框中设置序列名称为"风车"，如图13-36所示。

通过对"序列"名称进行设置，可以在影片编辑时更方便地管理素材与操作。

## 13.3.2　风车转动设置

**01** 切换至"风车"序列并在"素材库"面板中选择"风车杆"素材文件，将其拖拽至"时间线"面板中1VA（视音频）轨道的起始位置；在"素材库"面板中选择"风车页"素材文件，将其拖拽至"时间线"面板中2V（视频）轨道的起始位置，完成风车素材的添加，如图13-37所示。

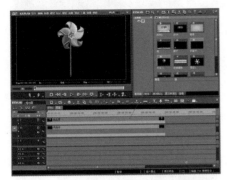

图13-37　添加风车素材

　　风车素材的原始分辨率为125×230，在添加至EDIUS的工程后，将自动放大至满屏幕。

**02** 在2V（视频）轨道中单击"风车页"素材，使其处于选择状态，然后在"信息"面板中双击"视频布局"项，如图13-38所示。

图13-38　视频布局

**03** 弹出"视频布局"对话框后，设置"参数"面板中的"轴心"参数X轴值为0、Y轴值为-20，使素材的轴心位于"风车页"中心，如图13-39所示。

　　由于"风车页"的原始位置并不是画面中心，所以通过设置"轴心"项目纠正旋转时的转动。

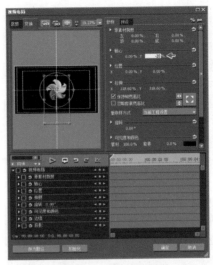

图13-39　轴心设置

**04** 在"视频布局"对话框中开启"旋转"项的☑选项，准备进行风车转动效果的设置，如图13-40所示。

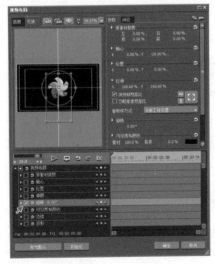

图13-40　开启旋转项

　　在设置动画时，只有开启☑选项才可控制动画关键帧。

**05** 在"视频布局"对话框中将时间滑块放置在素材的起始位置，再单击"旋转"项的☑添加/删除关键帧按钮，创建素材的起始关键帧，如图13-41所示。

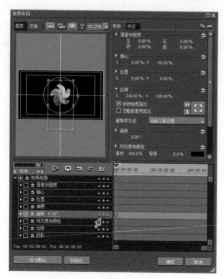

图13-41 添加关键帧

**06** 将"视频布局"面板的时间滑块放置在此段素材的结束位置,然后在"参数"面板中设置"旋转"参数值为150,使"风车页"产生0~150的旋转动画,如图13-42所示。

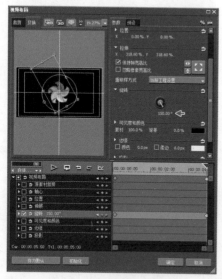

图13-42 旋转动画设置

**07** 在"参数"面板中设置"位置"参数X轴值为0、Y轴值为-20,如图13-43所示。

**08** 设置完成后单击"确定"按钮,可以在"监视器"面板中观察风车转动的设置效果,如图13-44所示。

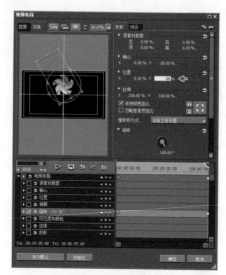

图13-43 位置设置

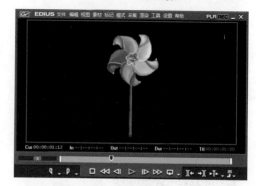

图13-44 风车转动设置效果

### 13.3.3 添加风车序列

**01** 选择所有音频轨道并单击鼠标"右"键,在弹出的浮动菜单中选择"删除(选定轨道)"命令,将"时间线"面板中多余的轨道删除,如图13-45所示。

图13-45 删除选定轨道

**02** 在"素材库"面板中选择"风车"序列文件，将其拖拽至"序列1"中"时间线"面板的5V（视频）轨道起始位置，如图13-46所示。

图13-46 添加风车序列

## 13.3.4 风车位置调节

**01** 保持5V（视频）轨道中"风车"素材的选择状态，然后在"信息"面板中双击"视频布局"项，如图13-47所示。

图13-47 视频布局

**02** 弹出"视频布局"对话框后，设置"参数"面板中的"拉伸"参数X轴值为35、Y轴值为35，使其按比例整体缩小，如图13-48所示。

**03** 在"参数"面板中设置"位置"参数X轴值为−30、Y轴值为30，调整所需摆放的位置，如图13-49所示。

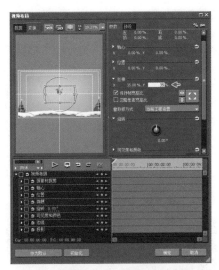

图13-48 拉伸设置

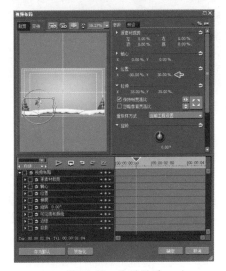

图13-49 位置设置

**04** 设置完成后单击"确定"按钮，可以在"监视器"面板中观察风车的位置调整效果，如图13-50所示。

图13-50 风车位置调整

# 13.4 素材动画设置

## 13.4.1 地面动画设置

**01** 在"时间线"面板中选择4V（视频）轨道中的"地"素材，然后在"信息"面板中双击"视频布局"项，如图13-51所示。

图13-51 视频布局

**02** 在"视频布局"对话框中将时间滑块放置在素材的第10帧位置，再单击"位置"项与"伸展"项的■添加/删除关键帧按钮，然后在"参数"面板中设置"位置"参数X轴值为0、Y轴值为0，"拉伸"参数X轴值为125、Y轴值为125，设置素材动画的结束帧，如图13-52所示。

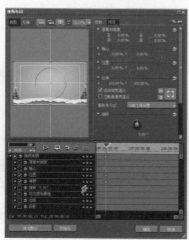

图13-52 添加关键帧

由于素材原始的位置在画面中，所以先设置结束帧，再反向设置起始帧，简化由外至内的动画设置。

**03** 在"视频布局"对话框中将时间滑块放置在素材的起始位置，然后在"参数"面板中设置"拉伸"参数X轴值为170、Y轴值为170，设置素材动画的起始帧，如图13-53所示。

图13-53 拉伸参数设置

**04** 在"参数"面板中设置"位置"参数X轴值为0、Y轴值为10，使素材动画的起始位置向底部调整，如图13-54所示。

图13-54 位置参数设置

**05** 播放影片，观察地面动画的设置效果，如图13-55所示。

图13-55 地面动画设置效果

## 13.4.2 树木动画设置

**01** 在"时间线"面板中选择2V（视频）轨道中的"左树"素材，然后在"信息"面板中双击"视频布局"项，准备进行树木动画设置，如图13-56所示。

图13-56 视频布局

**02** 在"视频布局"对话框的"参数"面板中设置"拉伸"参数X轴值为125、Y轴值为125，再将时间滑块放置在素材的第15帧位置，单击"位置"项的■添加/删除关键帧按钮，并设置"参数"面板中的"位置"参数X轴值为0、Y轴值为0，设置第15帧素材的关键帧，如图13-57所示。

**03** 在"视频布局"对话框中将时间滑块放置在素材的起始位置，然后在"参数"面板中设置"位置"参数X轴值为0、Y轴值为-95，使素材起始位置在屏幕顶部，如图13-58所示。

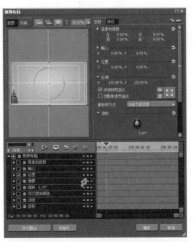

图13-57 参数设置

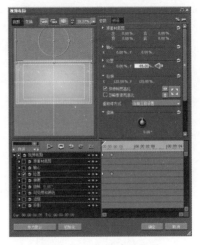

图13-58 位置动画设置

**04** 保持"左树"素材的选择状态，展开"信息"面板并选择"视频布局"项，将其拖拽至"时间线"面板中3V（视频）轨道的"右树"素材上，复制视频布局信息的动画设置，如图13-59所示。

图13-59 复制视频布局信息

EDIUS 7

专家课堂 ||||||||||||||||||||||||||

　　不仅可以选择关键帧并使用"Ctrl+C"和"Ctrl+V"进行复制动画设置，还可以直接将已经设置完成的"视图布局"拖拽至所需的素材上。

　　在进行"特效"设置时，也可以直接进行拖拽复制操作。

**05** 在"时间线"面板中选择2V（视频）轨道中的"左树"素材，将素材显示的起始位置放置在影片第10帧位置，再选择3V（视频）轨道的"右树"素材，将素材显示的起始位置放置在影片第5帧位置，使左右两侧的树木逐一产生动画，如图13-60所示。

图13-60　显示位置调整

**06** 播放影片，观察树木动画的设置效果，如图13-61所示。

图13-61　树木动画设置效果

## 13.4.3　风车动画设置

**01** 在"时间线"面板中选择5V（视频）轨道中的"风车"素材并在"信息"面板中双击"视频布局"项，在弹出的"视频布局"对话框中将时间滑块放置

在素材的第15帧位置，再单击"位置"项与"伸展"项的 添加/删除关键帧按钮，然后在"参数"面板中设置"位置"参数X轴值为－30.2、Y轴值为30，"拉伸"参数X轴值为35、Y轴值为35，设置素材动画的结束关键帧，如图13-62所示。

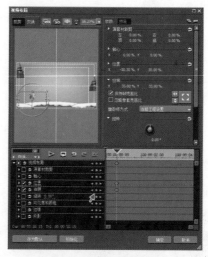

图13-62　参数设置

**02** 在"视频布局"对话框中将时间滑块放置在素材的起始位置，然后在"参数"面板中设置"拉伸"参数X轴值为50、Y轴值为50，设置缩放动画的起始帧，如图13-63所示。

图13-63　拉伸参数设置

**03** 在"参数"面板中设置"位置"参数X

轴值为0、Y轴值为70，使动画起始位置在屏幕的底部，如图13-64所示。

图13-64 位置参数设置

**04** 在"时间线"面板中选择5V（视频）轨道中的"风车"素材，将素材显示的起始位置放置在影片第7帧位置，如图13-65所示。

图13-65 素材显示位置调整

 专家课堂

　　通过将设置的素材动画逐一显示，既可延长整体动画周期，又可使动画效果连贯演示，避免所有素材同时杂乱地产生动画。

**05** 播放影片，观察风车动画的设置效果，如图13-66所示。

**06** 为丰富素材的动画效果，继续进入"视频布局"面板，在弹出的"视频布局"对话框中将时间滑块放置在素材的第15帧位置，再单击"旋转"项的 ◙ 添加/删

除关键帧按钮并设置其参数值为0°，如图13-67所示。

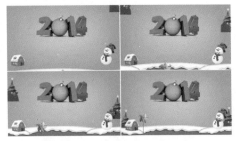

图13-66 风车动画设置效果

图13-67 添加旋转关键帧

**07** 在"视频布局"对话框中将时间滑块放置在素材的起始位置，然后设置"旋转"参数值为60°，使素材产生由倾斜至摆正的效果，如图13-68所示。

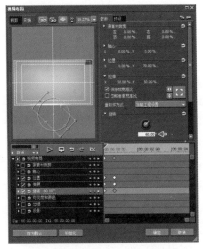

图13-68 旋转动画设置

EDIUS 7

**08** 播放影片，观察风车动画的设置效果，如图13-69所示。

图13-69　风车动画设置效果

## 13.4.4　房子动画设置

**01** 在"时间线"面板中选择6V（视频）轨道中的"房子"素材，然后在"信息"面板中双击"视频布局"项，如图13-70所示。

图13-70　视频布局

**02** 在弹出的"视频布局"对话框中将时间滑块放置在素材的第10帧位置，再单击"伸展"项与"可见度和颜色"项的 ■添加/删除关键帧按钮，然后在"参数"面板中设置"拉伸"参数X轴值为125、Y轴值为125，如图13-71所示。

**03** 在"视频布局"对话框中将时间滑块放置在素材的起始位置，然后在"参数"面板中设置"拉伸"参数X轴值为200、Y轴值为200，使素材产生由大至小的动画，如图13-72所示。

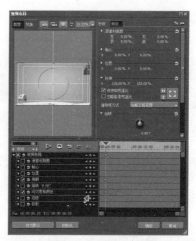

图13-71　参数设置

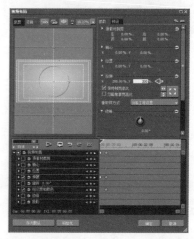

图13-72　拉伸参数设置

**04** 在"参数"面板中设置"可见度和颜色"项的"素材"参数值为0，使素材的起始位置为透明显示，如图13-73所示。

图13-73　房子动画设置

## 13.4.5 雪人动画设置

**01** 在"房子"素材的选择状态下，展开"信息"面板并选择"视频布局"项，将其拖拽至"时间线"面板中7V（视频）轨道的"雪人"素材上，复制视频布局的信息，如图13-74所示。

图13-74 复制视频布局信息

**02** 在"时间线"面板中选择6V（视频）轨道中的"房子"素材，将素材显示的起始位置放置在影片第20帧位置，再选择7V（视频）轨道的"雪人"素材，将素材显示的起始位置放置在影片第15帧位置，如图13-75所示。

图13-75 素材显示位置调整

**03** 播放影片，观察雪人动画的设置效果，如图13-76所示。

图13-76 雪人动画设置效果

## 13.4.6 文字动画设置

**01** 在"时间线"面板中选择8V（视频）轨道中的"2014"素材，将素材显示的起始位置放置在影片第1秒位置，如图13-77所示。

图13-77 素材显示位置调整

**02** 在"2014"素材的选择状态下双击"信息"面板中的"视频布局"项，如图13-78所示。

图13-78 视频布局

**03** 在弹出的"视频布局"对话框中将时间滑块放置在素材的起始位置，再单击"伸展"项的■添加/删除关键帧按钮，然后在"参数"面板中设置"拉伸"参数X轴值为0、Y轴值为0，设置动画的起始帧，如图13-79所示。

**04** 在"视频布局"对话框中将时间滑块放置在素材的第15帧位置，然后在"参数"面板中设置"拉伸"参数X轴值为100、Y轴值为100，设置动画的中间帧，如图13-80所示。

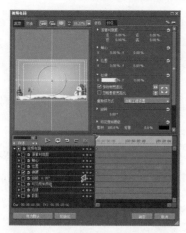

图13-79　添加关键帧

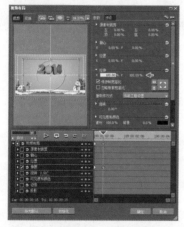

图13-80　拉伸参数设置

**05** 在"视频布局"对话框中将时间滑块放置在素材的第3秒24帧位置，然后在"参数"面板中设置"拉伸"参数X轴值为120、Y轴值为120，设置动画的结束帧，如图13-81所示。

图13-81　拉伸动画设置

**06** 播放影片，观察文字动画的设置效果，如图13-82所示。

图13-82　文字动画设置效果

**07** 在"时间线"面板中将时间滑块放置在影片的第5秒位置，然后框选所有轨道中的素材，在工具栏中选择■裁切工具，将超出5秒钟的素材全部进行裁切操作，如图13-83所示。

图13-83　裁切工具

**08** 在"时间线"面板中将各轨道中影片第5秒以后的素材框选，然后单击鼠标"右"键进行删除操作，如图13-84所示。

图13-84　删除素材

# 13.5 雪花与文字设置

## 13.5.1 新建雪花序列

**01** 在菜单中选择【文件】→【新建】→【序列】命令,准备进行雪花效果的编辑,如图13-85所示。

图13-85 新建序列

**02** 在"序列3"序列上单击鼠标"右"键,然后在弹出的浮动菜单中选择"序列设置"命令,在弹出的"序列设置"对话框中设置序列名称为"雪花",如图13-86所示。

图13-86 新建雪花序列

## 13.5.2 雪花动画设置

**01** 切换至"雪花"序列,在"素材库"面板中选择"雪花1"素材文件,将其拖拽至"时间线"面板中1VA(视音频)轨道的起始位置,然后在"素材库"面板中再选择"雪花2"素材文件,将其拖拽至"时间线"面板中2V(视频)轨道的起始位置,如图13-87所示。

图13-87 添加雪花素材

**02** 在"时间线"面板中选择1VA(视音频)轨道中的"雪花1"素材,然后在"信息"面板中双击"视频布局"项,进行雪花动画的设置,如图13-88所示。

图13-88 视频布局

**03** 在弹出的"视频布局"对话框中将时间滑块放置在素材的起始位置,再单击"伸展"项与"旋转"项的■添加/删除关键帧按钮,然后在"参数"面板中设置"拉伸"参数X轴值为80、Y轴值为80,再设置"旋转"参数值为0°,如图13-89所示。

图13-89 添加关键帧

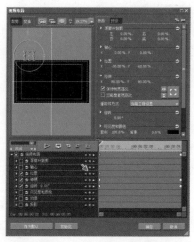

图13-91 添加位置关键帧

**04** 在"视频布局"对话框中将时间滑块放置在素材的结束位置,然后在"参数"面板中设置"拉伸"参数X轴值为100、Y轴值为100,再"旋转"参数值为200°,使雪花产生自转效果,如图13-90所示。

**06** 在"视频布局"对话框中将时间滑块放置在素材的结束位置,然后在"参数"面板中设置"位置"参数X轴值为-30、Y轴值为60,使雪花产生掉落效果,如图13-92所示。

图13-90 参数设置

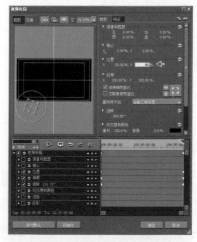

图13-92 位置动画设置

**05** 在"视频布局"对话框中将时间滑块放置在素材的起始位置,再单击"位置"项的 添加/删除关键帧按钮,然后在"参数"面板中设置"位置"参数X轴值为-30、Y轴值为-60,如图13-91所示。

**07** 在"雪花2"素材的"视频布局"对话框中设置素材起始至结束的位置、伸展及旋转参数动画,丰富雪花掉落的效果,如图13-93所示。

**专家课堂**

在设置其他"雪花"掉落动画时,可以先复制以往所设置的动画,再调整X轴的位置,快速制作出其他"雪花"的掉落动画。

图13-93　其他雪花动画设置

**08** 播放影片，观察当前雪花动画的设置效果，如图13-94所示。

图13-94　雪花动画效果

**09** 在影片第1秒13帧的位置单击"雪花1"与"雪花2"素材层蓝色控制线，为其添加视频透明的控制点，然后将"雪花1"与"雪花2"素材层起始及结束位置的控制点由100%向下拖拽至0%，使雪花只在屏幕中心位置显示，如图13-95所示。

图13-95　透明控制

## 13.5.3 丰富雪花动画

**01** 在"雪花"序列中选择所有音频轨道并单击鼠标"右"键，然后在弹出的浮动菜单中选择"删除（选定轨

道）"命令，将多余的轨道删除，如图13-96所示。

图13-96　删除选定轨道

**02** 在"时间线"面板中的轨道上单击鼠标"右"键，在弹出的浮动菜单中选择【添加】→【在上方添加视频轨道】命令，并在弹出的"添加轨道"对话框中设置数量参数值为10，如图13-97所示。

图13-97　添加视频轨道

**03** 多次复制"雪花1"与"雪花2"素材，并微调每段雪花素材的不同显示时间及位置，使其产生雪花随机飘落的效果，如图13-98所示。

图13-98　复制调整雪花素材

**04** 在"监视器"面板中观察丰富的雪花动画效果，如图13-99所示。

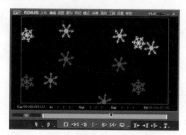

图13-99　丰富雪花动画效果

## 13.5.4　添加雪花序列

**01** 切换至"序列1"并在"时间线"面板中的轨道上单击鼠标"右"键，在弹出的浮动菜单中选择【添加】→【在上方添加视频轨道】命令，并在弹出的"添加轨道"对话框中设置数量参数值为2，如图13-100所示。

图13-100　添加视频轨道

**02** 由于本"序列"使用过多的轨道层，所以选择1T（文字轨道）并单击鼠标"右"键，在弹出的浮动菜单中选择"删除"命令，将多余的轨道层删除，如图13-101所示。

图13-101　删除轨道

**03** 在"时间线"面板中观察轨道的排列结构，将4V（视频）轨道空余出来，如图13-102所示。

图13-102　排列结构

**04** 在"素材库"面板中选择"雪花"序列文件，再将其拖拽至"时间线"面板中4V（视频）轨道的起始位置，如图13-103所示。

图13-103　添加雪花序列

专家课堂

　　在将"雪花"序列拖拽至"时间线"中时，应删除多余的"音频"轨道，从而减少软件界面的分布。

**05** 在4V（视频）轨道中将鼠标放置在"雪花"素材的右侧边缘，当显示可控标示时按住鼠标"左"键，向左侧拖拽至影片第5秒位置，如图13-104所示。

**06** 在影片第3秒13帧的位置单击"雪花"素材层蓝色控制线，为其添加视频透明的控制点，然后将"雪花"素材层结束位置的控制点由100%向下拖拽至0%，使雪花素材产生淡出效果，如图13-105所示。

图13-104 调整素材长度

图13-105 雪花淡出设置

### 13.5.5 添加定板文字

01 在"素材库"面板中选择"定板字"素材文件，将其拖拽至"时间线"面板中10V（视频）轨道的第1秒10帧位置，如图13-106所示。

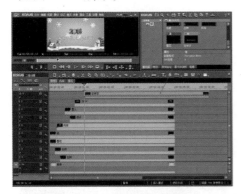

图13-106 添加定板字素材

02 切换至"特效"面板并选择【特效】→【转场】→【2D】→【圆形】转场命

令，再将其拖拽至"时间线"面板中"定板字"素材的起始位置，如图13-107所示。

图13-107 添加圆形转场

03 将"定板字"素材起始位置添加的转场特效延长至影片第3秒位置，使转场效果变慢，如图13-108所示。

图13-108 转场时间控制

04 在10V（视频）轨道中将鼠标放置在"定板字"素材的右侧边缘，当显示可控标示时按住鼠标"左"键向左拖拽至影片第5秒位置，如图13-109所示。

图13-109 文字素材调整

# 13.6 最终项目整理

## 13.6.1 添加声音素材

**01** 在"素材库"面板中选择"有爱大不同配音"音频文件,将其拖拽至"时间线"面板中1VA(视音频)轨道中影片的第1秒5帧位置,如图13-110所示。

图13-110　添加配音文件

**02** 在"素材库"面板中选择"欢快音乐"音频文件,将其拖拽至"时间线"面板中1A(音频)轨道中影片的起始位置,作为影片的背景音乐,如图13-111所示。

图13-111　添加音乐文件

**03** 在影片的第5秒5帧位置选择1A(音频)轨道中的"欢快音乐"音频文件,并在工具栏中选择裁切工具,再将后面的部分素材进行删除操作,如图13-112所示。

图13-112　调整音频长度

**04** 根据影片显示动画的节奏,调整1A(音频)轨道中的"欢快音乐"音频文件红色控制线,按画面节奏控制音乐起伏,如图13-113所示。

图13-113　调节声音素材

## 13.6.2 整体放大处理

**01** 在菜单中选择【文件】→【新建】→【序列】命令,如图13-114所示。

图13-114　新建序列

**02** 切换至"序列4"并在"素材库"面板中选择"序列1"文件，再将其拖拽至"时间线"面板中1VA（视音频）轨道的起始位置，准备进行整体控制，如图13-115所示。

图13-115 添加序列文件

**03** 在"时间线"面板中选择1VA（视音频）轨道中的"序列1"素材，然后在"信息"面板中双击"视频布局"项，如图13-116所示。

图13-116 视频布局

**04** 在弹出的"视频布局"对话框中将时间滑块放置在素材的起始位置，再单击"伸展"项的■添加/删除关键帧按钮，然后在"参数"面板中设置"拉伸"参数X轴值为100、Y轴值为100，如图13-117所示。

**05** 在"视频布局"对话框中将时间滑块放置在素材的结束位置，然后在"参数"面板中设置"拉伸"参数X轴值为110、Y轴值为110，使整体影片产生逐渐放大

处理的效果，如图13-118所示。

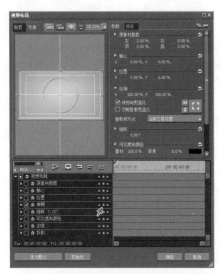

图13-117 添加关键帧

图13-118 整体放大处理

**专家课堂**

由于要避免影片动画细节单调，所以将整体影片进行缩放动画处理，从而丰富整体影片的效果。

## 13.6.3 输出文件操作

**01** 在菜单中选择【文件】→【输出】→【输出到文件】命令，如图13-119所示。

图13-119 文件输出

**02** 在弹出"输出到文件"对话框后，选择"输出器"中的"MPEG2程序流"项目，再单击"输出"按钮完成选择，如图13-120所示。

图13-120 输出选择

**03** 在"MPEG2程序流"对话框中设置文件名为"二维动画成品"，展开"基本设置"面板并设置"视频设置"中大小为"当前设置"、质量/速度为

"常规"、比特率为"CBR"方式及平均（bps）为15000000；在"音频设置"中设置格式为"MPEG1 Audio Layer-2"、通道为"立体声"及比特率（bps）为384K，如图13-121所示。

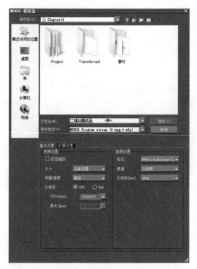

图13-121 输出设置

**04** 完成文件输出后播放影片，观察最终的影片效果，如图13-122所示。

图13-122 影片最终效果

# 13.7 本章小结

本章主要通过对逐层素材进行动画设置，使用户掌握"视图布局"中的动画设置方法，同时通过多"序列"剪辑的方式完成风车与雪花素材整合，这些技巧对"二维动画"和"平面素材"的影片制作尤其实用。

# 第14章
# "快门照片"
# 影片相册

| 素材文件 | 配套光盘→范例文件→Chapter14 | 难易程度 | ★★☆☆☆ |
|---|---|---|---|
| 效果文件 | 配套光盘→范例文件→Chapter14→快门效果成品.mpg | 重要程度 | ★★★★☆ |
| 实例重点 | 使用5幅照片素材制作相机拍摄时的快门效果 | | |

在制作"快门照片"影片相册实例时，首先将照片素材记录动画，再配合"叠加模式"对素材进行显示，使音频素材的"快门"声音完成连续拍摄效果，完成的影片相册效果如图14-1所示。

图14-1 快门照片影片相册效果

"快门照片"影片相册的制作流程主要分为6部分，包括：（1）新建与素材；（2）添加声音与背景；（3）照片动画设置；（4）其他素材设置；（5）装饰元素与输出。如图14-2所示。

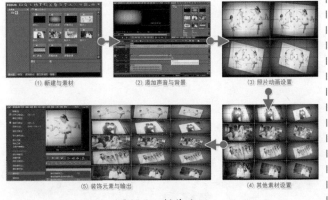

(1). 新建与素材　(2). 添加声音与背景　(3). 照片动画设置

(5). 装饰元素与输出　(4). 其他素材设置

图14-2 制作流程

# 14.1 新建与素材

## 14.1.1 新建工程

**01** 启动EDIUS软件，在弹出的"初始化工程"的欢迎界面中单击"新建工程"按钮建立新的预设场景，如图14-3所示。

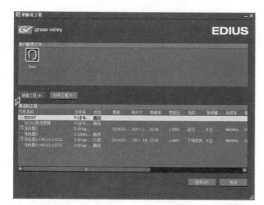

图14-3　新建工程

**02** 在弹出的"工程设置"对话框中会显示以往设置的项目预设,在"预设列表"中选择"HD 1280×720 25P 16:9 8bit"项目,再设置工程的名称为"快门照片",如图14-4所示。

图14-4　选择预设

## 14.1.2　添加素材

**01** 在"素材库"面板的空白位置单击鼠标"右"键,然后在弹出的浮动菜单中选

择"添加文件"命令,如图14-5所示。

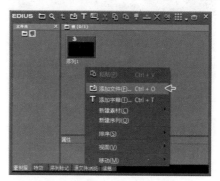

图14-5　添加文件

**02** 选择"添加文件"命令后将自动弹出"打开"对话框,然后在本书配套光盘中选择【范例文件】→【Chapter14】→【素材】文件中的所需素材,单击对话框中的"打开"按钮完成添加素材操作,如图14-6所示。

图14-6　选择素材并打开

# 14.2　添加声音与背景

## 14.2.1　添加素材

**01** 在"素材库"面板中选择"快门声音"音频文件,然后按住鼠标"左"键将其拖拽至"时间线"面板的1A(音频)轨道中,如图14-7所示。

**专家课堂**

在进行影片编辑操作时,一般多以"音频"素材的节奏进行"视频"素材处理,使整体影片的效果更加匹配。

图14-7 添加音频文件

02 在"素材库"面板中选择"单反对焦屏"素材文件，然后将其拖拽至"时间线"面板的1VA（视音频）轨道中，如图14-8所示。

图14-8 添加素材文件

## 14.2.2 照片素材调整

01 素材导入的默认长度为5秒，可以根据

影片的实际需要进行缩短或延长调整，如图14-9所示。

图14-9 单反对焦屏素材

02 在1VA（视音频）轨道中将鼠标放置在"单反对焦屏"素材的右侧边缘，当显示可控标示时，按住鼠标"左"键向左拖拽素材至第3秒的位置，完成缩短素材的操作，如图14-10所示。

图14-10 素材调整

# 14.3 照片动画设置

## 14.3.1 添加照片素材

01 在"素材库"面板中选择"照片1"素材文件，然后将其拖拽至"时间线"面板的2V（视频）轨道中，如图14-11所示。

02 导入的照片素材默认长度仍为5秒，继续进行素材时间调整，如图14-12所示。

图14-11 添加素材文件

图14-12　照片素材

**03** 在2V（视频）轨道中将鼠标放置在"照片1"素材的右侧边缘，当显示可控标示时，按住鼠标"左"键向左拖拽素材至第15帧的位置，完成素材缩短的操作，如图14-13所示。

图14-13　素材调整

　**专家课堂**

"音频"素材的第一个"快门"节奏音截止于第15帧位置，所以也将此照片素材匹配于此。

## 14.3.2　叠加模式设置

**01** 切换至"特效"面板并选择【特效】→【键】→【混合】→【叠加模式】特效，再将其拖拽至"时间线"面板"照片1"素材的"混合器"轨道中，为素材添加"键"处理，如图14-14所示。

图14-14　添加叠加模式

**专家课堂**

"键"处理即是"抠像"处理，而其中的"叠加模式"主要取决于底层轨道素材的颜色，其自身的颜色也被混合，但底层轨道素材颜色的高光与阴影部分的亮度细节会被保留。

**02** 在"信息"面板中将显示添加的"叠加模式"处理，在"监视器"面板中也可观察到添加的效果，如图14-15所示。

图14-15　叠加模式效果

**专家课堂**

通过"叠加模式"处理可以将底层轨道素材的黑色线框映射出来。

## 14.3.3　缩放动画设置

**01** 在2V（视频）轨道中单击"照片1"素材，使其处于选择状态，然后在"信息"面板中双击"视频布局"项，准备进行照片素材的动画设置，如图14-16所示。

图14-16 视频布局

02 在弹出的"视频布局"对话框中勾选"伸展"项，开启此项目的动画属性，如图14-17所示。

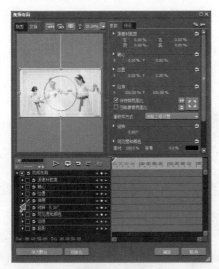

图14-17 伸展设置

03 在"视频布局"对话框中将时间滑块放置在此段素材的起始位置，再单击"伸展"项的 ■ 添加/删除关键帧按钮，完成"伸展"项目的开始关键帧，如图14-18所示。

04 设置"参数"面板中"拉伸"参数X轴值为98、Y轴值为98，如图14-19所示。

05 在"视频布局"对话框中继续将时间滑块向右拖拽放置在5帧的位置，然后设

置"参数"面板中"拉伸"参数X轴值为55、Y轴值为55，在左图中可以观察缩放产生的动画效果，如图14-20所示。

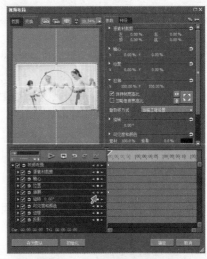

图14-18 添加伸展关键帧

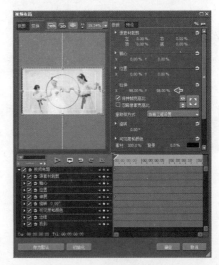

图14-19 拉伸设置

图14-20 缩放动画设置与效果

## 14.3.4　旋转动画设置

**01** 在"视频布局"对话框中将时间滑块放置在此段素材的起始位置，再单击"旋转"项的 ■ 添加/删除关键帧按钮，并设置"参数"面板中"旋转"参数值为0°，如图14-21所示。

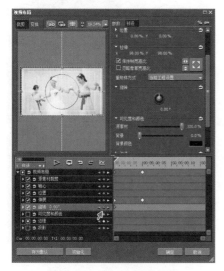

图14-21　添加旋转关键帧

**02** 在"视频布局"对话框中将时间滑块向右拖拽放置在5帧的位置，然后设置"参数"面板中"旋转"参数值为15°，在左图中可观察旋转产生的动画效果，如图14-22所示。

图14-22　旋转动画设置与效果

## 14.3.5　边缘动画设置

**01** 在"视频布局"对话框中将时间滑块放置在此段素材的起始位置，再单击"边

缘"项的 ■ 添加/删除关键帧按钮，并设置"参数"面板中"颜色"参数值为0，如图14-23所示。

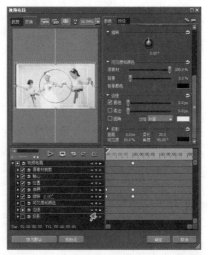

图14-23　添加边缘关键帧

**专家课堂**

　使用"边缘"选项可以在素材的边缘进行描边处理。

**02** 在"视频布局"对话框中将时间滑块向右拖拽放置在5帧的位置，然后设置"参数"面板中"颜色"参数值为5，在左图中可观察边缘产生的动画效果，如图14-24所示。

图14-24　边缘动画设置

## 14.3.6　投影动画设置

**01** 在"视频布局"对话框中将时间滑块放置在此段素材的起始位置，再单击"投

影"项的 添加/删除关键帧按钮，并
设置"参数"面板中"距离"参数值为
0，如图14-25所示。

的所有参数与效果，如图14-28所示。

图14-25 添加投影关键帧

**02** 在"视频布局"对话框中将时间滑块
向右拖拽放置在5帧的位置，然后设置
"参数"面板中"距离"参数值为5，
在左图中可观察投影产生的动画效果，
如图14-26所示。

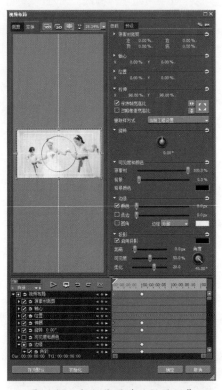

图14-27 起始位置动画设置预览

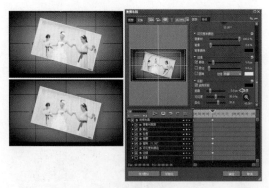

图14-26 投影动画设置与效果

## 14.3.7 动画设置预览

**01** 在"视频布局"对话框中将时间滑块放
置在此段素材的起始位置，预览设置动
画的所有参数与效果，如图14-27所示。

**02** 在"视频布局"对话框中将时间滑块向
右拖拽放置在5帧的位置，预览设置动画

图14-28 结束动画设置预览

**03** 播放影片，观察此段照片素材的动画效果，如图14-29所示。

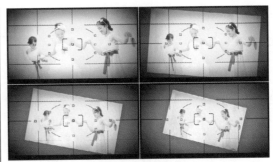

专家课堂

　　除了将照片素材进行逐一动画展示以外，还可以进行"画中画"组合设置，在同一画面中显示多个照片素材，丰富观看内容。

图14-29　照片1动画效果

# 14.4　其他素材设置

## 14.4.1　照片2设置

**01** 在"素材库"面板中选择"照片2"素材文件，然后将其拖拽至"时间线"面板，放置于2V（视频）轨道中"照片1"素材的后面，再将鼠标放置在"照片2"素材的右侧边缘，当显示可控标示时，按住鼠标"左"键拖拽至时间线的第1秒位置，如图14-30所示。

图14-31　添加叠加模式特效

图14-30　添加素材文件

**02** 切换至"特效"面板并选择【特效】→【键】→【混合】→【叠加模式】特效，再将其拖拽至"时间线"面板"照片2"素材的"混合器"轨道中，对照片素材进行处理，如图14-31所示。

**03** 在2V（视频）轨道中单击"照片2"素材，使其处于选择状态，然后在"信息"面板中双击"视频布局"项，在弹出的"视频布局"对话框中将时间滑块放置在此段素材的起始位置，再单击"伸展"、"旋转"、"边缘"及"投影"项的■添加/删除关键帧按钮，设置"参数"面板中"拉伸"参数X轴值为98、Y轴值为98，"旋转"参数值为0°，"颜色"参数值为0，"距离"参数值为0，如图14-32所示。

**04** 在"视频布局"对话框中将时间滑块向右拖拽放置在5帧的位置，然后设置"参数"面板中"拉伸"参数X轴值为55、Y轴值为55，"旋转"参数值为−15°，

"颜色"参数值为5，"距离"参数值为5，记录照片素材的动画效果，如图14-33所示。

图14-32　参数设置

图14-33　动画设置

**05** 播放影片，观察此段照片素材产生的动画效果，如图14-34所示。

图14-34　照片2动画效果

## 14.4.2　照片3设置

**01** 在"素材库"面板中选择"照片3"素材文件，然后将其拖拽至"时间线"面板，放置于2V（视频）轨道中"照片2"素材的后面，再将鼠标放置在"照片3"素材的右侧边缘，当显示可控标示时，按住鼠标"左"键拖拽至时间线的第1秒10帧位置，如图14-35所示。

图14-35　添加素材文件

**02** 切换至"特效"面板并选择【特效】→【键】→【混合】→【叠加模式】特效，再将其拖拽至"时间线"面板"照片3"素材的"混合器"轨道上，为照片素材添加特效，如图14-36所示。

专家课堂

　　"混合"效果只能拖拽添加至"混合器"轨道中，要注意轨道的选择切换。

图14-36　添加叠加模式特效

**03** 在2V（视频）轨道中单击"照片3"素材，使其处于选择状态，然后在"信息"面板中双击"视频布局"项，在弹出的"视频布局"对话框中将时间滑块放置在此段素材的起始位置，再单击"伸展"、"旋转"、"边缘"及"投影"项的  添加/删除关键帧按钮，设置"参数"面板中"拉伸"参数X轴值为98、Y轴值为98，"旋转"参数值为0°，"颜色"参数值为0，"距离"参数值为0，如图14-37所示。

图14-37　参数设置

**04** 在"视频布局"对话框中将时间滑块向右拖拽放置在5帧的位置，然后设置"参数"面板中"拉伸"参数X轴值为55、Y轴值为55，"旋转"参数值为15°，"颜色"参数值为5，"距离"参数值为5，记录照片的动画效果，如图14-38所示。

图14-38　动画设置

**专家课堂**

多段照片素材的动画设置基本相同，只是在"定板"的角度上产生变化。

**05** 播放影片，观察此段照片素材产生的动画效果，如图14-39所示。

图14-39　照片3动画效果

## 14.4.3　照片4设置

**01** 在"素材库"面板中选择"照片4"素材文件，然后将其拖拽至"时间线"面板，放置于2V（视频）轨道中"照片3"素材的后面，再将鼠标放置在"照片4"素材的右侧边缘，当显示可控标示时，按住鼠标"左"键拖拽至时间线的第1秒17帧位置，如图14-40所示。

图14-40　添加素材文件

**02** 切换至"特效"面板并选择【特效】→【键】→【混合】→【叠加模式】特效，再将其拖拽至"时间线"面板"照片4"素材"混合器"的轨道中，为素材添加特效，如图14-41所示。

图14-41　添加叠加模式特效

**03** 在2V（视频）轨道中单击"照片4"素材，使其处于选择状态，然后在"信息"面板中双击"视频布局"项，在弹出的"视频布局"对话框中将时间滑

块放置在此段素材的起始位置，再单击"伸展"、"旋转"、"边缘"及"投影"项的添加/删除关键帧按钮，设置"参数"面板中"拉伸"参数X轴值为98、Y轴值为98，"旋转"参数值为0°，"颜色"参数值为0，"距离"参数值为0，如图14-42所示。

图14-42　参数设置

**04** 在"视频布局"对话框中将时间滑块向右拖拽放置在5帧的位置，然后设置"参数"面板中"拉伸"参数X轴值为55、Y轴值为55，"旋转"参数值为－15°，"颜色"参数值为5，"距离"参数值为5，记录照片的动画效果，如图14-43所示。

专家课堂

　　此段照片素材的动画设置，可以先选择以往所设置动画的"视频布局"，然后将"视频布局"拖拽至此段"时间线"的照片素材上，完成动画的复制操作。

图14-43 动画设置

⑤ 播放影片,观察此段照片素材的动画设置效果,如图14-44所示。

图14-44 照片4动画效果

## 14.4.4 照片5设置

① 在"素材库"面板中选择"照片5"素材文件,然后将其拖拽至"时间线"面板,放置于2V(视频)轨道中"照片4"素材的后面,再将鼠标放置在"照片5"素材的右侧边缘,当显示可控标示时,按住鼠标"左"键拖拽至时间线的第3秒位置,如图14-45所示。

图14-45 添加素材文件

② 切换至"特效"面板并选择【特效】→【键】→【混合】→【叠加模式】特效,再将其拖拽至"时间线"面板"照片5"素材"混合器"轨道中,为素材添加特效,如图14-46所示。

图14-46 添加叠加模式特效

③ 在2V(视频)轨道中单击"照片5"素材,使其处于选择状态,然后在"信息"面板中双击"视频布局"项,在弹出的"视频布局"对话框中将时间滑块放置在此段素材的起始位置,再单击"伸展"、"旋转"、"边缘"及"投影"项的■添加/删除关键帧按钮,设置"参数"面板中"拉伸"参数X轴值为98、Y轴值为98,"旋转"参数值为0°,"颜色"参数值为0,"距离"参数值为0,如图14-47所示。

④ 在"视频布局"对话框中将时间滑块向右拖拽放置在5帧的位置,然后设置"参数"面板中"拉伸"参数X轴值为

55、Y轴值为55，"旋转"参数值为15°，"颜色"参数值为5，"距离"参数值为5，记录照片素材产生的动画效果，如图14-48所示。

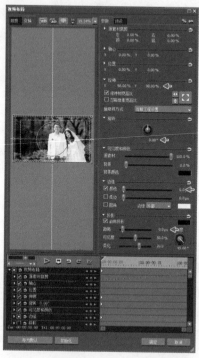

图14-47　参数设置

图14-48动画设置

**05** 播放影片，观察此段照片素材的动画效果，如图14-49所示。

图14-49　照片5动画效果

## 14.4.5　动画设置预览

**01** 在"时间线"面板中可以观察所有照片素材的排列结构，如图14-50所示。

图14-50　照片排列结构

**02** 播放影片，观察所有照片动画设置的预览效果，如图14-51所示。

图14-51　动画效果预览

# 14.5 装饰元素与输出

## 14.5.1 添加编辑轨道

**01** 在"时间线"面板中的轨道上单击鼠标"右"键，在弹出的浮动菜单中选择【添加】→【在上方添加视频轨道】命令，在弹出的"添加轨道"对话框中设置数量参数值为1，为添加取景器内的"数据"提示信息，如图14-52所示。

图14-52 添加设置

**专家课堂**

在添加轨道操作时，如果编辑的影片只需要"视频"元素，则不必建立"VA"轨道，从而可以减少软件界面轨道的布局。

**02** 观察"时间线"面板，在视频轨道的上方又新添加一条3V（视频）轨道，如图14-53所示。

图14-53 添加视频轨道

## 14.5.2 数据与对焦装饰

**01** 在"素材库"面板中选择"屏幕数据"

素材文件，然后将其拖拽至"时间线"面板，放置于3V（视频）轨道中的起始位置，再将鼠标放置在"屏幕数据"素材的右侧边缘，当显示可控标示时按住鼠标"左"键拖拽至时间线的第3秒位置，如图14-54所示。

图14-54 添加素材文件

**02** 在"时间线"面板中的轨道上单击鼠标"右"键，在弹出的浮动菜单中选择【添加】→【在上方添加视频轨道】命令，在"时间线"面板的视频轨道上方再新添加一条4V（视频）轨道，准备添加取景器内的"对焦"提示信息，如图14-55所示。

图14-55 添加视频轨道

**03** 在"素材库"面板中选择"对焦绿点"素材文件，然后将其拖拽至"时间线"面板，放置于4V（视频）轨道的5帧位置，如图14-56所示。

图14-56 添加素材文件

**04** 在4V（视频）轨道中选择"对焦绿点"素材，将鼠标放置在"对焦绿点"素材的右侧边缘，当显示可控标示时，按住鼠标"左"键向左侧拖拽至"时间线"的9帧位置，使"对焦绿点"素材放置到"快门"声音处，如图14-57所示。

图14-57 调整素材长度

**05** 观察影片添加"对焦绿点"前后的对比效果，如图14-58所示。

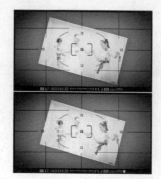

图14-58 对比效果

**06** 在4V（视频）轨道中选择"对焦绿点"素材，然后使用"Ctrl+C"键进行复制操作，如图14-59所示。

图14-59 复制操作

**07** 在"时间线"面板中将时间滑块拖拽至15帧的位置，使用"Ctrl+V"键进行粘贴操作，作为第二段照片素材的"对焦"提示，如图14-60所示。

图14-60 粘贴操作

提示：时间滑块"指针"的位置就是粘贴素材的起始位置。

**08** 在"时间线"面板中将时间滑块拖拽至第1秒的位置，使用"Ctrl+V"键进行粘贴操作，作为第三段照片素材的"对焦"提示，如图14-61所示。

图14-61 粘贴操作

**09** 在"时间线"面板中将时间滑块拖拽至第1秒11帧位置，使用"Ctrl+V"键进行粘贴操作，作为第四段照片素材的"对焦"提示，如图14-62所示。

图14-62　粘贴操作

⑩ 在"时间线"面板中将时间滑块拖拽至第1秒20帧位置，使用"Ctrl+V"键进行粘贴操作，作为第五段照片素材的"对焦"提示，如图14-63所示。

图14-63　粘贴操作

## 14.5.3　影片输出操作

① 影片编辑完成后，在菜单中选择【文件】→【输出】→【输出到文件】命令，如图14-64所示。

图14-64　文件输出

② 在弹出"输出到文件"对话框后，选择"输出器"中的"MPEG2程序流"项目，再单击"输出"按钮完成选择，如图14-65所示。

图14-65　输出选择

③ 在"MPEG2程序流"对话框中设置文件名为"快门效果"，展开"基本设置"面板并设置"视频设置"中的大小为"当前设置"、质量/速度为"常规"、比特率为"CBR"方式及平均（bps）为15000000；在"音频设置"中设置格式为"MPEG1 Audio Layer-2"、通道为"立体声"及比特率（bps）为384K，如图14-66所示。

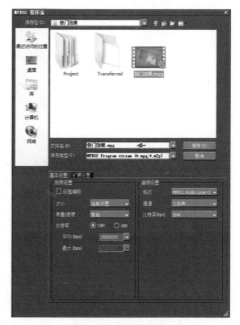

图14-66　输出设置

**04** 完成EDIUS输出后，执行输出的"mpg"格式文件便可以预览最终影片效果，如图14-67所示。

图14-67　输出影片预览

# 14.6　本章小结

　　本章通过对照片素材进行模拟相机拍摄的效果设置，完成快门照片影片相册的制作。其制作方法不仅可以用于摄影的照片，也可以包括各种艺术创作的图片或录像，从而丰富影视制作的创作效果。

# 第15章
# "海洋公园"
# 电视广告

| 素材文件 | 配套光盘→范例文件→Chapter15 | 难易程度 | ★★★★☆ |
|---|---|---|---|
| 效果文件 | 配套光盘→范例文件→Chapter15→海洋公园成品.mpg | 重要程度 | ★★★★★ |
| 实例重点 | 配合音乐素材的起伏按节奏进行影片编辑 | | |

　　"海洋公园"电视广告实例在剪辑过程中注重与音乐素材的节奏匹配，通过设置素材的动画增强画面冲击，再配合镜头间黑色入画与出画的调整，增加影片的节奏，本实例效果如图15-1所示。

图15-1　海洋公园电视广告效果

　　"海洋公园"电视广告实例的制作流程主要分为6部分，包括：（1）音频素材编辑；（2）视频素材编辑；（3）动画与特效设置；（4）添加定板与配音；（5）添加装饰元素；（6）输出文件操作。如图15-2所示。

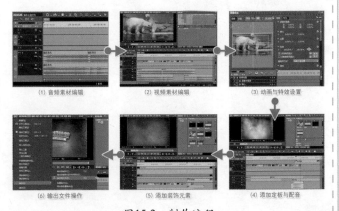

（1）音频素材编辑　　（2）视频素材编辑　　（3）动画与特效设置

（6）输出文件操作　　（5）添加装饰元素　　（4）添加定板与配音

图15-2　制作流程

# 15.1　音频素材编辑

## 15.1.1　新建工程

**01** 启动EDIUS软件，在弹出的"初始化工程"的欢迎界面中单击"新建工程"按钮建立新的预设场景，如图15-3所示。

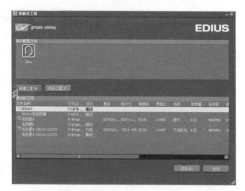

图15-3　新建工程

**02** 在弹出的"工程设置"对话框中会显示以往设置的项目预设，然后在"预设列表"中选择"HD 1280×720 25P 16：9 8bit"项目，再设置工程的名称为"海洋公园"，如图15-4所示。

图15-4　选择预设

专家课堂

　　新建工程的分辨率，要根据客户要求与素材的使用进行选择，如果所编辑素材的画面质量允许，建议还是新建"小高清"或"大高清"格式，即使在4：3的标清电视中播出，也会通过自动添加上下黑条解决兼容问题。

## 15.1.2　添加素材

**01** 在"素材库"面板的空白位置单击鼠标"右"键，然后在弹出的浮动菜单中选择"添加文件"命令，如图15-5所示。

**02** 选择"添加文件"命令后将自动弹出"打开"对话框，然后在本书配套光盘中选择【范例文件】→【Chapter16】→【素材】文件中的所需素材，再单击对话框中的"打开"按钮完成添加素材操作，如图15-6所示。

图15-5　添加文件

图15-6　选择素材并打开

## 15.1.3　音频段落选择

**01** 在"素材库"面板中选择"音乐深沉"音频文件，然后按住鼠标"左"键将其拖拽至"时间线"面板的1A（音频）轨道中，如图15-7所示。

**02** 在添加素材后要认真预听音乐素材的内容，以本音乐为例，素材开始位置的震撼开场效果比较实用，素材中部的节奏感较强也比较实用，素材尾部的结束重音能压住影片的结束，所以要挑选出较适合编辑组合的位置，如图15-8所示。

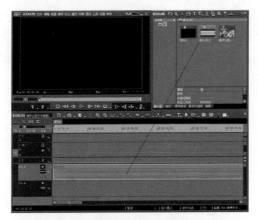

图15-7 添加音频文件

图15-8 音频素材

　　本素材的原始长度为44秒，最终需要通过编辑组合为16秒的音乐，所以在挑选音乐的段落时，要充分考虑到影片的画面感，使编辑组合完成的音乐可具有独立的开始、延续、结束节奏。

**03** 挑选第一段的开始音乐，所保留的是第21帧至6秒02帧间的音频素材，如图15-9所示。

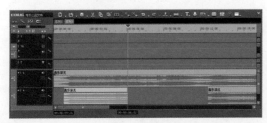

图15-9 第一段素材范围

**04** 挑选第二段的过渡音乐，所保留的是12秒15帧至20秒07帧间的音频素材，如图15-10所示。

**05** 挑选第三段的节奏音乐，所保留的是25秒08帧至32秒13帧间的音频素材，如图15-11所示。

图15-10 第二段素材范围

图15-11 第三段素材范围

**06** 挑选第四段的结束音乐，所保留的是32秒21帧至38秒21帧间的音频素材，如图15-12所示。

图15-12 第四段素材范围

**07** 将选取的四段音乐素材进行混编操作，首先将第一段与第三段素材放置在1A（音频）轨道中，然后将第二段与第四段素材放置在2A（音频）轨道中，并调节第四段素材的位置，最终使1A（音频）轨道中的音频素材与2A（音频）轨道中的音乐素材起伏同步，如图15-13所示。

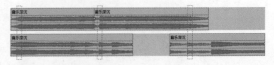

图15-13 调整素材

　　在编辑音乐素材的叠加时，尽量选择在音乐同时具有相同节奏的位置进行交接，例如，同时拥有重音或同时收声的位置。

**08** 将"时间线"的时间滑块拖拽至16秒位置，然后单击 ❶ 设置出点按钮，在"时间线"中指定所编辑的区域，如图15-14所示。

图15-14　设置出点

## 15.1.4　音频过渡调整

**01** 在第1秒的位置单击鼠标"左"键，为1A（音频）轨道中的音频素材添加控制点，如图15-15所示。

图15-15　添加控制点

**02** 在第0秒的位置向上调节1A（音频）轨道中的音频控制点，其值为12dB，使音乐的起始位置更具震撼效果，如图15-16所示。

图15-16　向上调节控制点

**03** 在第2秒的位置向下调节1A（音频）轨道中的音频控制点，其值为－33dB，使此段音乐产生逐渐消声处理，如图15-17所示。

图15-17　向下调节控制点

**04** 在第5秒的位置向下调节1A（音频）轨道中的音频控制点，其值为－30dB，将此段音乐只剩余开始位置，如图15-18所示。

图15-18　向下调节控制点

**05** 选择2A（音频）轨道中的音乐素材，对应顶部的素材在第1秒与第2秒位置单击鼠标"左"键，为2A（音频）轨道中的音乐素材添加两个控制点，如图15-19所示。

图15-19　添加控制点

**06** 调节2A（音频）轨道中音频素材的控制点，使其第0秒与第1秒位置的控制点在-25dB，与1A（音频）轨道中的音频素材产生过渡，如图15-20所示。

图15-20 向下调节控制点

**07** 在第5秒12帧与第6秒12帧的位置单击鼠标"左"键，为2A（音频）轨道中的音乐素材添加控制点，并调节第6秒位置的控制点使其值为-0.3dB，如图15-21所示。

图15-21 添加并调节控制点

**专家课堂**

对音频素材的编辑，主要为使音乐更加连贯，避免出现生硬的交接。

**08** 在2A（音频）轨道中向下调节此段音频素材的结束控制点，其值为-31dB，使此段音乐产生渐渐结束的效果，如图15-22所示。

图15-22 调节结束控制点

**09** 选择1A（音频）轨道中的音乐素材，在6秒12帧与7秒12帧的位置单击鼠标"左"键，为1A（音频）轨道中的音乐素材添加控制点，如图15-23所示。

图15-23 添加控制点

**10** 在1A（音频）轨道中调节第5秒与第6秒12帧位置的控制点，其值为-25dB，使第二段与第三段间产生过渡，如图15-24所示。

图15-24 调节控制点

**11** 选择2A（音频）轨道中的音乐素材，在第12秒12帧的位置单击鼠标"左"键，为2A（音频）轨道中的音乐素材添加控制点，并将此段素材的起始控制点向下调节至-31dB，使此段音乐产生淡入操作效果，如图15-25所示。

图15-25 添加并调节控制点

**12** 在第14秒的位置单击鼠标"左"键，为2A（音频）轨道中的音乐素材添加控制点，如图15-26所示。

图15-26　添加控制点

图15-27　完成音频编辑

⑬ 在2A（音频）轨道中选择第16秒位置音频素材的结束控制点，向下调节其值为－31dB，完成音频部分的编辑操作，如图15-27所示。

**专家课堂**

音乐的旋律是按节拍分2拍、3拍、4拍几小节。剪辑影片叙事中使用的镜头及镜头长度与剪辑点跟音乐节拍是一样的，因此非线剪辑选择的编辑点看得见、摸得着，使工作变得非常便捷。

# 15.2　视频素材编辑

## 15.2.1　挑选视频素材

① 在"素材库"面板中选择"海洋公园素材"视频文件，然后将其拖拽至"时间线"面板的1VA（视音频）轨道中，如图15-28所示。

图15-28　添加视频文件

② 使用"空格"键播放素材，在每段素材的交接处使用工具栏中的▲裁切工具，挑选视频中需要的镜头，如图15-29所示。

图15-29　裁切素材

③ 使用▲裁切工具将所有需要的视频素材挑选出来，如图15-30所示。

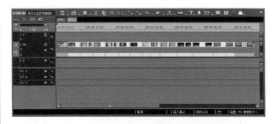

图15-30　挑选素材

## 15.2.2　素材名称设置

① 在"时间线"面板的1VA（视音频）轨道中，选择第一段视频素材并单击鼠标

"右"键，在弹出的菜单中选择"属性"命令，如图15-31所示。

图15-31 属性命令

**02** 在弹出的"素材属性"对话框中设置第一段视频素材的名称为"海狮-多人气球"，便于在影片编辑时的操作，如图15-32所示。

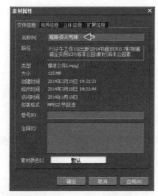

图15-32 设置名称

专家课堂

此种方式设置的名称，不会影响原始素材的名称，只存在于EDIUS软件中。

**03** 为每段素材进行名称设置，可以更直观地管理编辑素材，如图15-33所示。

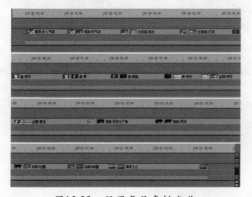

图15-33 设置每段素材名称

## 15.2.3 匹配视频素材

**01** 在影片编辑时，要根据音乐的起伏程度来匹配视频素材，必须在音乐的"重音"匹配视频镜头，使影片的节奏感更强，如图15-34所示。

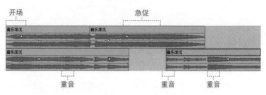

图15-34 音频素材

专家课堂

在影片编辑操作时，常在"重音"位置进行镜头切换，使音频与视频产生同步。

**02** 选择"北极熊-打架"视频素材，将其放置到影片的开始位置，其视频显示范围在第0秒至第1秒06帧之间，如图15-35所示。

图15-35 北极熊-打架视频位置

**03** 选择"海狮-吹气球"视频素材，将其放置到"北极熊-打架"视频素材的后面，其视频显示范围在第1秒06帧至第2秒12帧之间，如图15-36所示。

图15-36 海狮-吹气球视频位置

**04** 选择"狼-回头"视频素材，将其放置到"海狮-吹气球"视频素材的后面，其视频显示范围在第2秒12帧至第3秒16帧之间，如图15-37所示。

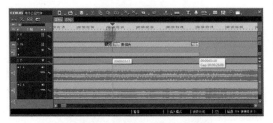

图15-37　狼-回头视频位置

**05** 选择"企鹅-特写"视频素材，将其放置到"狼-回头"视频素材的后面，其视频显示范围在第3秒16帧至第4秒19帧之间，如图15-38所示。

图15-38　企鹅-特写视频位置

**06** 选择"鱼-群"视频素材，将其放置到"企鹅-特写"视频素材的后面，其视频显示范围在第4秒19帧至第5秒15帧之间，如图15-39所示。

图15-39　鱼-群视频位置

专家课堂

以本段素材为例，视频素材的长度主要由音频节奏控制，可以清晰地看到音频素材"波形"的逐渐消失位置，此信息将提示此节音乐的结束，所以视频素材的"切割"点便在此处。

**07** 选择"鱼-鳐鱼"视频素材，将其放置到"鱼-群"视频素材的后面，其视频显示范围在第5秒15帧至第6秒08帧之间，如图15-40所示。

图15-40　鱼-鳐鱼视频位置

**08** 选择"白鲸-吐圈"视频素材，将其放置到"鱼-鳐鱼"视频素材的后面，其视频显示范围在第6秒08帧至第7秒04帧之间，如图15-41所示。

图15-41　白鲸-吐圈视频位置

**09** 选择"白鲸-转圈"视频素材，将其放置到"白鲸-吐圈"视频素材的后面，其视频显示范围在第7秒04帧至第8秒01帧之间，如图15-42所示。

图15-42　白鲸-转圈视频位置

**10** 选择"海狮-顶球"视频素材，将其放置到"白鲸-转圈"视频素材的后面，然后在"海狮-顶球"视频素材上单击鼠标"右"键，在弹出的菜单中选择"素材速度"命令，并在"素材速度"对话框中设置比率值为160%，根据音频节奏加快显示视频，如图15-43所示。

图15-43　调节海狮-顶球素材速度

 **专家课堂**

　　对于拍摄的素材，如果节奏或拍摄内容不能与音乐相匹配，可以通过调节"素材速度"进行匹配。

**11** 使用裁切工具将"海狮-顶球"视频素材进行裁切操作，使其成为三部分，如图15-44所示。

图15-44　裁切素材

**12** 将"海狮-顶球"视频素材裁切的中间部分删除，再将剩下的两部分对齐，如图15-45所示。

图15-45　删除并对齐素材

**专家课堂**

　　"海狮-顶球"素材主要由三个部分组成，开始位置为驯兽员挥手镜头，中间位置为空景内容，结束位置为海狮表演的内容，所以将中间位置的镜头删除，使"顶球"的过程更为连贯。

**13** 两段"海狮-顶球"视频素材的显示范围分别在第8秒01帧至8秒9帧之间和第8秒09帧至第9秒05帧之间，如图15-46所示。

图15-46　海狮-顶球视频位置

**14** 选择"海洋之心"视频素材，将其放置到"海狮-顶球"视频素材的后面，其视频显示范围在第9秒05帧至第12秒之间，如图15-47所示。

图15-47　海洋之心视频位置

**15** 完成每段素材的匹配后，观察音频与视频的节奏匹配效果，如图15-48所示。

图15-48　视频匹配效果

 **专家课堂**

　　在进行影片编辑时，不能只通过耳朵"听"声音，还要用眼睛"看"声音，主要"看"的是音频素材的"波形"。

## 15.3 动画与特效设置

### 15.3.1 北极熊素材调整

**01** 为增强素材的冲击力,在"时间线"面板中选择"北极熊-打架"视频素材,然后展开"信息"面板并双击"视频布局"项,如图15-49所示。

图15-49 视频布局

**02** 弹出"视频布局"对话框后,将时间滑块放置在素材的起始位置,开启"伸展"项的☑选项,再单击▶添加/删除关键帧按钮,创建素材的起始关键帧,如图15-50所示。

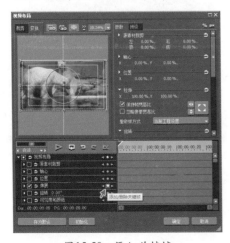

图15-50 添加关键帧

**03** 添加关键帧操作后,"视频布局"面板

中将创建素材的起始关键帧,如图15-51所示。

图15-51 创建关键帧效果

**04** 将"视频布局"面板的时间滑块放置在此段素材的结束位置,然后在"参数"面板中设置"拉伸"参数X轴值为120、Y轴值为120,系统将自动添加"伸展"的结束关键帧,如图15-52所示。

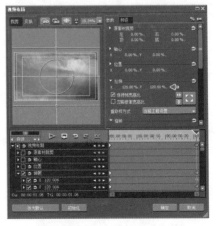

图15-52 记录拉伸动画

**专家课堂**

通过设置"拉伸"的关键帧,素材将产生放大的动画效果,配合音乐的开始位置将更具冲击力。

**05** 播放影片，观察"北极熊-打架"视频放大产生的推近效果，如图15-53所示。

图15-53　影片效果

**06** 切换至"特效"面板，展开【特效】→【视频滤镜】→【色彩校正】项并选择"色彩平衡"特效，再将其拖拽至"时间线"面板中的"北极熊-打架"视频素材上，完成添加特效的操作，如图15-54所示。

图15-54　添加色彩平衡特效

**07** 保持素材的选择状态再切换至"信息"面板，然后双击选择"色彩平衡"特效，如图15-55所示。

图15-55　选择特效

**08** 在弹出的"色彩平衡"对话框中设置亮度值为12、对比度值为4及黄蓝值为2，调节视频素材的颜色，如图15-56所示。

图15-56　参数设置

**09** 观察添加特效前后的影片效果对比，主要提升了画面明度与蓝色倾向，如图15-57所示。

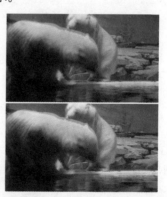

图15-57　对比效果

**10** 切换回"特效"面板并选择【特效】→【视频滤镜】→【锐化】特效，再将其拖拽至"时间线"面板中的"北极熊-打架"视频素材上，为视频添加特效，如图15-58所示。

 专家课堂

　　对于因摄影机拍摄运动过快或对焦不够准确的素材，可以通过添加"锐化"特效进行修饰。

图15-58　添加锐化特效

**11** 在弹出的"锐化"对话框中设置清晰度值为10，使影片的细节更加清晰，完成"北极熊-打架"视频素材的调整，如图15-59所示。

图15-59　北极熊素材调整

## 15.3.2　海狮（吹气球）素材调整

**01** 在"特效"面板中选择【特效】→【视频滤镜】→【色彩校正】→【色彩平衡】特效，再将其拖拽至"时间线"面板中的"海狮-吹气球"视频素材上，为视频添加特效，如图15-60所示。

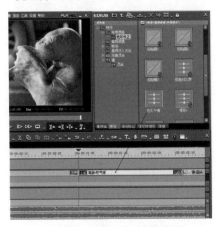

图15-60　添加色彩平衡特效

**02** 在"信息"面板中双击选择"色彩平衡"特效，并在弹出的"色彩平衡"对话框中设置亮度值为5、对比度值为2、青红值为-2及黄蓝值为2，使影片略产生紫色，如图15-61所示。

图15-61　参数设置

**专家课堂**

通过调节"颜色秤"可以改变影片颜色基调。

**03** 观察添加特效前后的影片效果对比，如图15-62所示。

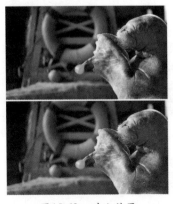

图15-62　对比效果

**04** 在"信息"面板中双击"视频布局"项，在弹出的"视频布局"对话框中将时间滑块放置在此段镜头的起始位置，再开启"伸展"项和 添加/删除关键帧按钮，由于"参数"面板中"拉伸"参数X轴值为100、Y轴值为100，所以即添加了值为100的起始关键帧，如图15-63所示。

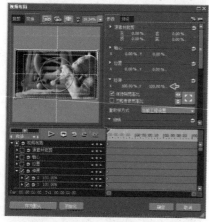

图15-63 拉伸设置

05 将时间滑块放置在此段镜头的结束位置，然后设置"参数"面板中"拉伸"参数X轴值为150、Y轴值为150，完成"海狮-吹气球"视频素材的调整，如图15-64所示。

图15-64 海狮素材调整

专家课堂

此段镜头的放大动画，会增强观众的"关注点"，使海狮"吹气球"成为重点。

### 15.3.3 北极狼素材调整

01 在"特效"面板中选择【特效】→【视频滤镜】→【色彩校正】→【色彩平衡】特效，再将其拖拽至"时间线"面板中的"狼-回头"视频素材上，为视频添加特效，如图15-65所示。

图15-65 添加色彩平衡特效

02 在"信息"面板中双击选择"色彩平衡"特效，在弹出的"色彩平衡"对话框中设置亮度值为2、对比度值为2、青红值为−2及黄蓝值为1，使"毛皮"的颜色更加干净，如图15-66所示。

图15-66 参数设置

**03** 观察添加特效前后的影片效果对比，如图15-67所示。

图15-67　对比效果

**04** 在"信息"面板中双击"视频布局"项，在弹出的"视频布局"对话框中将时间滑块放置在此段素材的起始位置，再单击"位置"、"伸展"项的 🔲 添加/删除关键帧按钮，并设置"参数"面板中"位置"参数X轴值为0、Y轴值为0，"拉伸"参数X轴值为100、Y轴值为100，如图15-68所示。

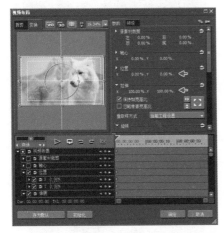

图15-68　参数设置

**05** 将时间滑块放置在此段素材的结束位置，然后设置"参数"面板中"位置"参数X轴值为－9.8、Y轴值为8，"伸展"参数X轴值为120、Y轴值为120，完成"狼-回头"视频素材的动画调整，如图15-69所示。

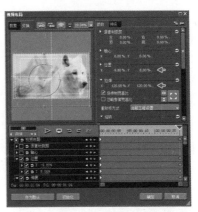

图15-69　北极狼素材调整

## 15.3.4　企鹅素材调整

**01** 在"特效"面板中选择【特效】→【视频滤镜】→【色彩校正】→【色彩平衡】特效，再将其拖拽至"时间线"面板中的"企鹅-特写"视频素材上，为视频添加特效，如图15-70所示。

图15-70　添加色彩平衡特效

**02** 在"信息"面板中双击选择"色彩平衡"特效，并在弹出的"色彩平衡"对话框中设置亮度值为20、对比度值为3，使影片的明度信息增强，如图15-71所示。

**专家课堂**

　　在提升画面亮度时，要避免高光和白色区域产生曝光过度。

图15-71　参数设置

**03** 观察添加特效前后的影片效果对比，如图15-72所示。

图15-72　企鹅素材调整

## 15.3.5　鱼群素材调整

**01** 在"特效"面板中选择【特效】→【视频滤镜】→【色彩校正】→【色彩平衡】特效，再将其拖拽至"时间线"面板中的"鱼-群"视频素材上，为视频添加特效，如图15-73所示。

**02** 在"信息"面板中双击选择"色彩平衡"特效，并在弹出的"色彩平衡"对话框中设置亮度值为10、对比度值为4，使影片整体变亮，如图15-74所示。

图15-73　添加色彩平衡特效

图15-74　参数设置

**03** 观察添加特效前后的影片效果对比，如图15-75所示。

图15-75　对比效果

**04** 在"信息"面板中双击"视频布局"项，在弹出的"视频布局"对话框中将时间滑块放置在此段影片的起始位置，再单击"伸展"项的■添加/删除关键帧按钮，并设置"参数"面板中"拉伸"参数X轴值为100、Y轴值为100，如图15-76所示。

频滤镜】→【色彩校正】→【色彩平衡】特效，再将其拖拽至"时间线"面板中的"鱼-鳐鱼"视频素材上，为视频添加特效，如图15-78所示。

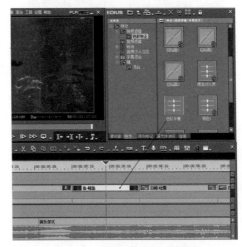

图15-78 添加色彩平衡特效

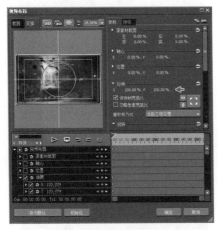

图15-76 拉伸设置

**05** 将时间滑块放置在此段影片的结束位置，然后设置"参数"面板中"拉伸"参数X轴值为110、Y轴值为110，完成"鱼-群"视频素材的调整，避免因镜头无变化而显得枯燥，如图15-77所示。

**02** 在"信息"面板中双击选择"色彩平衡"特效，在弹出的"色彩平衡"对话框中设置亮度值为60、对比度值为15、青红值为－5、品红绿值为－2及黄蓝值为5，增强影片亮度和画面的蓝色信息，如图15-79所示。

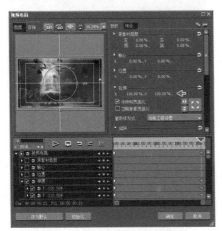

图15-77 鱼-群素材调整

## 15.3.6 鳐鱼素材调整

**01** 在"特效"面板中选择【特效】→【视

图15-79 参数设置

**03** 观察添加特效前后的影片效果对比，如图15-80所示。

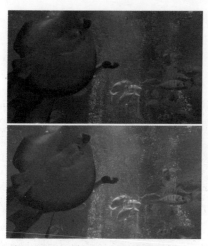

图15-80 鳐鱼素材调整

## 15.3.7 海狮（顶球）素材调整

**01** 在"特效"面板中选择【特效】→【视频滤镜】→【色彩校正】→【色彩平衡】特效，再将其拖拽至"时间线"面板中的"海狮-顶球"视频素材上，为视频添加特效，如图15-81所示。

图15-81 添加色彩平衡特效

**02** 在"信息"面板中双击选择"色彩平衡"特效，在弹出的"色彩平衡"对话框中设置亮度值为20、对比度值为3、青红值为−2及黄蓝值为2，使影片的暗部颜色进行提升，如图15-82所示。

**03** 观察添加特效前后的影片效果对比，如图15-83所示。

图15-82 参数设置

图15-83 海狮素材调整

## 15.3.8 白鲸素材调整

**01** 在"时间线"面板中选择"海洋之心"视频素材并单击鼠标"右"键，在弹出的浮动菜单中选择"素材速度"命令，设置"素材速度"对话框中的比率参数值为130%，使此段素材可以与音乐更加匹配，如图15-84所示。

**02** 在"特效"面板中选择【特效】→【视频滤镜】→【色彩校正】→【色彩平衡】特效，再将其拖拽至"时间线"面板中的"海洋之心"视频素材上，为视频添加特效，如图15-85所示。

图15-84 素材速度

图15-85 添加色彩平衡特效

**03** 在"信息"面板中双击选择"色彩平衡"特效，并在弹出的"色彩平衡"对话框中设置色度值为−20、青红值为−7，减轻影片的饱和度，控制画面中的蓝色向青色转变，如图15-86所示。

图15-86 参数设置

此段影片在前期拍摄时因"白平衡"设置不够准确，使得"白鲸"的身体呈现为蓝色，所以通过降低"饱和度"减轻颜色信息。

**04** 观察添加特效前后的影片效果对比，如图15-87所示。

图15-87 对比效果

**05** 在"信息"面板中双击"视频布局"项，在弹出的"视频布局"对话框中将时间滑块放置在此段影片的起始位置，再单击"位置"、"伸展"项的添加/删除关键帧按钮，并设置"参数"面板中"位置"参数X轴值为10、Y轴值为−2.2，"拉伸"参数X轴值为450、Y轴值为450，如图15-88所示。

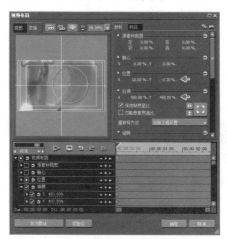

图15-88 参数设置

**06** 将时间滑块放置在此段影片的第8帧的位置，然后设置"参数"面板中"位置"参数X轴值为10.1、Y轴值为−2.2，"拉伸"参数X轴值为120、Y轴值为120，使其产生由局部至全景快速地"拉"镜头动画，如图15-89所示。

图15-89 参数动画

专家课堂

　　由于此段影片在前期拍摄时构图偏斜，所以通过设置"位置"动画使其居中。

**07** 将时间滑块放置在此段影片的结束位置，然后设置"参数"面板中"位置"参数X轴值为13.5、Y轴值为−2.2，"拉伸"参数X轴值为180、Y轴值为180，完成"海洋之心"视频素材的调整，如图15-90所示。

**08** 观察"时间线"面板中音频与视频的排列结构，使其节奏可以很好地匹配，如图15-91所示。

图15-90 白鲸素材调整

图15-91 排列结构

**09** 播放影片，观察为视频添加动画与特效后的影片整体效果，如图15-92所示。

图15-92 影片整体效果

# 15.4 添加定板与配音

## 15.4.1 添加定板素材

**01** 在"素材库"面板中选择"片尾定板"视频文件，然后将其拖拽至"时间线"面板的

2V（视频）轨道中，如图15-93所示。

图15-93　添加视频文件

**02** 在2V（视频）轨道中将"片尾定板"视频素材的起始位置放置到10秒13帧处，并将出点设置在16秒位置，如图15-94所示。

图15-94　定板素材位置

## 15.4.2　定板素材调整

**01** 在"时间线"面板中选择在After Effects中制作的"片尾定板"视频素材，然后展开"信息"面板并双击"视频布局"项，进行素材的动画调整，如图15-95所示。

图15-95　视频布局

**02** 弹出"视频布局"对话框后，将时间滑块放置在此段影片的起始位置，再单击"伸展"项的 ▣ 添加/删除关键帧按钮，创建缩放的起始帧，如图15-96所示。

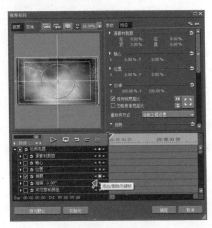

图15-96　添加关键帧

**03** 在"参数"面板中设置"拉伸"参数X轴值为196、Y轴值为196，如图15-97所示。

图15-97　拉伸设置

**04** 将时间滑块放置在此段影片的第12帧的位置，然后设置"参数"面板中"拉伸"参数X轴值为110、Y轴值为110，使此段影片的开始位置产生"拉"镜头处理，如图15-98所示。

**05** 将时间滑块放置在此段影片的第2秒03帧的位置，设置"参数"面板中"拉伸"参数X轴值为100、Y轴值为100，如图15-99所示。

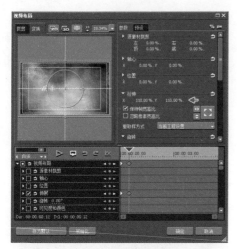

图15-98　拉伸参数动画

图15-99　完成拉伸参数动画

**06** 播放影片，观察定板素材的调整效果，如图15-100所示。

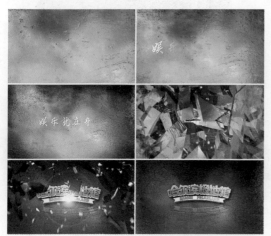

图15-100　定板素材调整

## 15.4.3　添加配音素材

**01** 在"素材库"面板中选择定板位置的"配音"音频文件，然后将其拖拽至"时间线"面板的1VA（视音频）轨道中，并将"配音"音频素材的起始位置放置到第10秒13帧处，如图15-101所示。

图15-101　添加音频文件

**02** 在"素材库"面板中选择"z5艘1"音频文件，然后将其拖拽至"时间线"面板的3A（音频）轨道中，并将"z5艘1"音频素材的起始位置放置到9秒15帧处，如图15-102所示。

图15-102　添加配音素材

　专家课堂

　　为定板素材位置添加声音效果的目的是加强定板"入画"时的冲击力。

# 15.5 添加装饰元素

## 15.5.1 制作边缘遮罩

**01** 在Photoshop软件中新建一个分辨率为1280×720的文件，再新建"图层0"黑色图层，使用选区工具完成区域的选择，再配合"Delete"键删除"图层0"层的中间部分，完成边缘遮罩效果的制作，如图15-103所示。

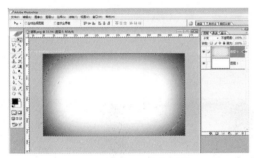

图15-103 制作遮罩

**02** 在"图层"面板中将"图层1"的显示关闭，如图15-104所示。

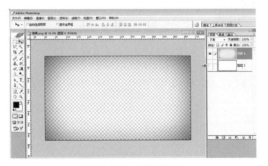

图15-104 关闭图层

专家课堂

　　将Photoshop软件中的背景图层关闭，使其只剩余遮罩效果，在进行存储后，EDIUS便支持图像中的信息。

**03** 在菜单中选择【文件】→【存储为】命令将文件进行保存，在弹出的"存储为"对话框中设置文件名为"遮黑"、

格式为"PNG"方式，如图15-105所示。

图15-105 制作边缘遮罩

## 15.5.2 添加边缘遮罩

**01** 在"时间线"面板中的轨道上单击鼠标"右"键，并在弹出的浮动菜单中选择【添加】→【在上方添加视频轨道】命令，如图15-106所示。

图15-106 添加视频轨道

**02** 在"素材库"面板中选择"遮黑"素材文件，然后将其拖拽至"时间线"面板的3V（视频）轨道的起始位置，如图15-107所示。

专家课堂

　　为影片添加遮罩效果的目的是使画面四角位置颜色较暗，使画面的中心位置更突出。

图15-107　添加素材

**03** 在3V（视频）轨道中将鼠标放置在"遮黑"素材的右侧边缘，当显示可控标示时，按住鼠标"左"键向右拖拽至影片第16秒位置，完成延长素材的操作，如图15-108所示。

图15-108　延长素材

**04** 观察添加边缘遮罩前后的影片效果对比，如图15-109所示。

图15-109　添加边缘遮罩效果

## 15.5.3 添加颜色蒙版

**01** 在"素材库"面板的工具栏中单击■新

建素材彩条按钮下的"色块"命令，并在弹出的"色块"对话框中设置颜色值为1、方向值为0，建立黑色的颜色板，如图15-110所示。

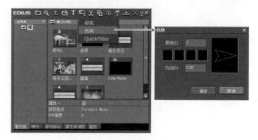

图15-110　创建色块

**02** 在"素材库"面板中选择"Color Matte"素材文件，然后将其拖拽至"时间线"面板的4V（视频）轨道的起始位置，如图15-111所示。

图15-111　添加素材

**03** 在4V（视频）轨道中将鼠标放置在"Color Matte"素材的右侧边缘，当显示延长标示时按住鼠标"左"键拖拽至影片的16秒出点的位置，延长素材的显示，如图15-112所示。

图15-112　添加颜色蒙版

## 15.5.4 颜色蒙版设置

**01** 在4V（视频）轨道中展开视频素材可以观察"Color Matte"素材层的蓝色控制线，将起始控制点的100%（不透明）向下拖拽至0%（透明），如图15-113所示。

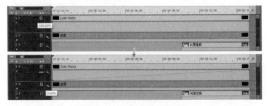

图15-113 调整控制点

**02** 将其结束控制点也由100%向下拖拽至0%，暂时对该层不进行显示，如图15-114所示。

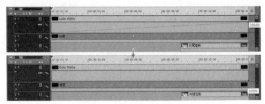

图15-114 调整控制点

**专家课堂**

先将本层控制为不可见，在镜头交接位置再调节为渐变显示，其目的是控制每段素材产生渐黑的效果。

**03** 在影片第8帧的位置单击"Color Matte"素材层的蓝色控制线，添加视频透明的控制点，如图15-115所示。

图15-115 添加控制点

**04** 选择起始位置的控制点并将其向上拖拽至100%，使其完全显示"Color Matte"素材层，如图15-116所示。

图15-116 调整控制点

**专家课堂**

通过控制黑色蒙版素材的显示与消失，比直接调节每段视频素材的透明信息简便。

**05** 播放影片，观察蒙版由100%至0%的变化效果，如图15-117所示。

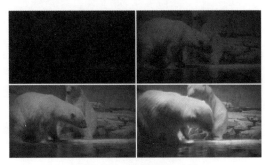

图15-117 蒙版变化效果

**06** 在各视频的连接位置，结合背景音乐继续添加蒙版变化的控制点，如图15-118所示。

图15-118 添加控制点

**07** 调节蒙版由0%至100%再到0%的变化效果，如图15-119所示。

图15-119　调整控制点

 **专家课堂**

　　对每段视频素材进行渐黑处理，会大大增强影片的神秘性。

**08** 根据画面要求及音乐节奏，继续对"Color Matte"素材层制作蒙版变化效果，如图15-120所示。

**09** 调节完成后，观察"时间线"面板中音频与视频的整体排列结构，如图15-121所示。

图15-120　蒙版设置效果

图15-121　观察排列结构

# 15.6 输出文件操作

## 15.6.1　影片输出操作

**01** 在菜单中选择【文件】→【输出】→【输出到文件】命令，如图15-122所示。

图15-122　文件输出

**02** 在弹出"输出到文件"对话框后，选择"输出器"中的"MPEG2程序流"项目，并勾选"在入出点之间输出"项，再单击"输出"按钮完成选择，如图15-123所示。

图15-123　输出选择

**03** 在"MPEG2程序流"对话框中设置文件名为"海洋公园成品",展开"基本设置"面板并设置"视频设置"中大小为"当前设置"、质量/速度为"常规"、比特率为"CBR"方式及平均(bps)为15000000;在"音频设置"中设置格式为"MPEG1 Audio Layer-2"、通道为"立体声"及比特率(bps)为384K,如图15-124所示。

**专家课堂**

比特率的高清设置一般为15MB,标清设置一般为8MB。

## 15.6.2 输出过程预览

**01** 在"渲染"对话框中显示正在输出的进度条及已用的时间提示,如图15-125所示。

图15-125 渲染对话框

**02** 当输出完成后,执行输出的"海洋公园成品.mpg"文件便可以预览最终的影片效果,如图15-126所示。

图15-124 输出设置

图15-126 输出过程预览

# 15.7 本章小结

　　本章通过对大量前期拍摄的视频素材进行剪辑,以及调整节奏与视频冲击力完成实例的制作,使读者掌握在剪辑影片时的内部节奏和外部节奏。

# 第16章
# "企业专题"
# 宣传片

| 素材文件 | 配套光盘→范例文件→Chapter16 | 难易程度 | ★★★★★ |
|---|---|---|---|
| 效果文件 | 配套光盘→范例文件→Chapter16→企业专题成品.mpg | 重要程度 | ★★★★★ |
| 实例重点 | 使用多图层制作片头与影片节奏控制，再进行视频调色的编辑操作 | | |

　　"企业专题"宣传片实例是通过将配音、配乐和视频等在时间线中进行排列，将素材按照声音的节奏进行剪辑完成的，宣传片实例效果如图16-1所示。

图16-1　企业专题宣传片效果

　　"企业专题"宣传片实例的制作流程主要分为5部分，包括：（1）编辑素材整理；（2）制作片头素材；（3）视频素材编辑；（4）添加定板素材；（5）输出文件操作。如图16-2所示。

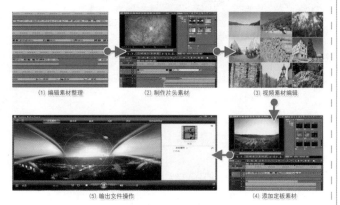

(1) 编辑素材整理　　(2) 制作片头素材　　(3) 视频素材编辑

(5) 输出文件操作　　(4) 添加定板素材

图16-2　制作流程

# 16.1　编辑素材整理

## 16.1.1　新建工程

**01** 启动EDIUS软件，在弹出的"初始化工程"欢迎界面中单击"新建工程"按钮建立新的预设场景，如图16-3所示。

图16-3　新建工程

**02** 在弹出的"工程设置"对话框中会显示以往所设置的项目预设，然后在"预设列表"中选择"HD 1280×720 25P 16∶9 8bit"项目，再设置工程的名称为"企业专题"，如图16-4所示。

图16-4　选择预设

## 16.1.2　添加素材

**01** 在"素材库"面板的空白位置单击鼠标"右"键，然后在弹出的浮动菜单中选择"添加文件"命令，如图16-5所示。

图16-5　添加文件

**02** 选择"添加文件"命令后将自动弹出"打开"对话框，然后在本书配套光盘

中选择【范例文件】→【Chapter16】→【素材】文件中的所需素材，再单击对话框中的"打开"按钮完成添加素材操作，如图16-6所示。

图16-6　选择素材并打开

**03** 在"素材库"面板的"根"文件夹上单击鼠标"右"键，然后在弹出的浮动菜单中选择"新建文件夹"命令，便于对编辑素材的管理，如图16-7所示。

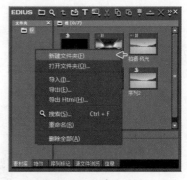

图16-7　新建文件夹

**04** 将新建的文件夹名称设置为"地球"，然后在"地球"文件夹中添加相应的素材，如图16-8所示。

图16-8　新建地球文件夹

**05** 新建"声音"文件夹，并将音频文件添加至该文件夹，如图16-9所示。

图16-9　新建声音文件夹

## 16.1.3　挑选素材

**01** 在菜单中选择【文件】→【新建】→【序列】命令，便于对编辑素材的"粗"剪辑操作，如图16-10所示。

图16-10　新建序列

专家课堂

　　由于进行影片编辑的素材较多，不易进行素材的挑选，所以新建"序列"进行素材的"粗"剪辑操作。

**02** 在"素材库"面板中选择"拍摄-风光"、"拍摄-面貌"和"拍摄-建设"

视频序列文件，并将其拖拽至"序列2"序列的"时间线"面板中，再将添加的素材段落进行裁切，如图16-11所示。

图16-11　添加视频素材

专家课堂

　　在导入至"时间线"的视频素材上单击鼠标"右键"，然后在弹出的浮动菜单中选择【连接/组】→【解锁】命令，将视频素材与音频素材进行分解，然后删除"音频"素材。

**03** 裁切素材段落后，"时间线"面板各素材的结构如图16-12所示。

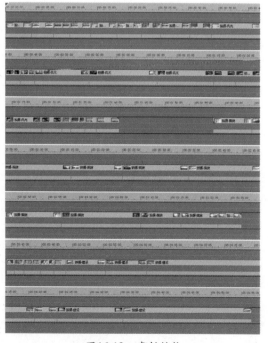

图16-12　素材结构

# 16.2 制作片头素材

## 16.2.1 片头与音乐设定

**01** 切换至"序列1"序列，在"素材库"面板中选择"片头"视频文件，将其拖拽至"时间线"面板的1VA（视音频）轨道中，如图16-13所示。

图16-13 添加视频素材

**专家课堂**

通过使用3ds Max制作三维装饰素材，再通过After Effects合成出片头素材，便于提示影片编辑的效果。

**02** 展开"素材库"面板的"声音"文件夹，在其中选择"曲03"音频文件，将其拖拽至"时间线"面板的2A（音频）轨道中，调整音频素材的起始位置在影片的9秒22帧处，如图16-14所示。

图16-14 添加音频素材

**03** 展开2A（音频）轨道的波形显示，然

后在"曲03"音频的结尾位置作渐弱处理，如图16-15所示。

图16-15 声音渐弱操作

**04** 在"素材库"面板的"声音"文件夹中选择"配音"音频文件，将其拖拽至"时间线"面板的1A（音频）轨道中，结合2A（音频）轨道中"曲03"的音乐节奏调整"配音"音频在其开始与中部的显示位置，如图16-16所示。

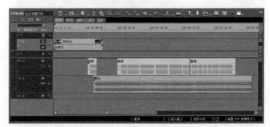

图16-16 添加配音素材

**05** 在"特效"面板中选择【特效】→【视频滤镜】→【锐化】特效命令，再将其拖拽至"时间线"面板中的"片头"视频素材上，如图16-17所示。

图16-17 添加锐化特效

**专家课堂**

　　"锐化"特效可以快速聚焦模糊边缘，提高图像中某一部位的清晰度或者焦距程度，使图像特定区域的色彩更加鲜明。在设置"锐化"特效时一定要适度，避免使画面产生不真实显示。

06　切换至"信息"面板，再双击选择"锐化"特效进行设置，如图16-18所示。

图16-18　双击特效

07　在弹出的"锐化"对话框中设置清晰度值为8，使影片片头素材的细节更加清晰，如图16-19所示。

图16-19　参数设置

08　在影片的12秒位置使用裁切工具将"片头"视频素材进行裁切，并将余下的素材删除，如图16-20所示。

09　观察"配音"音频中所对应的解说词内容，如图16-21所示。

图16-20　裁切操作

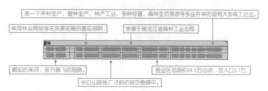

图16-21　音频效果

**专家课堂**

　　所有影片都会按照节奏进行剪辑，而宣传片的制作更要严格地按照配音和音乐进行剪辑，从而使观看者将影音元素同时接受。本例的配音内容为"崛起的柴河，张开腾飞的翅膀。柴河林业局，坐落在风景如画的莲花湖畔，长白山脉张广才岭的层峦叠嶂中。隶属于黑龙江省森林工业总局，施业区总面积34.5万公顷，总人口5.7万，是一个木材生产、营林生产、林产工业、多种经营、森林生态旅游等多业并举的国有大型森工企业"。如果想更加准确地掌握和控制声音与节奏关系，就必须了解标准配音的语言速度。所以，按照每分钟200字的语速被许多行业工作者执行。

## 16.2.2　地球节奏设置

01　在菜单中选择【文件】→【新建】→【序列】命令，并设置序列名称为"地球飞入序列"，如图16-22所示。

02　切换至"地球飞入序列"的"时间线"，在"素材库"面板中展开"地球"文件夹并选择"地球"视频文件，将其拖拽至"时间线"面板的1VA（视音频）轨道中，如图16-23所示。

图16-22　新建序列

图16-23　添加视频素材

**03** 在影片的3秒02帧、6秒13帧及8秒04帧位置使用 ▲裁切工具将"地球"视频素材进行裁切，为素材设置节奏，便于掌握添加"坐标"效果的位置，如图16-24所示。

图16-24　素材节奏设置

## 16.2.3　新建序列设置

**01** 在菜单中选择【文件】→【新建】→【序列】命令，如图16-25所示。

图16-25　新建序列

**02** 在"序列4"序列上单击鼠标"右"键，然后在弹出的浮动菜单中选择"序列设置"命令，如图16-26所示。

图16-26　序列设置

**03** 在"序列设置"对话框中设置序列名称为"坐标"，如图16-27所示。

图16-27　坐标序列

## 16.2.4　坐标素材制作

**01** 在Photoshop软件中新建文件，再使用工具箱中的 ▢矩形及 ╲直线绘制坐标图标的素材，如图16-28所示。

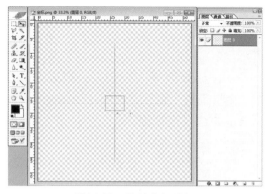

图16-28 绘制坐标图标

**02** 新建3个文件，再使用工具箱中的**T**文本工具输入坐标值，如图16-29所示。

图16-29 坐标值素材

 **专家课堂**

在Photoshop中制作三帧坐标值素材后，在EDIUS中使用时，可以将素材延续并复制排列，使其得到坐标值变化的动画。

**03** 在"素材库"面板中展开"地球"文件夹并在空白位置单击鼠标"右"键，然后在弹出的浮动菜单中选择"添加文件"命令，接着在"打开"对话框中选择坐标及坐标值文件，再单击对话框中的"打开"按钮完成添加素材的操作，如图16-30所示。

**04** 切换至"坐标"序列，在"素材库"面板的"地球"文件夹中选择"坐标"素材文件，将其拖拽至"时间线"面板的1VA（视音频）轨道中，再将鼠标放置在"坐标"素材的右侧边缘，当显示可控标示时，按住鼠标"左"键拖拽至时

间线的第6秒位置，如图16-31所示。

图16-30 添加素材

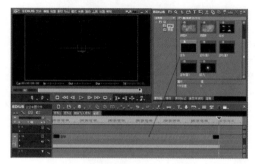

图16-31 添加坐标素材

**05** 在"素材库"面板的"地球"文件夹中选择"坐标值1"、"坐标值2"及"坐标值3"素材文件，将其拖拽至"时间线"面板的2V（视频）轨道中，再调整每段素材显示长度为5帧并按顺序排列，如图16-32所示。

图16-32 添加坐标值素材

**06** 在2V（视频）轨道中选择3段坐标值素材，然后使用"Ctrl+C"键进行复制，再重复使用"Ctrl+V"键进行粘贴，持续到"时间线"中的第6秒位置，如图16-33所示。

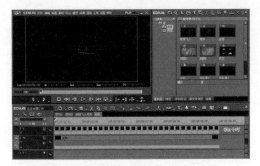

图16-33　复制素材

专家课堂

　　如果觉得三帧坐标值变化的动画不够连贯，可以通过更多的帧完成变化动画。

**07** 切换至"地球飞入序列"的"时间线"，在"素材库"面板中展开"地球"文件夹并选择"坐标"序列文件，将其拖拽至"时间线"面板的2V（视频）轨道中的第3秒位置，如图16-34所示。

图16-34　添加坐标文件

**08** 在2V（视频）轨道中，将鼠标放置在"坐标"文件的右侧边缘，当显示可控标示时，按住鼠标"左"键拖拽至时间线的第6秒3帧位置，如图16-35所示。

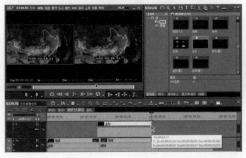

图16-35　坐标素材制作

## 16.2.5　坐标动画设置

**01** 在2V（视频）轨道中单击"坐标"素材，使其处于选择状态，然后在"信息"面板中双击"视频布局"项，在弹出的"视频布局"对话框中将时间滑块放置在此段素材的起始位置，再单击"位置"及"伸展"项的 添加/删除关键帧按钮，并设置"参数"面板中"位置"参数X轴值为0、Y轴值为0，"拉伸"参数X轴值为600、Y轴值为600，使"坐标"素材的开始帧放大，如图16-36所示。

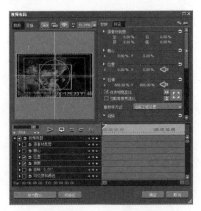

图16-36　参数设置

**02** 在"视频布局"对话框中将时间滑块向右拖拽放置在第19帧的位置，然后设置"参数"面板中"位置"参数X轴值为21、Y轴值为－5.7，"拉伸"参数X轴值为130、Y轴值为130，设置坐标停落的位置，如图16-37所示。

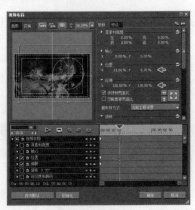

图16-37　动画设置

**03** 在"视频布局"对话框中将时间滑块放置在此段素材的结束位置，然后设置"参数"面板中"位置"参数X轴值为16.4、Y轴值为0，"拉伸"参数X轴值为150、Y轴值为150，完成此段动画的设置，如图16-38所示。

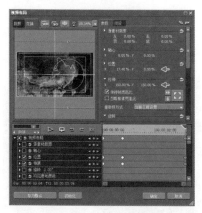

图16-38 完成动画设置

**04** 在影片第3秒5帧的位置单击"坐标"素材层的蓝色控制线，添加视频透明的控制点，然后将"坐标"素材层起始位置的控制点由100%向下拖拽至0%；在影片第4秒15帧的位置单击"坐标"素材层蓝色控制线，添加视频透明的控制点，然后将"坐标"素材层结束位置的控制点由100%向下拖拽至0%，制作"坐标"素材淡入淡出的显示效果，如图16-39所示。

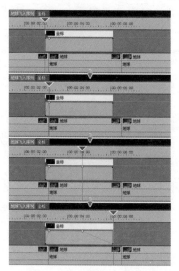

图16-39 调整透明控制点

**05** 播放制作影片，观察"坐标"素材的动画效果，如图16-40所示。

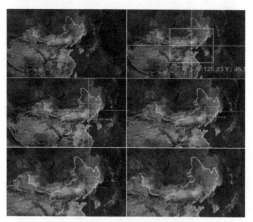

图16-40 坐标动画设置效果

## 16.2.6 坐标轨道设置

**01** 在"时间线"面板中的轨道上单击鼠标"右"键，在弹出的浮动菜单中选择【添加】→【在上方添加视频轨道】命令，如图16-41所示。

图16-41 添加轨道命令

**02** 在弹出的"添加轨道"对话框中设置数量参数值为1，如图16-42所示。

图16-42 轨道设置

**03** 观察"时间线"面板，在视频轨道的上方添加一条3V（视频）轨道，准备添加地图素材，如图16-43所示。

图16-43　添加视频轨道

## 16.2.7　地图素材设置

**01** 在"素材库"面板中选择"地图A"素材文件，将其拖拽至"时间线"面板，放置于3V（视频）轨道的第6秒03帧位置；再在"素材库"面板中选择"地图B"素材文件，然后将其拖拽至"时间线"面板，放置于2V（视频）轨道的第8秒位置，如图16-44所示。

图16-44　添加地图素材

**02** 在影片第6秒13帧及第8秒的位置单击"地图A"素材层蓝色控制线，添加视频透明的控制点，然后将"地图A"素材层起始及结束位置的控制点由100%向下拖拽至0%，使"地图A"素材产生淡入与淡出的画面，如图16-45所示。

图16-45　调整透明控制点

**03** 在3V（视频）轨道中单击"地图A"素材，使其处于选择状态，然后在"信息"面板中双击"视频布局"项，在弹出的"视频布局"对话框中将时间滑块放置在此段素材的起始位置，再单击"伸展"项的 ■添加/删除关键帧按钮，设置"参数"面板中"拉伸"参数X轴值为20、Y轴值为20，使素材聚集在画面中心，如图16-46所示。

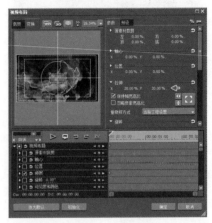

图16-46　参数设置

**04** 在"视频布局"对话框中将时间滑块向右拖拽放置在第11帧的位置，然后设置"参数"面板中"拉伸"参数X轴值为100、Y轴值为100，使素材铺满整个画面，如图16-47所示。

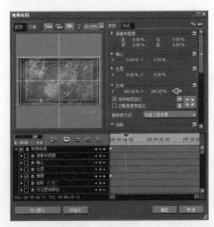

图16-47　拉伸参数设置

**05** 在"视频布局"对话框中将时间滑块向右拖拽放置在第1秒24帧的位置，然后设置"参数"面板中"拉伸"参数X轴值为110、Y轴值为110，使素材慢慢产生变化，如图16-48所示。

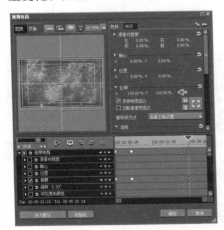

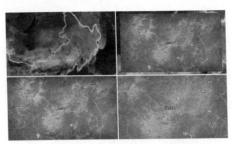

图16-50 地图A素材动画效果

08 保持"地图A"素材的选择状态并在"信息"面板中选择"视频布局"项，将其拖拽至"时间线"面板的"地图B"素材上，如图16-51所示。

图16-48 拉伸参数设置

06 在"视频布局"对话框中将时间滑块放置在此段素材的结束位置，设置"参数"面板中"拉伸"参数X轴值为300、Y轴值为300，使素材快速产生放大变化，如图16-49所示。

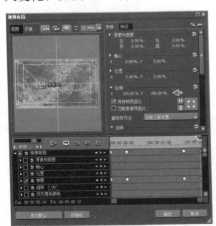

图16-51 地图素材设置

## 16.2.8 添加效果素材

01 在"时间线"面板中的轨道上单击鼠标"右"键，在弹出的浮动菜单中选择【添加】→【在上方添加视频轨道】命令，在视频轨道的上方添加一条4V（视频）轨道，然后在"素材库"面板中选择"云朵"素材文件，将其拖拽至"时间线"面板，放置于4V（视频）轨道的第6秒03帧位置，如图16-52所示。

图16-49 拉伸动画设置

专家课堂

此部分的动画快速放大，目的是与下一段地图素材产生交替。

07 播放当前影片，观察"地图A"素材由地球飞出，模拟穿云夺雾的显示效果，如图16-50所示。

图16-52 添加云朵素材

**专家课堂**

将"云朵"素材放置在素材交替的位置，可以遮挡"地图"穿梭的生硬效果。

**02** 在4V（视频）轨道中单击"云朵"素材，使其处于选择状态，然后在"信息"面板中双击"视频布局"项，在弹出的"视频布局"对话框中将时间滑块放置在此段素材的起始位置，再单击"伸展"项的 添加/删除关键帧按钮，设置"参数"面板中"拉伸"参数X轴值为0、Y轴值为0，使素材聚集在画面中心位置，如图16-53所示。

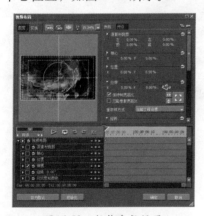

图16-53 拉伸参数设置

**03** 在"视频布局"对话框中将时间滑块放置在此段素材的结束位置，设置"参数"面板中"拉伸"参数X轴值为300、Y轴值为300，使素材放大出画面，如图16-54所示。

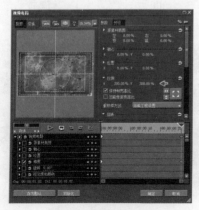

图16-54 拉伸动画设置

**04** 在影片第6秒10帧的位置单击"云朵"素材层蓝色控制线，添加视频透明的控制点，然后将"云朵"素材层起始及结束位置的控制点由100%向下拖拽至0%，如图16-55所示。

图16-55 调整透明控制点

**专家课堂**

通过透明的记录，主要模拟"云朵"位置远近穿梭的效果。

**05** 在4V（视频）轨道中选择"云朵"素材，然后使用"Ctrl+C"键进行复制，在影片第7秒23帧的位置使用"Ctrl+V"键进行粘贴，遮挡地图间的穿梭效果，如图16-56所示。

图16-56 复制云朵素材

**06** 在"素材库"面板的"地球"文件夹中选择"眩光"素材文件，将其拖拽至"时间线"面板的3V（视频）轨道中的第8秒17帧位置，增强此位置的观看细节，如图16-57所示。

**07** 在3V（视频）轨道中单击"眩光"素材，使其处于选择状态，然后在"信息"面板中双击"视频布局"项,在弹出的"视频布局"对话框中设置"参数"面板中"位置"参数X轴值为6.9、Y轴值为−6.5,然后将时间滑块放置在此段素材的起始位置,单击"伸展"项的 添加/删除关键帧按钮,再设置"参数"面板中"拉伸"参数X轴值为0、Y轴值为0,如图16-58所示。

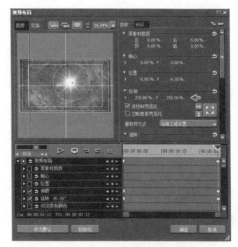

图16-59 拉伸动画设置

图16-57 添加眩光素材文件

图16-60 调整透明控制点

⑩ 播放当前影片,添加效果素材后的预览效果如图16-61所示。

图16-58 参数设置

⑧ 在"视频布局"对话框中将时间滑块放置在此段素材的结束位置,设置"参数"面板中"拉伸"参数X轴值为250、Y轴值为250,如图16-59所示。

⑨ 在影片第9秒4帧的位置单击"眩光"素材层蓝色控制线,添加视频透明的控制点,然后将"眩光"素材层起始及结束位置的控制点由100%向下拖拽至0%,如图16-60所示。

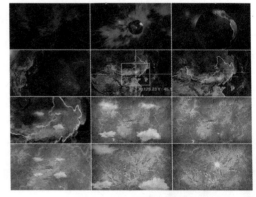

图16-61 影片效果预览

⑪ 在"时间线"面板中选择不需要的轨道并单击鼠标"右"键,在弹出的浮动菜单中选择"删除(选定轨道)"命令,如图16-62所示。

图16-62 删除轨道

## 16.2.9 添加素材序列

**01** 切换至"序列1"的"时间线"，在"素材库"面板中选择"地球飞入序列"文件，将其拖拽至"时间线"面板的1VA（视音频）轨道中"片头"素材的后面，如图16-63所示。

图16-63 添加序列素材

**02** 在影片第21秒11帧的位置使用 ✂ 裁切工具将1VA（视音频）轨道中的"地球飞入序列"素材进行裁切，并将余下的部分删除，如图16-64所示。

**03** 切换至"特效"面板并选择【特效】→【转场】→【2D】→【溶化】命令，再将其拖拽至"时间线"面板中"片头"与"地球飞入序列"素材的交接位置，为素材添加转场特效，如图16-65所示。

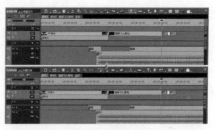

图16-64 裁切删除素材

图16-65 添加溶化特效

**专家课堂**

通过为素材间添加"转场"效果，可以使素材播放时产生过渡预览。

**04** 在"时间线"面板中观察素材的排列结构，"地图"素材所匹配的配音为"坐落在风景如画的莲花湖畔"，如图16-66所示。

图16-66 添加素材序列

# 16.3 视频素材编辑

## 16.3.1 山水素材调整

**01** 在"素材库"面板中选择"拍摄-风光"视频序列中的水素材文件，将其拖拽至"时间线"面板的1VA（视音频）轨道中"地球飞入序列"素材的后面，切换至"特效"面板并选择【特效】→【视频滤镜】→【色彩校正】→【色彩平衡】特效命令，再将其拖拽至"时间线"面板中的"拍摄-风光"素材上，为素材添加特效，如图16-67所示。

图16-67 为视频添加特效

**专家课堂**

此段素材的配音内容为"长白山脉张广才岭的层峦叠嶂中"，所以选择山水等较大气的镜头。

**02** 保持素材的选择状态再切换至"信息"面板，然后双击选择"色彩平衡"特效，在弹出的"色彩平衡"对话框中设置亮度值为－5、对比度值为5、青红值为－5及黄蓝值为5，调节视频素材的颜色，如图16-68所示。

图16-68 特效设置

**03** 观察添加特效前后的影片效果对比，如图16-69所示。

图16-69 对比效果

**专家课堂**

通过"色彩平衡"的设置，将湖水颜色由"黄色"调整为"淡蓝色"，目的是使画面感更加清澈。

**04** 在"特效"面板中选择【特效】→【转场】→【2D】→【溶化】命令，再将其拖拽至"时间线"面板中"拍摄-风光"素材的起始位置，为素材添加过渡效果，如图16-70所示。

图16-70 溶化特效

**05** 在"时间线"面板中观察素材的排列结构，使此段素材结束在配音"层峦叠嶂中"之前，避免大段素材使视觉产生拖沓的感受，如图16-71所示。

图16-71 排列效果

**06** 将时间滑块拖拽至影片第23秒08帧位置，在"素材库"面板中选择"拍摄-风光"视频序列中的山素材，将其拖拽至"时间线"面板的1VA（视音频）轨道中"拍摄-风光"水素材的后面，再切换至"特效"面板并选择【特效】→【视频滤镜】→【色彩校正】→【色彩平衡】特效命令，将其拖拽至"时间线"面板中后面的"拍摄-风光"素材上，如图16-72所示。

图16-72　添加素材与特效

**07** 保持素材的选择状态再切换至"信息"面板，然后双击选择"色彩平衡"特效，在弹出的"色彩平衡"对话框中设置亮度值为6、对比度值为2、青红值为-3及黄蓝值为7，调节山视频素材的颜色，如图16-73所示。

图16-73　特效设置

**08** 观察添加特效前后的影片效果对比，使画面的颜色显得更加干净，如图16-74所示。

图16-74　对比效果

**09** 在"时间线"面板中观察素材的排列结构，如图16-75所示。

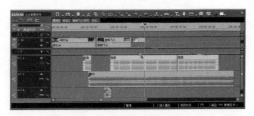

图16-75　排列效果

**专家课堂**

　　两段山水素材主要放置在"长白山脉张广才岭的层峦叠嶂中"配音位置，使"视频"与"音频"素材对应。

**10** 将时间滑块拖拽至影片第25秒03帧位置，对应的配音为"隶属于黑龙江省森林工业总局"。在"素材库"面板的"拍摄-风光"视频序列中选择一段水素材，将其拖拽至"时间线"面板的1VA（视音频）轨道中"拍摄-风光"山素材的后面，再切换至"特效"面板并选择【特效】→【视频滤镜】→【色彩校正】→【色彩平衡】特效命令，将其拖拽至"时间线"面板中后面的"拍摄-风光"素材上，如图16-76所示。

图16-76　添加素材与特效

⑪ 保持素材的选择状态再切换至"信息"面板，然后双击选择"色彩平衡"特效，在弹出的"色彩平衡"对话框中设置亮度值为5、对比度值为2、青红值为－2及黄蓝值为5，调节视频素材的颜色，如图16-77所示。

图16-77　特效设置

⑫ 观察添加特效前后的影片效果对比，如图16-78所示。

图16-78　对比效果

⑬ 切换至"特效"面板并选择【特效】→【转场】→【2D】→【溶化】命令，再将其拖拽至"时间线"面板中"拍摄-风光"山水素材之间的位置，为山水视频添加转场特效，如图16-79所示。

图16-79　山水素材调整

## 16.3.2　树林素材调整

① 将时间滑块拖拽至影片第28秒17帧位置，观察"时间线"面板中素材的排列结构，为"施业区总面积34.5万公顷"配音部分添加树林素材，如图16-80所示。

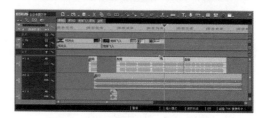

图16-80　排列效果

② 在"素材库"面板的"拍摄-风光"视频序列中选择一段树木素材，将其拖拽至"时间线"面板的1VA（视音频）轨道中"拍摄-风光"山水素材的后面，再切换至"特效"面板并选择【特效】→【视频滤镜】→【色彩校正】→【三路色彩校正】特效命令，将其拖拽至"时间线"面板中"拍摄-风光"的树木素材上，如图16-81所示。

③ 保持树木素材的选择状态再切换至"信息"面板，然后双击选择"三路色彩校正"特效，在弹出的"三路色彩校正"

对话框的"黑平衡"项中设置Cb值为10、Cr值为−10及对比度值为−16，如图16-82所示。

图16-81 添加素材与特效

图16-82 特效设置

**专家课堂**

　　通过"三路色彩校正"特效将画面中暗部区域添加"蓝色"信息，可以使画面层次更加丰富。

**04** 观察添加特效前后的影片效果对比，如图16-83所示。

图16-83 树木素材调整

### 16.3.3 社区素材调整

**01** 将时间滑块拖拽至影片第31秒24帧位置，观察"时间线"面板中素材的排列结构，为"总人口5.7万"配音部分添加社区素材，如图16-84所示。

图16-84 排列效果

**02** 在"素材库"面板的"拍摄-面貌"视频序列中选择一段社区素材，将其拖拽至"时间线"面板的1VA（视音频）轨道中"拍摄-风光"树木素材的后面，再切换至"特效"面板并选择【特效】→【视频滤镜】→【色彩校正】→【色彩平衡】特效命令，将其拖拽至"时间线"面板中的"拍摄-面貌"素材上，如图16-85所示。

图16-85 添加素材与特效

**03** 保持社区素材的选择状态再切换至"信息"面板，然后双击选择"色彩平衡"特效，在弹出的"色彩平衡"对话框中设置亮度值为−5，如图16-86所示。

**专家课堂**

　　前期拍摄的素材由于曝光不够准确，所以通过"色彩平衡"特效减低画面亮度。

图16-86 亮度设置

**04** 在"特效"面板中选择【特效】→【视频滤镜】→【色彩校正】→【三路色彩校正】特效命令，将其拖拽至"时间线"面板中的"拍摄-面貌"素材上，如图16-87所示。

图16-87 添加特效

**05** 保持社区素材的选择状态再切换至"信息"面板，然后双击选择"三路色彩校正"特效，在弹出的"三路色彩校正"对话框的"黑平衡"项中设置Cb值为5、Cr值为－10，"白平衡"项中设置Cb值为－5、Cr值为8，如图16-88所示。

专家课堂

设置"三路色彩校正"特效中的"白平衡"项目，可以控制曝光过度区域的颜色，使画面颜色层次更加丰富。

图16-88 特效设置

**06** 观察添加特效前后的影片效果对比，如图16-89所示。

图16-89 对比效果

**07** 在"特效"面板中选择【特效】→【转场】→【2D】→【溶化】命令，再将其拖拽至"时间线"面板中"拍摄-风光"素材与"拍摄-面貌"素材的交接位置，为素材间添加转场效果，如图16-90所示。

图16-90 社区素材调整

## 16.3.4　木材素材调整

**01** 将时间滑块拖拽至影片第33秒24帧位置，观察"时间线"面板中素材的排列结构，为"是一个木材生产"配音部分添加木材素材，如图16-91所示。

图16-91　排列效果

**02** 在"素材库"面板的"拍摄-建设"视频序列中选择一段原木素材，将其拖拽至"时间线"面板的1VA（视音频）轨道中"拍摄-面貌"素材的后面，再切换至"特效"面板并选择【特效】→【视频滤镜】→【色彩校正】→【色彩平衡】特效命令，将其拖拽至"时间线"面板中"拍摄-建设"的原木素材上，如图16-92所示。

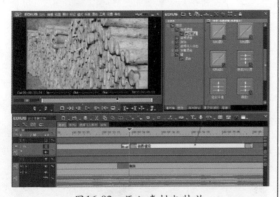

图16-92　添加素材与特效

**03** 保持原木素材的选择状态再切换至"信息"面板，然后双击选择"色彩平衡"特效，在弹出的"色彩平衡"对话框中设置亮度值为2、对比度值为5、青红值为－2及黄蓝值为2，如图16-93所示。

**04** 观察添加特效前后的影片效果对比，如图16-94所示。

专家课堂

通过"色彩平衡"特效主要修正拍摄木材的颜色，使原始的"桔黄色"素材变为"淡黄色"。

图16-93　特效设置

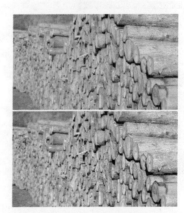

图16-94　对比效果

**05** 将时间滑块拖拽至影片第35秒15帧位置，观察"时间线"面板中素材的排列结构，为"营林生产"配音部分添加素材，如图16-95所示。

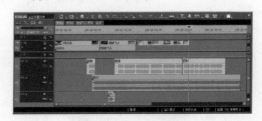

图16-95　排列效果

**06** 在"素材库"面板的"拍摄-建设"视频序列中选择一段厂房素材,将其拖拽至"时间线"面板的1VA(视音频)轨道中"拍摄-建设"原木素材的后面,再切换至"特效"面板并选择【特效】→【视频滤镜】→【色彩校正】→【色彩平衡】特效命令,将其拖拽至"时间线"面板中"拍摄-建设"的厂房素材上,如图16-96所示。

图16-96 添加素材与特效

**07** 保持厂房素材的选择状态再切换至"信息"面板,然后双击选择"色彩平衡"特效,在弹出的"色彩平衡"对话框中设置色度值为10、亮度值为3、对比度值为2、青红值为-2及黄蓝值为2,如图16-97所示。

图16-97 特效设置

**08** 在"特效"面板中再选择【特效】→【视频滤镜】→【色彩校正】→【三路色彩校正】特效,将其拖拽至"时间线"面板中"拍摄-建设"的厂房素材上,如图16-98所示。

图16-98 添加特效

**09** 保持厂房素材的选择状态再切换至"信息"面板,然后双击选择"三路色彩校正"特效,在弹出的"三路色彩校正"对话框的"黑平衡"项中设置Cb值为10、Cr值为-10及对比度值为-16,提升画面的颜色层次与饱和度,如图16-99所示。

图16-99 特效设置

**10** 观察添加特效前后的影片效果对比,如图16-100所示。

**11** 由于拍摄现场的限制,首先输出单独一帧至Photoshop软件中,再使用工具箱中的仿制图章工具进行修图处理,需要去除影片中杂乱电线的显示,如图16-101所示。

图16-100　对比效果

图16-101　修图操作

⑫　去除杂乱电线后画面的修整效果如
　　图16-102所示。

图16-102　修图效果

⑬　使用✑多边形套索工具选择修饰过的画
　　面区域，如图16-103所示。

图16-103　选区选择

⑭　保持选区的选择状态，在菜单中选择
　　【选择】→【羽化】命令，并在弹出的

"羽化选区"对话框中设置羽化半径值
为10，如图16-104所示。

图16-104　羽化设置

⑮　在保持选区的选择状态下使用
　　"Ctrl+C"与"Ctrl+V"键进行复制粘
　　贴，然后在"图层"面板中将"背景"
　　层进行关闭显示，只保留"图层1"的
　　显示效果，如图16-105所示。

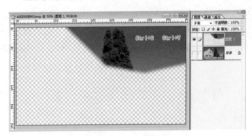

图16-105　复制粘贴操作

⑯　在菜单中选择【文件】→【存储为】
　　命令，并在弹出的"存储为"对话框
　　中设置文件名为"修饰.png"的文件，
　　如图16-106所示。

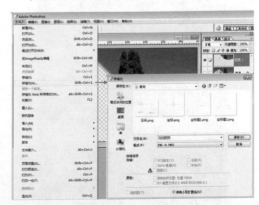

图16-106　保存文件

⑰　切换至EDIUS软件，在"素材库"面板
　　中选择"修饰"素材文件，将其拖拽至

"时间线"面板的2V（视频）轨道中与"拍摄-建设"厂房素材所对应的位置，如图16-107所示。

图16-107　添加素材

由于前期拍摄的景别并无动作，所以可以使用Photoshop软件修饰局部区域，再添加至EDIUS中完成素材美化。

⑱ 将时间滑块拖拽至影片第36秒21帧位置，观察"时间线"面板中素材的排列结构，为"林产工业"配音部分添加木板素材，如图16-108所示。

图16-108　排列效果

专家课堂

为了使上一段镜头内容有所延续，所以再添加一段木材堆放的镜头素材，使声音与图像配合紧密。

⑲ 在"素材库"面板的"拍摄-建设"视频序列中选择一段板材素材，将其拖拽至"时间线"面板的1VA（视音频）轨道中"拍摄-建设"厂房素材的后面，再切换至"特效"面板并选择【特效】→【视频滤镜】→【色彩校正】→【色彩平衡】

特效命令，将其拖拽至"时间线"面板中"拍摄-建设"的板材素材上，如图16-109所示。

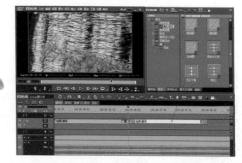

图16-109　添加素材与特效

⑳ 保持板材素材的选择状态再切换至"信息"面板，然后双击选择"色彩平衡"特效，在弹出的"色彩平衡"对话框中设置对比度值为3，如图16-110所示。

图16-110　对比度设置

㉑ 观察添加特效前后的影片效果对比，如图16-111所示。

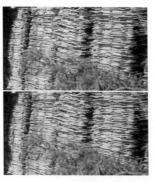

图16-111　木材素材调整

## 16.3.5 景色素材调整

**01** 将时间滑块拖拽至影片第38秒02帧位置，观察"时间线"面板中素材的排列结构，为"多种经营"配音部分添加素材，如图16-112所示。

图16-112 排列效果

**02** 在"素材库"面板的"拍摄-面貌"视频序列中选择一段灯饰素材，将其拖拽至"时间线"面板的1VA（视音频）轨道中"拍摄-建设"板材素材的后面，如图16-113所示。

图16-113 添加素材

**03** 将时间滑块拖拽至影片第39秒07帧位置，观察"时间线"面板中素材的排列结构，为"森林生态旅游等"配音部分添加素材，如图16-114所示。

**专家课堂**

为了避免观看者视觉疲劳，丰富镜头内容，在大段落的并列素材使用上要遵循2.5秒原则，也就是每段相似内容的素材在观看者能接受的2至3秒进行切换，避免视觉产生拖沓的感受。

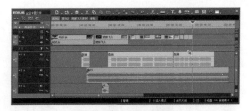

图16-114 排列效果

**04** 在"素材库"面板的"拍摄-风光"视频序列中选择一段小桥素材，将其拖拽至"时间线"面板的1VA（视音频）轨道中"拍摄-面貌"灯饰素材的后面，再切换至"特效"面板并选择【特效】→【视频滤镜】→【色彩校正】→【色彩平衡】特效素材，将其拖拽至"时间线"面板中"拍摄-风光"的小桥素材上，如图16-115所示。

图16-115 添加素材与特效

**05** 保持小桥素材的选择状态再切换至"信息"面板，然后双击选择"色彩平衡"特效，在弹出的"色彩平衡"对话框中设置亮度值为3，如图16-116所示。

图16-116 亮度设置

**06** 在"特效"面板中再选择【特效】→
【视频滤镜】→【色彩校正】→【三路
色彩校正】特效命令,将其拖拽至"时
间线"面板中"拍摄-风光"的小桥素
材上,如图16-117所示。

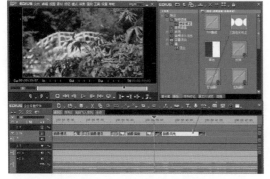

图16-117 添加特效

**07** 保持小桥素材的选择状态再切换至"信
息"面板,然后双击选择"三路色彩校
正"特效,在弹出的"三路色彩校正"
对话框的"黑平衡"项中设置Cb值为
10、Cr值为−10及对比度值为−16,使
画面中暗部区域产生变化,如图16-118
所示。

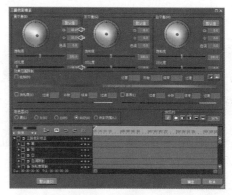

图16-118 特效设置

**08** 观察添加特效前后的影片效果对比,如
图16-119所示。

图16-119 景色素材调整

# 16.4 添加定板素材

## 16.4.1 色彩平衡设置

**01** 将时间滑块拖拽至影片第41秒01帧位置,
观察"时间线"面板中素材的排列结构,
为"多业并举的国有大型森工企业"配音
部分添加素材,如图16-120所示。

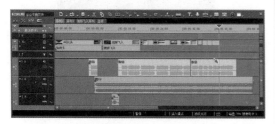

图16-120 排列效果

**专家课堂**

添加大气镜头作为此段落的结束,所
以选择了在山上俯拍整个区域的镜头。

**02** 在"素材库"面板的"拍摄-面貌"视频
序列中选择一段鸟瞰素材,将其拖拽至
"时间线"面板的1VA(视音频)轨道中
"拍摄-风光"小桥素材的后面,再切换
至"特效"面板并选择【特效】→【视
频滤镜】→【色彩校正】→【色彩平
衡】特效命令,将其拖拽至"时间线"
面板中"拍摄-面貌"的鸟瞰素材上,如

图16-121所示。

图16-121　添加素材与特效

**03** 保持鸟瞰素材的选择状态再切换至"信息"面板，然后双击选择"色彩平衡"特效，在弹出的"色彩平衡"对话框中设置亮度值为－2、对比度值为－3，如图16-122所示。

图16-122　色彩平衡设置

## 16.4.2　色彩校正设置

**01** 在"特效"面板中选择【特效】→【视频滤镜】→【色彩校正】→【三路色彩校正】特效命令，将其拖拽至"时间线"面板中"拍摄-面貌"的鸟瞰素材上，如图16-123所示。

图16-123　添加特效

**02** 保持鸟瞰素材的选择状态再切换至"信息"面板，然后双击选择"三路色彩校正"特效，在弹出的"三路色彩校正"对话框的"白平衡"项中设置Cb值为－5、Cr值为15及色调值为15，纠正曝光过度区域的颜色，如图16-124所示。

图16-124　特效设置

**03** 观察添加特效前后的影片效果对比，如图16-125所示。

图16-125　色彩校正设置对比效果

## 16.4.3 素材定板设置

**01** 将时间滑块拖拽至影片第44秒16帧位置，使用 ▲ 裁切工具将"拍摄-面貌"视频的鸟瞰素材进行裁切，如图16-126所示。

图16-126 裁切素材

**02** 选择"拍摄-面貌"视频结束部分的鸟瞰素材并单击鼠标"右"键，然后在弹出的浮动菜单中选择【时间效果】→【速度】命令，如图16-127所示。

图16-127 速度命令

**03** 在弹出的"素材速度"对话框中设置比率值为30，如图16-128所示。

图16-128 速度设置

**专家课堂**

由于前期拍摄素材的时间长度不够，所以通过设置"速度"解决此问题。

**04** 在"特效"面板中选择【特效】→【转场】→【2D】→【溶化】命令，再将其拖拽至"时间线"面板中"拍摄-风光"小桥素材与"拍摄-面貌"鸟瞰素材的交接位置，为素材添加转场效果，如图16-129所示。

图16-129 素材定板设置

# 16.5 输出文件操作

## 16.5.1 影片输出操作

**01** 影片编辑完成后，使用"空格"键播放预览完成的影片，而"时间线"面板中显示的音频与视频整体排列结构，如图16-130所示。

图16-130 排列结构

**02** 在菜单中选择【文件】→【输出】→【输出到文件】命令，如图16-131所示。

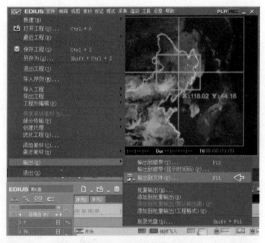

图16-131 文件输出

**03** 在弹出"输出到文件"对话框后，选择"输出器"中的"MPEG2程序流"项目，再单击"输出"按钮完成选择，如图16-132所示。

图16-132 输出选择

**04** 在"MPEG2程序流"对话框中设置文件名为"企业专题成品"，展开"基本设置"面板并设置"视频设置"中大小为"当前设置"、质量/速度为"常规"、比特率为"CBR"方式及平均（bps）为15000000；在"音频设置"中设置格式为"MPEG1 Audio Layer-2"、通道为"立体声"及比特率（bps）为384K，如图16-133所示。

图16-133 输出设置

## 16.5.2 输出过程预览

**01** 在"渲染"对话框中显示正在输出的进度条及已用时间提示，如图16-134所示。

图16-134 渲染对话框

**02** 当输出完成后，执行输出的"企业专题成品.mpg"文件便可以预览最终的影片效果，如图16-135所示。

图16-135 输出影片预览

**03** 影片编辑的最终截图效果如图16-136所示。

图16-136 影片最终效果

# 16.6 本章小结

　　时间线是剪辑软件中素材交互和镜头分布最重要的部分，本章实例主要对时间线的面板分布、工具栏、轨道面板、信息面板和多机位剪辑进行介绍，使用户可以迅速掌握非线剪辑的操作技巧。

# 第17章
# "电子相册"
# 婚礼导视

| 素材文件 | 配套光盘→范例文件→Chapter17 | 难易程度 | ★★★☆☆ |
|---|---|---|---|
| 效果文件 | 配套光盘→范例文件→Chapter17→电子相册成品.mpg | 重要程度 | ★★★★☆ |
| 实例重点 | 将平面素材进行三维空间的动画组合设置 | | |

　　"电子相册"婚礼导视实例的制作过程中使用了Photo Album插件，通过将照片素材进行三维空间的模拟，并配合音频素材节奏与背景素材，可以使照片更具观赏性，从而丰富了影片编辑的效果，如图17-1所示。

图17-1　电子相册婚礼导视效果

　　"电子相册"婚礼导视实例的制作流程主要分为6部分，包括：（1）基础影片编辑；（2）建立字幕效果；（3）影片音效设置；（4）三维照片设置；（5）添加闪白元素；（6）建立结束字幕。如图17-2所示。

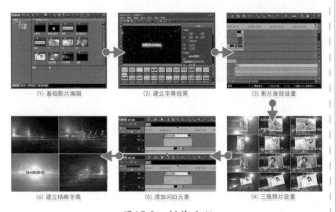

（1）基础影片编辑　　　　（2）建立字幕效果　　　　（3）影片音效设置

（6）建立结束字幕　　　　（5）添加闪白元素　　　　（4）三维照片设置

图17-2　制作流程

# 17.1 基础影片编辑

## 17.1.1 新建工程

**01** 新建工程文件，并在"工程设置"对话框的"预设列表"中选择"HD 1280×720 25P 16：9 8bit"项目，再设置工程名称为"婚礼相册"，如图17-3所示。

图17-3　新建预设

**02** 在"素材库"面板的空白位置单击鼠标"右"键，然后在弹出的浮动菜单中选择"新建文件夹"命令，如图17-4所示。

图17-4　新建文件夹

**03** 在"素材库"面板中将显示出建立的"文件夹"，然后将其名称设置为"素材"文件夹，如图17-5所示。

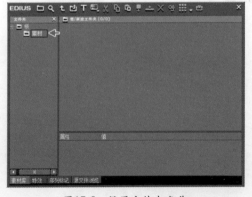

图17-5　设置文件夹名称

**04** 在"素材库"面板中建立"字幕"的文件夹，用于存放影片中的素材，如图17-6所示。

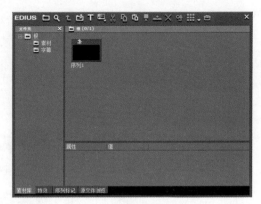

图17-6　新建字幕文件夹

## 17.1.2　添加素材

**01** 在"素材库"面板中选择"素材"文件夹，然后在空白区域单击鼠标"右"键，在弹出的浮动菜单中选择"添加文件"命令。选择"添加文件"命令后将自动弹出"打开"对话框，在本书配套光盘中选择【范例文件】→【Chapter17】→【素材】文件中的所需素材，再单击对话框中的"打开"按钮完成添加素材的操作，如图17-7所示。

图17-7　添加素材

**02** 在"素材库"面板中选择"胶片倒计时"视频文件，然后按住鼠标"左"键将其拖拽至"时间线"面板的1V（视频）轨道中，由于添加的是影音文件，将视频添加至1V（视频）轨道中后，其音频自动添加至1A（音频）轨道中，如图17-8所示。

图17-8 添加视频文件

## 17.1.3 编辑素材

**01** 将添加的素材进行剪辑操作,先在"时间线"面板中将"时间指针"拖拽至影片第2秒17帧的位置,然后使用 添加剪切点工具将"时间指针"位置进行裁切,如图17-9所示。

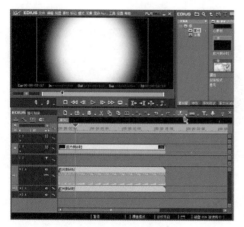

图17-9 剪切素材

 **专家课堂**

由于添加的原始素材时间过长,所以按音频素材与视频素材内容进行剪切。

**02** 在"时间线"面板中将"时间指针"拖拽至影片第10秒08帧的位置,然后使用 添加剪切点工具将"时间指针"位置进行裁切,如图17-10所示。

图17-10 剪切素材

**专家课堂**

将倒计时素材以"5"作为开始,所以选择剪切点。

**03** 在"时间线"面板中选择"胶片倒计时"视频文件的中间部分素材,然后使用"Delete"键将其删除,如图17-11所示。

图17-11 删除操作

 **专家课堂**

可以在素材上单击鼠标"右"键将素材删除,在菜单中选择"波纹删除"命令,可以使被删除部分后面的素材跟进紧贴前段素材,完成自动位置匹配操作。

**04** 在"时间线"面板中将后面的"胶片倒计时"素材拖拽至影片的第2秒17帧位置,使其与前面的素材对齐,如图17-12所示。

图17-12 移动对齐素材

**专家课堂**

可以在"时间线"的空白位置上单击鼠标"右"键对素材进行位移操作，然后在菜单中选择"删除间隙"命令，可以完成自动位置匹配操作。

图17-14　添加视频素材

**05** 在"时间线"面板中将"时间指针"拖拽至影片第7秒17帧的位置，单击1A（音频）轨道中"混合器"开关显示红色控制线，然后在"时间指针"位置单击"混合器"轨道中的红色控制线产生控制点，再向下调整结束控制点使其值为-25，使音频素材结束位置产生淡化，如图17-13所示。

**02** 切换至"特效"面板，选择【特效】→【转场】→【2D】→【溶化】特效项，将其拖拽至"时间线"面板中1V（视频）轨道的"胶片倒计时"素材与"心素材"之间，将"心素材"与"项链心素材"间也添加"溶化"特效效果，使素材间产生柔和的过渡，完成首段基础片头影片的编辑，如图17-15所示。

图17-13　音频调整

## 17.1.4　添加其他素材

**01** 在"素材库"面板的"素材"文件夹中选择"心素材"与"项链心素材"视频文件，然后按住鼠标"左"键，将其拖拽至"时间线"面板的1V（视频）轨道中"胶片倒计时"视频素材的后部，

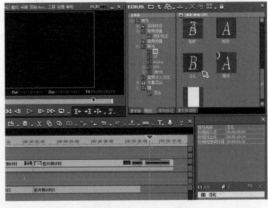

图17-15　添加溶化特效

# 17.2　建立字幕效果

## 17.2.1　创建字幕

**01** 在"素材库"面板选择 **T** 创建字幕工具，准备为编辑的影片建立字幕，如图17-16所示。

图17-16 创建字幕工具

02 在弹出的"Quick Titler"对话框中选择 T 横向字幕工具,在视图中输入"WEDDING"文字内容并设置文字属性,然后在菜单栏中选择【文件】—【保存】命令,保存当前创建的字幕效果,如图17-17所示。

图17-17 横向字幕

03 在"时间线"面板中将"时间指针"拖拽至影片第9秒11帧的位置,然后在"素材库"面板中选择创建的"WEDDING"字幕文件,再按住鼠标"左"键将其拖拽至"时间线"面板2V(视频)轨道中的"时间指针"位置,如图17-18所示。

图17-18 添加字幕

04 在2V(视频)轨道中调整"WEDDING"字幕素材的出点位置到影片第9秒15帧的位置,如图17-19所示。

图17-19 调整出点位置

## 17.2.2 设置字幕动画

01 保持"WEDDING"字幕素材的选择状态并切换至"信息"面板,然后选择"视频布局"项并单击鼠标"右"键,在弹出的菜单中选择"打开设置对话框"命令,准备进行字幕的动画设置,如图17-20所示。

图17-20 打开设置对话框

02 在弹出的"视频布局"对话框中调节"时间指针"到素材的起始位置,然后勾选"伸展"项,准备记录字幕的缩放动画,如图17-21所示。

03 在素材的起始位置单击"伸展"项的 添加/删除关键帧按钮,添加当前字幕素材的起始动画关键帧,如图17-22所示。

图17-21　勾选伸展项

图17-22　添加伸展关键帧

**04** 在"视频布局"对话框中调节"时间指针"到素材第4帧的位置，然后在"参数"面板中设置拉伸项的X轴值为300、Y轴值为300，在"时间指针"位置将自动产生结束动画关键帧，如图17-23所示。

图17-23　记录字幕拉伸动画

**05** 切换至"监视器"面板，然后单击▶播放按钮播放影片，可以观察"WEDDING"字幕的缩放动画效果，如图17-24所示。

图17-24　字幕伸展动画效果

### 17.2.3　创建其他字幕

**01** 在"素材库"面板选择 T 创建字幕工具，然后在弹出的"Quick Titler"对话框中建立字幕，在"时间线"面板中将"时间指针"拖拽至影片第9秒14帧的位置，并在2V（视频）轨道中添加"婚"字幕效果，如图17-25所示。

图17-25　添加"婚"字幕

**02** 在"素材库"面板选择 T 创建字幕工具，然后在弹出的"Quick Titler"对话框中建立字幕，在"时间线"面板中将"时间指针"拖拽至影片第9秒17帧的位置，并在2V（视频）轨道中添加"礼"字幕效果，如图17-26所示。

**03** 在"素材库"面板选择 T 创建字幕工具，然后在弹出的"Quick Titler"对话框中建立字幕，在"时间线"面板中将"时间指针"拖拽至影片第9秒20帧的位置，并在2V（视频）轨道中添加"盛"字幕效果，如图17-27所示。

图17-26　添加"礼"字幕

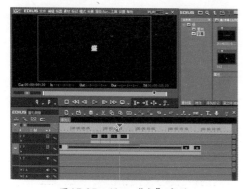

图17-27　添加"盛"字幕

**04** 在"素材库"面板选择 **T** 创建字幕工具，然后在弹出的"Quick Titler"对话框中建立字幕，在"时间线"面板中将"时间指针"拖拽至影片第9秒23帧的位置，并在2V（视频）轨道中添加"典"字幕效果，如图17-28所示。

图17-28　添加"典"字幕

**05** 在"素材库"面板选择 **T** 创建字幕工具，然后在弹出的"Quick Titler"对话框中建立字幕，在"时间线"面板中将"时间指针"拖拽至影片第10秒01帧的位置，并在2V（视频）轨道中添加"WEDDING"字幕效果，如图17-29所示。

图17-29　添加"WEDDING"字幕

**06** 在"素材库"面板选择 **T** 创建字幕工具，然后在弹出的"Quick Titler"对话框中建立字幕，在"时间线"面板中将"时间指针"拖拽至影片第10秒04帧的位置，并在2V（视频）轨道中添加"盛大"字幕效果，如图17-30所示。

图17-30　添加"盛大"字幕

**07** 在"素材库"面板选择 **T** 创建字幕工具，然后在弹出的"Quick Titler"对话框中建立字幕，在"时间线"面板中将"时间指针"拖拽至影片第10秒07帧的位置，并在2V（视频）轨道中添加"上映"字幕效果，如图17-31所示。

图17-31 添加"上映"字幕

 在"素材库"面板选择 T 创建字幕工具，然后在弹出的"Quick Titler"对话框中建立字幕，在"时间线"面板中将"时间指针"拖拽至影片第10秒10帧的位置，并在2V（视频）轨道中添加"REC"字幕效果，如图17-32所示。

图17-32 添加"REC"字幕

**专家课堂**

此段文字的排列时间过短，在播放影片时将产生快速的闪动效果。

## 17.2.4 丰富混合素材

 在2V（视频）轨道前端的空白处单击鼠标"右"键，在弹出的浮动菜单中选择【添加】→【在上方添加视频轨道】命令，准备添加混合素材，丰富影片效果，如图17-33所示。

**02** 在弹出的"添加轨道"对话框中设置数量值为1，为"时间线"添加1条新的编辑轨道，如图17-34所示。

图17-33 添加视频轨道

图17-34 设置轨道数量

**03** 观察"时间线"面板中新添加的3V（视频）轨道分布，如图17-35所示。

图17-35 添加的轨道

**专家课堂**

在添加轨道操作时要按需设置，因为在EDIUS中添加轨道有两种类型，一种为"视频"，一种为"视音频"。"视频"类型只添加一条可以存放视频素材的轨道，而"视音频"类型可以存放视频素材和音频素材两种信息。

**04** 在"时间线"面板中将"时间指针"拖拽至影片第8秒21帧的位置，然后在"素材库"面板中选择"闪星"视频文件，再按住鼠标"左"键，将其拖拽至"时间线"面板新添加3V（视频）轨道中的"时间指针"位置，如图17-36所示。

图17-36　添加视频素材

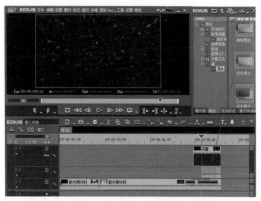

图17-38　添加混合特效

**05** 在3V（视频）轨道中调整"闪星"视频素材的出点位置到影片第10秒20帧的位置，如图17-37所示。

图17-37　调整素材出点位置

**06** 切换至"特效"面板选择【特效】→【键】→【混合】→【滤色模式】项，然后将其拖拽至"时间线"面板中"闪星"素材的透明"混合器"轨道上，如图17-38所示。

专家课堂

　　"滤色模式"简单地说就是保留两个图层中较白的部分，较暗的部分被遮盖，图层中纯黑的部分变成完全透明，纯白部分完全不透明，其他的颜色会根据颜色级别产生半透明显示。

**07** 切换至"监视器"面板，然后单击 ▶ 播放按钮观察添加"滤色模式"特效的效果，如图17-39所示。

图17-39　字幕效果

专家课堂

　　通过"滤色模式"将"闪星"素材中的黑色区域进行透明处理，使其显现出底部的文字层内容。

# **17.3** 影片音效设置

## 17.3.1 添加音频素材

**01** 在"时间线"面板中将"时间指针"拖拽至影片第8秒06帧的位置，然后在"素材库"

面板中选择"音乐"音频文件,按住鼠标"左"键,将其拖拽至"时间线"面板2A(音频)轨道中的"时间指针"位置,如图17-40所示。

图17-40 添加音频素材

02 单击2A(音频)轨道前方的▼三角按钮,展开音频素材的控制,如图17-41所示。

图17-41 展开音频控制

### 17.3.2 编辑音频素材

01 在"时间线"面板中将"时间指针"拖拽至影片第30秒的位置,然后将"音乐"素材的出点位置调整至"时间指针"位置,如图17-42所示。

图17-42 调整出点位置

02 调节2A(音频)轨道中的红色控制线,使"音乐"素材产生淡入淡出的效果,如图17-43所示。

图17-43 音频设置

## 17.4 三维照片设置

### 17.4.1 添加编辑素材

01 在"时间线"面板中将"时间指针"拖拽至影片第10秒20帧的位置,然后在"素材库"面板中选择"动态背景"视频文件,再按住鼠标"左"键,将其拖拽至"时间线"面板1V(视频)轨道中的"时间指针"位置,作为三维照片的背景素材,如图17-44所示。

图17-44 添加视频素材

**02** 在"素材库"面板中选择"01"素材文件，再按住鼠标"左"键，将其拖拽至"时间线"面板2V（视频）轨道中的"时间指针"位置，如图17-45所示。

图17-45　添加素材文件

**03** 在"时间线"面板中将"时间指针"拖拽至影片第13秒19帧的位置，然后将2V（视频）轨道中"01"素材的出点位置调整至"时间指针"位置，如图17-46所示。

图17-46　调整素材出点位置

专家课堂

　　照片素材的时间长度要按"音乐"节奏进行匹配，在音频素材转折的位置切换下一段照片素材，可以使节奏感更加强烈。

## 17.4.2　画中画设置

**01** 切换至"特效"面板选择【特效】→【键】→【3D画中画】项，然后将其拖拽至"时间线"面板中"01"素材的透明"混合器"轨道上，准备设置三维照片的空间效果，如图17-47所示。

图17-47　添加3D画中画特效

专家课堂

　　Photo Album插件适合模拟三维空间的效果，也可以在"视频布局"面板中开启三维模式进行空间设置。

**02** 保持"01"素材"混合器"轨道的选择状态并切换至"信息"面板，然后选择"3D画中画"特效项，如图17-48所示。

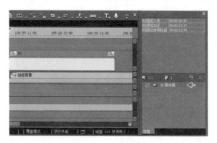

图17-48　选择特效项

**03** 在"信息"面板中"左"键双击选择"3D画中画"特效项，会弹出"EDIUS FX-3D画中画"对话框，将"时间线"面板中的"时间指针"放置在素材的起始位置，在系统添加开始关键帧后

再设置"位置"选项的大小值为68，使照片素材产生"画中画"的效果，如图17-49所示。

图17-49 位置设置

**04** 在"EDIUS FX-3D画中画"对话框的"光照和阴影"选项中勾选"允许投射阴影"项，并设置阴影偏移的X轴值为20、Y轴值为20、阴影边缘柔化值为50、阴影强度值为30，使三维的空格感更加强烈，如图17-50所示。

图17-50 阴影设置

**05** 在"EDIUS FX-3D画中画"对话框的"边框"选项中，先将"彩色边框"卷展栏中的"启用边框色彩"项开启，并设置其宽度值为6、高度值为8，再将"边框柔化"卷展栏中的"启用柔边"、"圆形柔边"及"平滑柔边"项开启，并设置其宽度值为3、高度值为3，如图17-51所示。

专家课堂

在"3D画中画"中不仅可以设置"边框"，还可以简化操作。只需在Photoshop中对"源"照片绘制"边框"，使其在导入EDIUS中时就带有"边框"效果。

图17-51 边框设置

**06** 在"EDIUS FX-3D画中画"对话框中切换至"位置"选项，先设置"位置"卷展栏中的X轴值为2、Y轴值为-3，再设置"方向"卷展栏中的Y轴值为69，使素材产生三维空间效果，如图17-52所示。

图17-52 位置设置

**07** 在"EDIUS FX-3D画中画"对话框中将"时间线"面板中的"时间指针"放置在素材的第1秒13帧位置，然后设置"位置"卷展栏中的X轴值为0、Y轴值为-4，再设置"方向"卷展栏中的Y轴值为-23，在"时间指针"位置建立过渡的动画关键帧，如图17-53所示。

图17-53 记录位置动画

**08** 在"EDIUS FX-3D画中画"对话框中将"时间线"面板中的"时间指针"放

置在素材的第2秒23帧位置，然后设置
"方向"卷展栏中的Y轴值为－29，在
"时间指针"位置建立结束动画的关键
帧，如图17-54所示。

图17-54　记录方向关键帧动画

**09** 播放影片，观察"01"素材的三维空间
动画效果，如图17-55所示。

图17-55　动画效果

## 17.4.3　倒影设置

**01** 在"时间线"面板中选择2V（视频）
轨道中"01"素材并单击鼠标"右"
键，在弹出的浮动菜单中选择"复制"
项，如图17-56所示。

图17-56　复制操作

**02** 在"时间线"面板中将"时间指针"拖
拽至影片第10秒20帧的位置，然后在

3V（视频）轨道的空白位置单击鼠标
"右"键，在弹出的浮动菜单中选择
"粘贴"项，如图17-57所示。

图17-57　粘贴操作

**03** 在3V（视频）轨道中选择"01"素材，
准备制作素材的倒影效果，如图17-58
所示。

图17-58　选择素材

**04** 保持3V（视频）轨道中"01"素材的
选择状态，切换至"信息"面板并双
击选择"3D画中画"特效项，在弹出
的"EDIUS FX–3D画中画"对话框中
设置"位置"卷展栏中的Y轴值为64，
如图17-59所示。

图17-59　位置设置

专家课堂

以设置过的动画素材为例，在调整位置操作时，需将"时间指针"放置到以往的关键帧位置再进行设置。

**05** 切换至"监视器"面板，然后单击 ▷ 播放按钮观察复制"01"素材的动画效果，由于上下的素材是同方向的，准备为下方的"01"素材制作倒影效果，如图17-60所示。

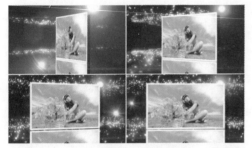

图17-60　动画效果

**06** 切换至"特效"面板选择【特效】→【视频滤镜】→【镜像】项，然后将其拖拽至"时间线"面板中3V（视频）轨道的"01"素材上，如图17-61所示。

图17-61　添加镜像特效

**07** 在"监视器"面板中观察素材的镜像效果，如图17-62所示。

**08** 单击3V（视频）轨道前方的 ▼ 三角按钮，展开视频"混合器"的轨道控制，如图17-63所示。

图17-62　镜像效果

图17-63　展开视频控制

**09** 在3V（视频）轨道中向下调节"01"素材的蓝色控制线，使其素材半透明显示，将倒影效果与背景素材融合显示，如图17-64所示。

图17-64　调节蓝色控制线

**10** 切换至"监视器"面板，然后单击 ▷ 播放按钮观察制作的倒影效果，如图17-65所示。

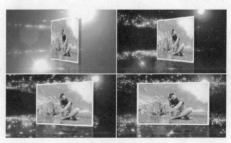

图17-65　倒影效果

## 17.4.4 其他画中画设置

**01** 在"素材库"面板中选择"02"素材文件,将其拖拽至"时间线"面板2V(视频)轨道中,然后在"02"素材的透明"混合器"轨道层上添加"3D画中画"特效。在"EDIUS FX-3D画中画"对话框中设置阴影及边框并记录其位置与方向的动画,最后将"02"素材复制粘贴至3V(视频)轨道中,通过"镜像"特效制作其倒影效果,如图17-66所示。

图17-66 02素材动画效果

**02** 在"素材库"面板中选择"03"素材文件,将其拖拽至"时间线"面板2V(视频)轨道中,然后在"03"素材的透明"混合器"轨道层上添加"3D画中画"特效。在"EDIUS FX-3D画中画"对话框中设置阴影及边框并记录其位置与方向的动画,最后将"03"素材复制粘贴至3V(视频)轨道中,通过"镜像"特效制作其倒影效果,如图17-67所示。

**03** 在"素材库"面板中选择"04"素材文件,将其拖拽至"时间线"面板2V(视频)轨道中,然后在"04"素材的透明"混合器"轨道层上添加"3D画中画"特效。在"EDIUS FX-3D画中画"对话框中设置阴影及边框并记录

其位置与方向的动画,最后将"04"素材复制粘贴至3V(视频)轨道中,通过"镜像"特效制作其倒影效果,如图17-68所示。

图17-67 03素材动画效果

图17-68 04素材动画效果

**04** 切换至"监视器"面板,然后单击▶播放按钮可以观察制作的三维照片动画效果,如图17-69所示。

图17-69 三维照片设置效果

## 17.5 添加闪白元素

### 17.5.1 添加编辑轨道

**01** 在3V（视频）轨道前端的空白处单击鼠标"右"键，在弹出的浮动菜单中选择【添加】→【在上方添加视频轨道】命令，如图17-70所示。

图17-70 添加视频轨道

**02** 在弹出的"添加轨道"对话框中设置数量值为1，观察"时间线"面板中新添加的4V（视频）轨道，如图17-71所示。

图17-71 添加的轨道

### 17.5.2 添加闪白效果

**01** 在"时间线"面板中将"时间指针"拖拽至影片第10秒16帧的位置，然后在"素材库"面板中选择"动态背景"视频文件，将其拖拽至"时间线"面板4V（视频）轨道中的"时间指针"位置，最后调节"动态背景"素材的出点位置到影片第10秒24帧的位置，准备制作底部轨道素材间的过渡，如图17-72所示。

图17-72 添加视频素材

**02** 保持"动态背景"素材的选择状态并切换至"信息"面板，然后双击选择"视频布局"项，在弹出的"视频布局"对话框中设置"参数"面板中位置的X轴值为12、Y轴值为15，再设置拉伸的X轴值为150、Y轴值为150，使素材的局部区域进行闪白处理，如图17-73所示。

图17-73 参数设置

**03** 切换至"特效"面板，选择【特效】→

【键】→【混合】→【变亮模式】项，然后将其拖拽至"时间线"面板4V（视频）轨道中"动态背景"素材的透明"混合器"轨道层上，如图17-74所示。

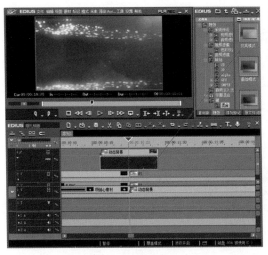

图17-74　添加变亮模式特效

 专家课堂 ||||||||||||||||||||||||

　　"变亮模式"的原理是查看每个通道中的颜色信息，并选择基色或混合色中较亮的颜色作为结果色，适合制作类似"闪光"的效果。

04　在影片第10秒20帧的位置单击4V（视频）轨道中"动态背景"素材"混合器"的蓝色控制线，然后添加视频透明的控制点，再将素材起始控制点与结束控制点的100%（不透明）向下拖拽至0%（透明），为影片的素材之间添加闪白效果，如图17-75所示。

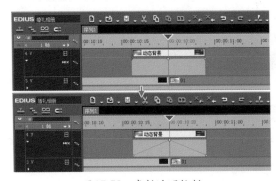

图17-75　素材透明控制

05　切换至"监视器"面板，然后单击▷播放按钮播放影片，可以观察到制作的闪白效果，如图17-76所示。

图17-76　闪白效果

06　在4V（视频）轨道中选择"动态背景"视频素材，然后使用"Ctrl+C"键进行复制，在"时间线"面板中将"时间指针"拖拽至素材之间并使用"Ctrl+V"键进行粘贴，为影片的每段照片素材之间添加闪白元素，如图17-77所示。

图17-77　添加闪白元素

# 17.6 建立结束字幕

## 17.6.1 创建字幕

**01** 在"时间线"面板中将"时间指针"拖拽至影片第22秒16帧的位置，然后在"素材库"面板中选择"文字背景"视频文件，将其拖拽至"时间线"面板1V（视频）轨道中的"时间指针"位置，如图17-78所示。

图17-78 添加视频素材

**02** 在"素材库"面板选择 **T** 创建字幕工具，准备为影片的结束位置建立文字，如图17-79所示。

图17-79 创建字幕工具

**03** 在弹出的"Quick Titler"对话框中选择 **T** 横向字幕工具，然后在视图中输入"2015年1月1日"文字内容，如图17-80所示。

图17-80 输入文字

**04** 在"时间线"面板中将"时间指针"拖拽至影片第23秒16帧的位置，然后在"素材库"面板中选择创建的"2015年1月1日"字幕文件，再按住鼠标"左"键，将其拖拽至"时间线"面板2V（视频）轨道中的"时间指针"位置，如图17-81所示。

图17-81 添加字幕

**05** 在2V（视频）轨道中调整"2015年1月1日"字幕素材的出点位置到影片第30秒的位置，使其与音频素材的结束位置相匹配，如图17-82所示。

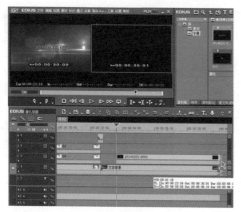

图17-82　调整出点位置

## 17.6.2　设置字幕动画

**01** 切换至"特效"面板，选择【特效】→【键】→【3D画中画】项，然后将其拖拽至"时间线"面板中2V（视频）轨道字幕素材的透明"混合器"轨道层上，如图17-83所示。

图17-83　添加3D画中画特效

**02** 保持字幕素材的选择状态，在"信息"面板中双击选择"3D画中画"特效项，弹出"EDIUS FX-3D画中画"对话框，在其"时间线"面板中将"时间指针"放置在素材的起始位置并添加定位关键帧，然后在"位置"选项中设置位置的X轴值为44、Y轴值为-3，再设置大小值为400及透明度值为87，如图17-84所示。

图17-84　位置设置

**03** 在"EDIUS FX-3D画中画"对话框中将"时间线"面板中的"时间指针"放置在素材的第6秒09帧位置，然后设置位置X轴值为-33、Y轴值为-3，在"时间指针"位置将自动产生动画关键帧，如图17-85所示。

图17-85　记录位置动画

**04** 切换至"监视器"面板，然后单击▶播放按钮观察字幕的位置动画效果，如图17-86所示。

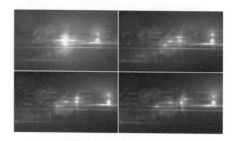

图17-86　位置动画效果

## 17.6.3　添加字幕转场

**01** 在"时间线"面板中将"时间指针"拖拽至影片第22秒20帧的位置，然后在"素材库"面板中选择"2015年1月1日"字幕文件，将其拖拽至"时间线"面板3V（视频）轨道中的"时间指针"位置，如图17-87所示。

图17-87 添加字幕素材

**02** 切换至"特效"面板，选择【特效】→【转场】→【GPU】→【爆炸】→【大碎片】→【爆炸转入】项，将其拖拽至"时间线"面板中3V（视频）轨道字幕素材的透明"混合器"轨道层上，完成添加转场特效的操作，如图17-88所示。

图17-88 添加转场特效

**03** 切换至"监视器"面板，然后单击▶播放按钮观察字幕添加的爆炸转场特效效果，如图17-89所示。

图17-89 爆炸特效效果

**04** 观察"时间线"面板中影音素材的排列位置与整体结构效果，如图17-90所示。

图17-90 素材排列效果

**05** 切换至"监视器"面板，然后单击▶播放按钮观察"电子相册"最终的影片效果，如图17-91所示。

图17-91 电子相册最终效果

# 17.7 本章小结

  本章对时下流行的电子相册制作方法进行了细致的讲解及演示，通过本实例前期倒计时及索引字幕的展示，中期闪白效果下照片不断的切换，后期结尾字幕的爆炸转场再配合急密舒缓的音乐节奏，将电子相册效果完美地呈现。